多维计算机导论课程教学的研究与实证

宋华珠 著

科学出版社

北 京

内 容 简 介

本书以“计算机科学导论”课程为主要研究对象，从不同角度对该课程的教学进行研究与实证。首先，从计算机科学的学科特性出发，在 ACT-R、SOAR、ECIP、粒计算认知模型基础上提出实践环节的认知模型，以此重组课程内容并优化计算机系列课程；确定开放学习的含义及原则，研发开放学习平台；建模课程本体，提出基于 Web 的课程本体可视化架构；开发结合知识点-学习产出的题库系统。其次，利用 BP 神经网络研究学习风格对学习过程的影响，利用结构方程模型研究课程的考核策略，构建精细化学习过程及 PLS-SEM 学习效果评估模型。最后，研究知识图谱、基于微服务的 E-Learning 云平台及利用深度学习对学生学习过程的情感分析，以构成本课程的教学体系。

本书可供计算机学科相关课程教学的老师，高等教育的研究者、教学研究者，教育技术专业的研究生、从业人员及研究者阅读和参考。

图书在版编目（CIP）数据

多维计算机导论课程教学的研究与实证 / 宋华珠著. —北京：科学出版社，2019.11

ISBN 978-7-03-062348-5

Ⅰ. ①多… Ⅱ. ①宋… Ⅲ. ①电子计算机－课程－教学研究－高等学校 Ⅳ. ①TP3-42

中国版本图书馆 CIP 数据核字（2019）第 207174 号

责任编辑：杜 权 / 责任校对：高 嵘
责任印制：彭 超 / 封面设计：苏 波

科学出版社出版
北京东黄城根北街 16 号
邮政编码：100717
http://www.sciencep.com
武汉中科兴业印务有限公司印刷
科学出版社发行 各地新华书店经销
*
开本：787 × 1092 1/16
2019 年 11 月第 一 版 印张：16 1/2
2019 年 11 月第一次印刷 字数：380 000

定价：98.00 元

（如有印装质量问题，我社负责调换）

前　　言

学习伴随着人的一生，学习知识并应用是任何人必须面对的重要事情。对于知识的教与学经历了从以教师为主体的面向教师的方法到以学生为主体的面向学生的方法。根据社会的发展、人类认知的发展以及科学技术的进步，本专著以“计算机科学导论”课程为研究对象，从知识本身出发，展开了面向知识的多维的教与学的研究与实践，旨在更好地传授“计算机科学导论”的知识，并使该课程的学习者在接触计算机学科知识的同时，形成自己的学习、思考方法，对本学科后续知识的学习和应用起到铺垫的作用。

“计算机科学导论”课程的学习者定位于初学者，如图 I 的多维的课程平面，本专著从课程产出、课程内容等多个维度对该课程进行了研究与实践，为课程的教与学提供了一个良好的环境。

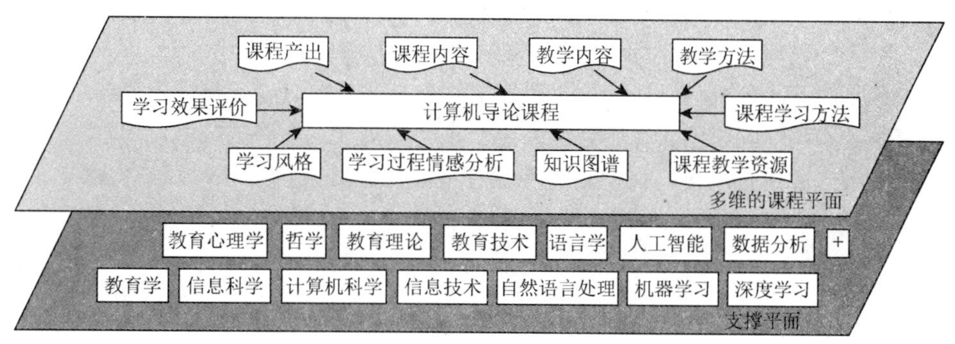

图 I　多维“计算机科学导论”课程的教学

著者从事“计算机科学导论”的教学 20 多年，如何确定课程内容、培养和吸引学习者、结合现有的理论与技术体现并配合课程的教学，更好地引导本课程的教与学，达到一个好的学习效果，一直是著者关注、思考、进行教学研究及实践的核心。该课程就是对计算机学科的导引，著者从课程内容、学习思考方法、上机的实践、自主发现问题、分析问题与解决问题等方面对学习者进行引导，使得学习者在学习本课程的同时，通过自身的实践不断调整，形成自己在计算机学科知识方面的学习方法。

著者利用互联网研发了在线课程，并通过“面向 21 世纪的 100 门网络课程建设”的第二批项目的验收。结合不同学习者的具体现状，从心理认知、脑认知、粒计算认知等模型入手，研究如何将认知模型应用于本学科内容的组织，从而确定符合认知的课程内容。针对当今互联网的发展及在线教与学的发展，进行了开放式“计算机科学导论”课程的研发。为更好地表述课程知识，引入本体技术、Web 技术、可视化技术等，研究并构建该课程的本体可视化框架。为方便教学，结合知识点和课程的学习产出，研发该课程的题库，供教师和学生共同建设。研究学习风格，并利用神经网络技术研究了基于学习风格的学习，以便更好地引导学生的学习过程。利用结构方程模型研究知识点考核策略。在此基础上，对学习过程进行深入研究，将精细化引入教学过程对，并学习者的学习过程建模，对学习效果进行定义与评价，建立该课程的精细化学习过程模型和基于 PLS-SEM 的学习效果分析模型。该课程的上述研究与实证方法，通过稍加修改，可应用于计算机学科的其他课程，或通过一些修改应用于其他学科的课程。

此外，著者还建立了该课程的知识图谱，引入微服务，建立该课程的 E-Learning 云平台的架构，并根据所开发的学习系统的数据，利用 LSTM 对学习者提交的课前预习的数据进行了情感分析。这些会进一步方便学习者学习该课程，并指导学习过程中的学习者，达到知识传授的目的。

综上所述，本专著旨在通过该课程的知识传授，以知识为核心、知识传播为途径、知识的学习效果的把控为重点，使学习者不仅要掌握知识，同时要学会应用知识。

在这些年的研究与实践的基础上，我们正在加深课程相关内容的研究与实证：基于深度学习的课程知识图谱模型、学习者学习全过程的情感分析、课程的智能问答以及课程的进一步开放等，希望该课程给学习者提供一个更自主、自由、智慧的学习环境，更好地实现“知识的学习→发现问题→分析问题→解决问题→知识的重构”的迭代过程，始于知识学习，终于经过应用后，学习者能够构建自己的知识网络。

本专著是对“计算机科学导论”课程教学研究与实证的分享，感谢相关的已毕业或在读的研究生、本科生同学们。我们会继续结合社会的需要、先进的技术，构建一个更好的该课程的多维知识传播环境。同时，本专著中的不足之处在所难免，还请大家指正。

著　者

2019 年 5 月 18 日

目　　录

第1章 引　　言

1.1 作为学科的计算机科学

谈到计算机科学，需要追溯到1946年2月14日美国宾夕法尼亚大学研制成功的电子数字积分机和计算机（electronic numerical integrator and calculator，ENIAC），它是世界第一台多功能全电子数字计算机，由此揭开了电子数字计算机发展的序幕。

20世纪70～80年代，计算技术得到了迅猛的发展，并开始渗透到大多数学科领域，但如何看待计算机则成为人们激烈的争论焦点。

计算机科学能否作为一门学科？计算机科学是理科还是工科？

计算机科学或者只是一门技术、一个计算商品的研制者和销售者？它将持续兴旺下去还是将衰落下去？

计算机科学是一个学科吗？如果是，那么学科的智力本质是什么？

计算机科学和技术专业的核心课程是否反映了这个领域？怎样把理论和实验融合在计算机课程中？

针对这些争论，1985年春计算机协会（Assosiation for Computing Machineny，ACM）和美国电气和电子工程师协会计算机分会（Institute of Electrical and Electronics Engineers-Computer Society，IEEE-CS）联手组成攻关组开始对“作为学科的计算”的存在性进行证明，经过近4年的工作，ACM攻关组提交了《作为一门学科的计算》的报告[1]，第一次给出了计算机学科的定义，提出和解决计算教育中需要解决的重大问题，给出了计算机学科二维定义矩阵的定义及相关研究内容。从此，计算机科学开始作为一门独立的学科，它既是一门理论性很强的学科，又是一门实践性很强的学科。

计算机学科的基本思路涵盖从理论研究、模型抽象到工程设计三个形态，这三形态各不相同，都遵循一定的步骤进行，它们的实现步骤如表1.1所示。

表1.1　计算机学科涉及的三个形态

形态		理论（基于数学）	抽象（基于实验科学）	设计（基于工程）
对象		数学家	科学家	工程师
步骤	1	特征化研究对象（定义）	形成假设	叙述要求
	2	假设它们之间可能的关系（定理）	构造模型并做出预言	给定技术条件
	3	确定这些关系是否正确（证明）	设计实验并收集数据	设计并实现该系统
	4	解释结果	分析结果	测试该系统
	5	发生错误或矛盾时，上述过程反复进行	当模型的预言与实验结果不符时，这些步骤应该反复进行	当测试表明当前系统不满足条件时，上述步骤反复进行

理论是数学的根本。应用数学家都认为：科学的进展都是基于纯数学的。计算机科学的理论研究是基于计算机科学的数学基础和计算机科学理论，广泛采用诸如线性代数、逻辑代数、离散数学和微积分等数学的研究方法。

抽象是自然科学的根本。科学家认为：科学进展的过程基本上都是先形成假设，然后用模型化过程求证。模型抽象是基于计算机科学的实验科学方法，它广泛采用实验物理的研究方法。按照对客观现象和规律的实验研究过程，这个学科形态主要出现在计算机科学及硬件设计和实验有关的研究之中。

设计是工程的根本。工程师认为：工程进展都是先提出问题，然后通过设计去构造系统，以解决问题。工程设计是广泛采用工程科学的研究方法，并按照为解决某一问题而构造系统或装置的过程，这个学科形态广泛出现在计算机科学及硬件、软件、应用有关的设计和实现之中。

同时，这三方面又彼此联系：理论研究是基础，是连接科学研究与工程应用开发研究的重要环节；模型抽象是对客观现象和规律的描述和刻画；工程设计是对科学理论的工程化实现。正是它们形成了计算机科学的三个学科形态：理论、抽象与设计。计算机学科处于三者的交汇处，如图 1.1 所示。计算机科学的研究与发展中，三个学科形态并不是孤立出现的，它们常常交织在一起。经验告诉我们，没有抽象形态的支持，理论研究就失去了背景参照；没有理论联系实际的指导，程序开发往往会误入歧途。有许多例子表明，理论和抽象阶段离不开设计，它们必须考虑现实是否能行。

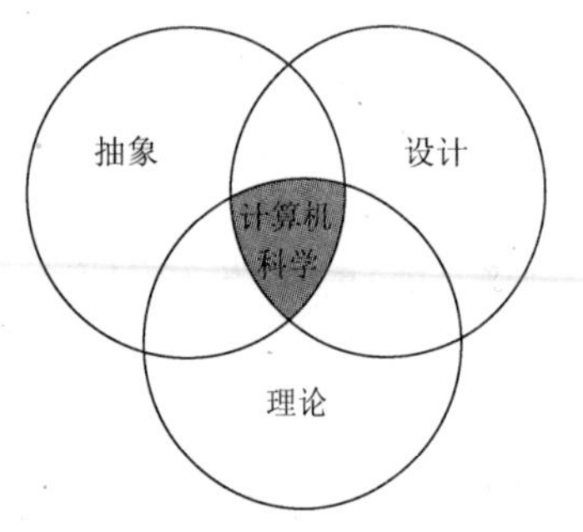

图 1.1　计算机科学与学科形态关系示意图

计算机学科已成为一门范围极为宽广的学科。将整个学科划分为若干分支领域，有助于我们对计算机学科的理解。分支领域的划分一般遵循以下四个原则：

（1）科目内容基础的协调一致；

（2）实质性的理论部分；

（3）有意义的抽象；

（4）重要的设计和实现。

并且，每一个分支必须存在一个研究群体或包含几个相关的研究。

根据以上划分原则，计算机学科可以划分为 9 个主要分支领域，由此划分的计算机学科的主要分支矩阵见表 1.2[1]。

表 1.2　9 个主要分支领域

主要分支领域	理论	抽象	设计
算法和数据结构			
程序设计语言			
体系结构			
数值和符号计算			

续表

主要分支领域	理论	抽象	设计
操作系统			
软件方法学和软件工程			
数据库和信息检索系统			
人工智能和机器人学			
人机通信			

表 1.2 所定义的计算机学科二维定义矩阵是对计算机学科的一个高度概括。因此我们可以把计算机学科的本质问题转换为把握计算机学科二维定义矩阵的本质问题。要把握定义矩阵的本质就是要分别把握定义矩阵的“横向”（抽象、理论和设计 3 个过程）以及“纵向”（各主要分支领域）共有的能反映各主要分支领域内在联系的思想和方法的本质。

“横向”关系的内容即抽象、理论和设计 3 个过程的内在联系与发展规律的内容是计算机科学与技术方法论中最重要的内容，因为计算机学科的基本原理不仅已被纳入抽象理论和设计 3 个过程中，更重要的还在于 3 个过程之间的相互作用推动了计算机学科及其分支领域的发展。

“横向”关系中还蕴含着学科中的科学问题。由于人们对客观世界的认识过程就是一个不断提出问题和解决问题的过程，这种过程反映的正是抽象、理论和设计 3 个过程之间的相互作用。因此，科学问题与抽象、理论和设计 3 个过程在本质上是一致的，它与 3 个过程共同构成了计算机科学与技术方法论中最重要的内容。

“纵向”关系的内容即各分支领域中所具有的共同的、能反映学科某一方面本质特征的内容。它们既有助于我们认知计算机学科，又有助于我们更好地运用方法论中的思想从事计算领域的工作，是方法论中仅次于科学问题与 3 个过程的重要内容。

一般来说，计算机科学是处理信息的学科，主要包括信息的处理、管理和改善；它是对描述和变换信息的算法过程的系统研究，包括其理论、分析、设计、效率分析、实现和应用。

计算机科学的基本问题是什么能（有效地）自动进行。

计算机科学技术的发展迅猛，呈现出三维的趋势。一维是向“高”度方向，性能越来越高，速度越来越快，主要表现在计算机的主频越来越高。如何处理高性能与通用性以及应用软件可移植性的矛盾是研制并行计算机必须面对的技术选择，也是计算机科学发展的重大课题。一维是向“广”度方向发展，近年来更明显的趋势是网络化向各个领域的渗透，即在广度上的发展开拓，使计算无处不在。一维是向“深”度方向发展，即向信息的智能化发展，例如，当今社会人工智能无处不在。

与之相应的计算机学科的教育也需要跟上计算机科学技术发展的步伐，ACM/IEEE 一直在根据学科的发展、技术的进步、业界的需要等多种因素，不断致力于计算机学科课程项目的研究与开发，定期修改计算机学科的培养方案，确定本学科的核心内容、主要领域和知识单元，以促进本学科人才的培养，为社会培养与储备大量计算人才[2-4]。这些项目包括计算课程、计算机工程、计算机科学、信息系统、信息技术、软件工程和网络安全等不同类别，表 1.3 和表 1.4 分别给出了几个项目的主要分支领域。

表 1.3　1991 年计算课程、2001 年计算课程与 2013 年计算课程的主要分支领域

1991 年计算课程	2001 年计算课程	2013 年计算课程	
离散数学（预备知识）	离散结构	算法与复杂度	程序设计语言
程序设计语言引论	程序设计基础	体系结构与组织	软件开发基础
算法与数据结构	算法与复杂度	计算科学	软件工程
计算机体系结构	体系结构	离散结构	系统基础
操作系统	操作系统	图形学与可视化	
程序设计语言	网络为中心的计算	人机交互	
人-机通信	程序设计语言	信息保障与安全	
人工智能与机器学习	人机交互	信息管理	
数据库与信息索引	图形学与可视计算	智能系统	
软件方法与工程	智能系统	网络与通信	
社会道德和职业的问题	信息管理	操作系统	
数值与符号计算	软件工程	基于平台的开发	
	社会和职业的问题	社会问题与专业实践	
	科学计算	并行与分布式计算	

表 1.4　2016 年计算机工程、2017 年信息技术及 2017 年网络安全的主要分支领域

2016 年计算机工程	2017 年信息技术	2017 年网络安全			
电路与电子	信息管理	数据安全	基本密码学概念	软件安全	基本原则
算法	系统集成技术		数字取证		设计
计算机结构与组织	平台技术		端到端安全通信		实现
数字设计	系统范式		数据完整性和身份验证		分析与测试
嵌入式系统	用户体验设计		访问控制		部署与维护
计算机网络	网络安全原则		密码分析		文档
专业实践的准备	全面职业实践		数据隐私		伦理
信息安全	网络		信息存储安全		基本原则
信号处理	软件基础	连接安全	物理媒体	系统安全	系统思考
系统和项目工程	Web 系统及移动系统		物理接口及连接器		系统管理
系统资源管理	网络安全新挑战		硬件架构		系统访问
软件设计	社会责任		分布式系统架构		系统控制
	应用网络		网络架构		系统退休/停用
	移动应用系统		网络实现		系统测试
	云计算		网络服务		通用系统架构
	数据可伸缩性及分析		网络防御	人的安全	身份管理
	物联网	组件安全	组件设计		社会工程学
	虚拟系统及服务		组件采购		意识和理解
			组件测试		社会行为隐私和安全
			组件逆向工程		个人数据隐私和安全

由一些知名专业计算机构发起的计算课程2020是一个国际联合项目，此项目的团队来自学术界、工业界和政府等组织，旨在通过研究授予计算机本科学位的学术课程的现状，设计和评估计算机学科的课程和内容，以创建有助于探索未来课程机会的知识和技能发展模型；同时，为学术界、工业界、政府和学生提供有关计算程序状态和未来的综合资源，更好地建设计算机学科及培养学科人才及资源，应对2020年的挑战[5]。

中国计算机协会（China Computer Federation，CCF）正在设计一个新的中国计算机课程，它分为三类：

（1）计算机软件以及关于理论和抽象范式的理论，旨在强调创新和创造力；

（2）关注理论和设计范式的计算机系统和工程，旨在提出工程解决方案；

（3）专注于适合问题描述的设计范式的计算机技术和应用，以便为学生准备构建满足客户需求的应用程序的计算系统。

1.2 计算机科学导论课程的教学目标与教学产出

本课程的教学目标如下：

（1）为学生系统地展现计算机学科的全部内容，从最基本的信息开始，逐级深入地讲述硬件及硬件架构、软件及软件架构、程序设计语言、计算机中的数据、计算机应用及发展方向，使学生明白一些基本概念、基本理论，同时，强调数学对计算机学习的重要性；

（2）在学习过程中，始终为学生展示计算机科学的发展主线、知识内容及框架、当前学科发展热点，并给学生指点学习方法；

（3）通过实践环节，学生掌握常用操作系统软件、办公软件、互联网的操作，并训练、培养学生发现问题、独立分析问题和解决问题的能力；

（4）本课程强调培养学生们的计算机文化素养；

（5）通过本课程的教学和实践环节，学生对计算机科学有一个初步的整体的认识，为后续的课程起到一个先导的作用。

本课程采用多媒体教学，同时兼顾课程网站等多种形式，采用中文、英文的教学素材（含视听教学材料），通过专业词汇、专业的扩展阅读等方式培养学生应用英语的能力。由此，促进毕业要求中的要求能力的培养与达成，如表1.5所示。

表1.5 课程教学目标对专业毕业要求的支撑

毕业要求指标点	课程教学目标				
	1	2	3	4	5
掌握从事计算机、软件及相关工作所需的数学、自然科学知识以及一定的经济学与管理学知识	√	√	√		√
掌握计算机、软件及相关专业基础理论与知识，理解本专业的基本概念、知识结构、典型方法，建立良好的科学、人文素养和工程意识	√	√	√	√	√
掌握计算机系统分析和设计的基本方法，具有综合运用所掌握的知识、方法、技术分析与解决实际问题的能力	√	√	√	√	√
深入了解与本专业相关的职业和行业的法律、法规，恪守诚实正直的职业道德准则	√	√	√	√	√

续表

毕业要求指标点	课程教学目标				
	1	2	3	4	5
具有遵循软件开发相关规范、运用开发平台开发及系统测试的能力	√	√		√	√
了解计算机科学与技术及相关学科发展现状和趋势，并具有技术创新和产品创新的初步能力	√	√	√	√	√
具有终身学习意识，能够运用现代信息技术获取相关信息和新技术、新知识，并提升自我	√	√	√	√	√
具有一定的组织管理能力、表达能力和人际交往能力以及在团队中发挥作用的能力	√	√		√	√
具有英语综合应用能力，在未来工作和社会交往中，能用英语有效地进行口头和书面的信息交流，具有一定的国际视野和跨文化交流、竞争与合作能力	√	√	√	√	√

1.3 多维的计算机科学导论课程教学

“计算机科学导论”课程是计算机科学与技术系列课程中的入门课程之一，它是针对大学一年级新生开设的一门核心基础课，系统地讲解一些入门的基本概念、计算机基本知识、计算机科学的框架和发展主线，介绍一些主要领域、当前热点以及学习计算机科学的主要方法。通过实践环节，学生掌握常用操作系统软件、办公软件、互联网的操作，并训练、培养学生发现问题、独立分析问题和解决问题的能力。

随着计算机科学技术的不断发展，“计算机科学导论”课程必须强调计算机的文化素养，并从简单到复杂、从低级到高级的认知顺序来组织、安排课程的内容。同时，把实验加在相应的章节后面，理论与实践并重，这样能使学生更好地领会和掌握本章所讲的知识，并在实验中进一步去体会与领悟。所以，如何利用认知科学来指导本课程的教与学成为一个亟待解决的问题，并极大地影响着计算机学科的发展和人才的培养。

人的认知主要是通过人脑对信息进行加工完成的，其中信息可以定义为通过我们大脑的神经元网络传输输入的感官信号；信息加工就是对这些信息的转变或改变。从广义的概念来讲，这种信息加工包含我们对周围世界各种物质形式的思考，就称作认知。

我们使用认知的理论来对计算机科学导论课程的内容进行研究，按照认知的规则来对课程内容进行组织，以期能够更加科学合理地组织安排课程的内容。

本课程从 40 学时（30 学时理论 + 10 学时实验）到现在的 32 学时（24 学时理论 + 8 学时实验），在保证教学内容和实验内容的同时，需要更进一步研究本课程的学习产出，对学习过程、教学内容的组织及方法进行一些改进；尤其将精细化引入学习过程，引导学习者对知识的学习、掌握及应用。

综上所述，本课程以人的认知为基础，组织理论内容、教学内容及实验内容，在学习过程中，充分调动学习者的积极性，并通过与学习者的交互，教师能更好地把握学习者对知识的理解、问题或难点所在、学习兴趣所在，在完成学习过程的任务中，使学生不断形成自己的学习习惯、思考习惯，并鼓励学习者提出问题。

对于教学内容，我们建立了本课程的本体，并进行了课程本体的可视化研究，提出了基于表征状态传输（representational state transfer，REST）风格的本体可视化模型；引入斯坦福（Stanford）大学开放性学习的理念，开发了开放式的系统。

此外，为了更好地评价学习者的效果，我们研究了学习者的学习风格，探索不同的学习风格对学生的学习效果的影响；研究了基于知识点的考核策略。

为了配合本课程的教学，我们自行开发了相应的教学网站、网络课件以及 Web 应用、Android app 等，并使用了 6 年；精细化的学习系统我们已经使用了 4 年，每年都会进行改进与完善。同时，鉴于人工智能、云计算、数据分析、机器学习等技术的发展与应用，我们已经开发了本课程的知识图谱、提出了基于微服务的本课程的 E-Learning 云平台、建立了基于 LSTM 的课前预习的情感分析模型。

综上所述，多维的本课程的教学体系已经建立，并且会持续改善前言中图 I 的模型。

1.4 解决的关键问题

本书旨在引导学习者了解、学习、掌握有关计算机学科的基本知识、分支领域，建立起本学科的知识架构或框架，并能逐步形成自己对计算机学科知识的兴趣，形成自己的发现问题、思考问题和解决问题的方法，养成自己的学习习惯，并逐步发现自己的兴趣，从而找到自己在本学科中的兴趣点，以便逐步形成的职业兴趣与关注点，更好地学习后续知识，培养自己的专业能力。为此，需要解决如下的关键问题：

（1）如何合理、有效地组织教学内容；

（2）如何体现开放式课程的特点；

（3）探索课程内容本体的建立及标注；

（4）如何结合知识点及学习产出来开发课程的题库；

（5）如何把学习风格加入教学并引导对学习者的学习；

（6）研究基于知识点考核策略模型；

（7）如何使得精细化体现在学习过程中；

（8）如何把当前前沿的知识图谱、云计算及情感思维用于本课程的教学。

为此，本书通过第 2～9 章来分别解决这些问题，每章各自独立。本书源于计算机科学导论课程的教学实践，我们的研究与实证都是同步进行的。鉴于篇幅有限，我们以本课程的教与学为核心，对涉及的主要思想和方法、技术、特色的内容或过程进行详细阐述，并截取相关主要软件界面进行展现。

第 2 章　基于认知模型的计算机科学导论课程重组及系列课组织

认知是指人类认识外界事物的过程，即对作用于人的感觉器官的外界事物进行信息加工的过程，是人最基本的心理过程。人类对事物的认识，往往是从一个“不知”到“了解”，再到“理解”的过程，它包括知觉、学习、记忆、想象、思维和语言等。认知科学是 20 世纪世界科学标志性的新兴研究门类，它作为探究人脑和心智工作机制的前沿性尖端学科，已经引起了全世界科学家的广泛关注；它是研究人类感知和思维对信息处理过程的科学，包括从感觉的输入到复杂问题求解，从人类个体到人类社会的智能活动，以及人类智能和机器智能的性质。它是现代心理学、信息科学、神经科学、数学、科学语言学、人类学乃至自然哲学等学科交叉发展的结果。

研究认知的机理，建立认知的模型，然后用计算机模拟人类认知的过程来处理实际问题是人工智能领域的重要课题，受到很多研究者的关注。本章在对相关认知模型进行研究基础上，结合对计算机学科知识系统分析、国内外计算机导论课程的教材内容的深入研究，特别是对一些优秀的教材内容的研究，将之应用于计算机科学导论课程内容的重组[6]，并给出计算机系列课程的架构。

2.1　认知模型的相关研究

2.1.1　心理学认知模型

1. ACT-R 模型

理性思维的适应性特征（adaptive character of thought-rational，ACT-R）模型是关于人类认知过程工作机制的理论模型，研究目的在于最终揭示人类组织知识、产生智能行为的思维运动规律[7]。其研究进展基于神经生物学研究成果并从中得以验证。ACT-R 模型反映的是人类的认知行为。ACT-R 通过语言的编程实现特定任务的认知模型构建，研究人员利用 ACT-R 内建的认知理论再加上特定任务的必要的假设和知识描述构造特定任务的 ACT-R 上认知体系模型，通过对模型结果和实验结果的比较验证模型的有效性，再利用符合人类认知行为的模型指导工作，从而达到实现任务预测、指导和控制的目的。

ACT-R 由三种部件组成：基本模块、缓冲区和声明或描述模块。基本模块包括用来处理视野中物体视觉模块，控制手部运动的手动模块；缓冲区处理目标的意图模块并获得记忆中信息的声明模块。声明或描述模块包括一些存在的事实和关于怎么做事情的知识，分为陈述性知识和处理性知识。

2. SOAR 模型

状态、执行、结果（state，operator and result，SOAR）是由 Newell 于 1986 年提出并开发的一种通用智能的框架，主要讨论了知识、思考、智力和记忆等问题，是一个应用范围非常广的认知结构。该理论出现在计算机科学与认知心理学对解决问题和学习的研究中[8]。SOAR 是用作一种软件架构的一个理论，试图描述和实现智能的基本的、功能的构成要素[9]。SOAR 的持续的研究方向是寻找最小的一套机制，该套机制足以实现完整的智能行为。1982～2007 年一共推出了 8 个主要的版本，通过各种行为和学习现象，被证明是研究认知建模的一个一般化和灵活的模型。

SOAR 模型的设计基于这样的假设：所有的蓄意的指向目标的行动可以认为是对一个状态的选择和应用操作。一个状态是当前问题解决情形的表示；一个操作可以改变一个状态（对表示做出改变）；一个目标是一个问题解决行动的期待的结果。当 SOAR 模型运行时，它不断地试图应用当前的操作，同时选择下一个操作（一个状态一次只能有一个操作），直到达到目标。

SOAR 模型包括一个长期记忆（编码为产生式规则）和一个短期记忆（编码为一个符号化结构图，对象可以表示为属性和关系集合），符号化短期记忆存储着通过感知器（perception）感知的当前状态的评价和从长期记忆中取回的知识。环境中的动作通过在短期记忆的缓冲区中生成的动作指令来产生。决策处理选择操作，同时监测僵局的发生。

3. 执行过程交互控制模型

从理论上，执行过程交互控制（executive processor interactive control，EPIC）模型由一组相互连接的处理器组成，这些处理器同时完成操作。外部环境由一个工作环境模型或者设备表示，与认知处理器不是一类，它作为额外的处理器，与 EPIC 处理器并行工作。这些模块可以用来模拟人类信息处理系统的基本的组成部分，同时实现“多任务”执行的计算模型。

研究 EPIC 模型的重点在于人类的多任务执行。最有趣和具有挑战性的现象是：当人类可以执行并发的多个任务时，他们这种能力受到很严格的限制，这些限制依赖于任务的一些特殊性质，这些任务虽然被重点研究了几十年但是仍然很少被了解。EPIC 架构的发展目标是：从真实研究中归纳出人类行为的这些限制和能力，然后在计算模型中实现他们，这些模型可以展现人类信息处理的已知属性。

2.1.2　脑认知模型

认知信息学是由 Yingxu Wang 教授于 2000～2002 年建立的一个新的尖端学科，涉及计算处理、软件工程、认知科学、神经心理学、生命科学和哲学。认知信息学是研究自然智能（人类大脑和智慧）的内部信息处理机制和认知处理的新兴学科。该领学科域使用信息学和计算理论来研究认知心理学和神经系统科学的问题，特别是自然智能的机制和大脑的认知处理。

Wang 等提出脑认知信息模型[10-14]，在认知信息学（cognitive informatics，CI）和软件工程研究的基础上开发了脑逻辑认知模型。

1. 脑认知信息模型

脑认知信息模型用真实实体来表示外部世界，用虚拟实体和对象来表示内部世界。内部世界可以分为两层：图像层和抽象层。

虚拟实体是位于图像层的外部真实实体的直接图像。对象是位于抽象层的抽象。对象分为元对象和派生对象。元对象是与虚拟实体直接相关的对象；派生对象派生于内部并且与虚拟实体或者真实实体的图像没有直接的连接。人脑的抽象层可以进一步扩充为对象、属性和联系的神经集群，抽象层是高级的和人类所独有的，其他动物大脑中没有抽象层。

值得注意的是，脑认知模型是闭合的，一个外部虚拟实体不仅仅是从真实实体抽象而来，而且最终要与抽象层中的实体相连接。这就是思维、推理和其他高级认知处理的基础。这些高级认知处理中，内部信息为了具有语义需要与真实世界的实体相关联。

2. 脑层次模型

作为自然智能系统的大脑的层次化的生命功能可以分为两类：下意识的生命功能和有意识的生命功能。下意识的生命功能的操作包括感觉、记忆、感知和动作四个层次；有意识的生命功能包括元认知功能和高级认知功能，如图 2.1 所示为大脑层次模型。

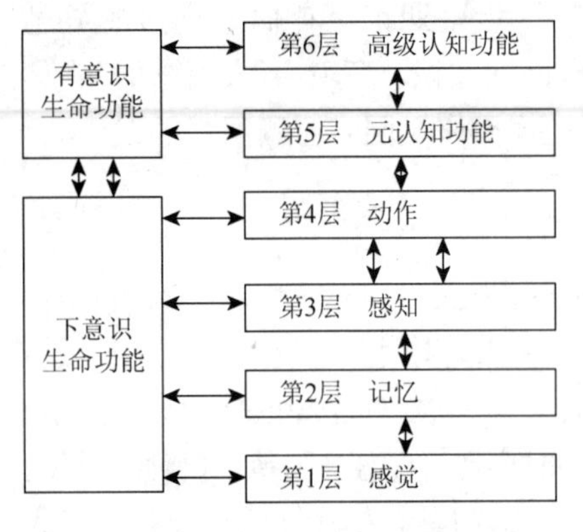

图 2.1　脑层次模型示意图

在图 2.1 中，各层次之间可以通信，通信在图中使用垂直箭头表示。大脑的下意识层是遗传的，并且当一个人出生后就是相对成熟的。因此，下意识功能层通常是既不能直接控制，也不能够被有意识功能层刻意地访问。与下意识生命功能相对应的，大脑的有意识层是后天习得的，它是高度可塑的、可编程的，能够基于愿望、目标和动机来有意识地控制。大脑复杂的即时智能行为可以还原为脑层次模型中所示的六个层次的认知处理的结合。因此，该脑层次模型可以作为一个标准框架来解释自然智能中广泛的认知和心理现象。

3. 脑逻辑认知模型

脑逻辑认知模型包括思维引擎、记忆体和感知及动作缓存机制。通过该模型，可以解释人的行为和意识形态，尤其是继承的和已获得的生活能力和它们的相互作用，为计算机模拟自然智能行为和认知方法建立了基础。

脑认知处理可以被分为 6 层和 2 个子系统。脑下意识子系统是遗传的和固定的；有意识子系统是获得的和可塑的。人们在研究脑的有意识层和无意识层的关系时，发现他们的关系可以类比为计算机系统中的操作系统和应用系统。脑逻辑认知模型可以视为一个实时智能系统，拥有一个预先设定的操作系统和一组获得的生命应用。

2.1.3　粒计算认知模型

人类面对的是一个复杂的、没有标记的信息世界，人脑将大量复杂信息按其各自的特征和性能抽象成若干较简单的概念，通过对这些概念的认识而认识世界的[15-17]。Zadeh 认为粒是人类认知的最小单位。粒是指人类在认识、推理和作决策中，将大量复杂的信息按其各自的特征和性能划分成若干较简单的块、类、群或组等，而每个为此划分出来的块、类、群或组被称为一个粒；他将人类的认知能力概括为：粒化、组织和因果。粒化指将整体分解为部分，组织指从部分合并为整体，因果指原因和结果的关联[18]。粒计算正是模拟了人脑这 3 种能力，把现实世界中的某个领域抽象成多个粒，使用粒、粒集以及粒间关系对事物进行认知的。

客观世界可以用不同粒度的结构来有效描述。因此，人类在认识事物时，总是从极不相同的粒度上观察和分析同一事物，并根据特定背景把相应的数据、知识和资源建立适合认知的粒度空间。粒计算思想用粒来解释脑中认知概念的形成。根据具体的领域背景把论域中的对象抽象为不相同的粒和构建出粒之间的关系，进一步生成适合于该认知过程的粒度空间。由于人类的知识结构是一个分层结构，这就决定了人脑对世界的认识是多粒度和多层次的。人脑总是从很粗的粒度上来粗略地描述事物，然后再从不同层次或不同侧面来把握事物的特征，进入一个较细粒度来观察和分析事物，认知过程就是在粒度空间中不同层次、不同粗细的粒之间往返交互，在不同粒度层次间反复感知和识别事物，从而达到对事物的全面认识。整个认知过程的模型如图 2.2 所示，模型的顶层是事物的一些外在属性（粗粒度），底层是事物的详细信息（细粒度），认知的过程就是从一个粒度世界跳到另一个粒度世界，多层次、多角度地对事物完整把握的过程。

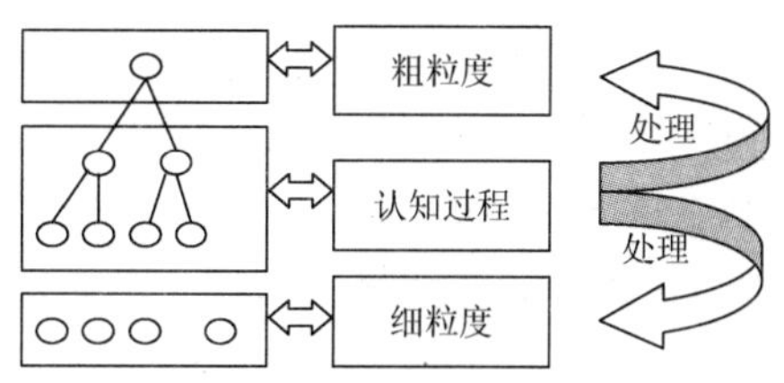

图 2.2　认知过程的粒模型

2.2　计算机学科知识的认知模型

对已有的计算机学科的课程研究报告进行总结[19]，可以得到如图 2.3 的本学科的领域分支。

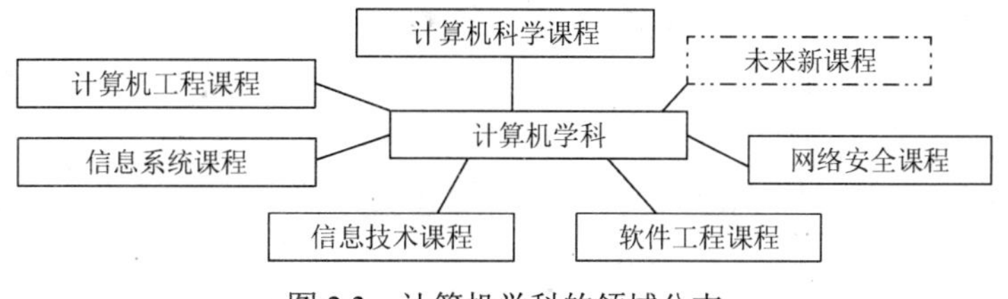

图 2.3　计算机学科的领域分支

计算机学科可以分为计算机科学、计算机工程、信息系统、信息技术、软件工程、网络安全等不同分支领域。此外，随着社会、科学与技术的进一步发展，还可以有新的分支领域。

2.2.1　基于 ACT-R 的计算机学科内容认知模型

根据计算机学科的特性和分支内容，如何将理论、抽象与设计能力的培养贯穿于计算机学科教学活动中，课程内容的组织就显得尤为重要。下面给出基于 ACT-R 的计算机学科内容认知模型，以帮助学习者更好地组织计算机学科知识，并利用这些知识进行实践，达到对计算机学科内容更好的认知。基于 ACT-R 的计算机学科内容认知模型如图 2.4 所示。

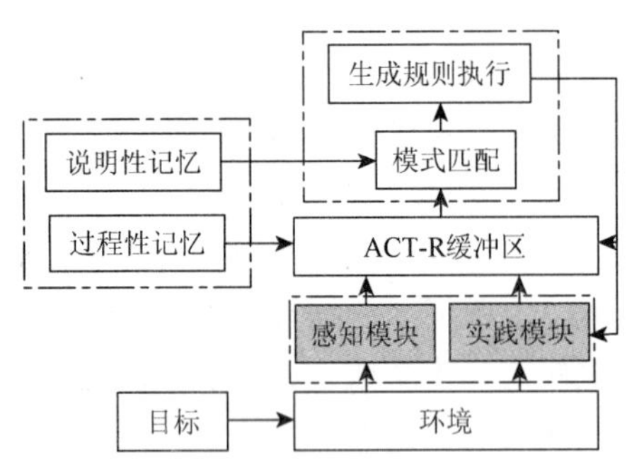

图 2.4　基于 ACT-R 的计算机学科内容认知原理图

计算机学科知识的认知模型由三种部件组成：基本模块、工作记忆和成果系统。这三个组件都是在一定的目标驱动下完成的，由于人们学习计算机学科内容带有很强目的性，所以目标直接作用于环境，并贯穿于人的整个认知活动之中，即贯穿于上面的三个基本部件。

由于计算机学科知识具有理论、抽象和设计三个学科形态，而计算处于三者的交汇处，所以计算机学科既需要去学习理论、抽象建模，并应用于实践与应用，还需要在不断的反复过程中使获得的认知不断加以完善，获得事物本质的认识。所以，在 ACT-R 模型中应该有从环境中获取信息的视觉模块和与环境进行交互的实践模块。通过感知模块，人能对环境充分感知，获取关于事物的各种信息，例如文字、图片、声音，或者有形、无形的信息，然后将它们送入 ACT-R 缓冲区，那么，在缓冲区中如何对所感知的信息进行表示、存储与处理就显得非常重要，即 ACT-R 缓冲区提供信息加工的场所。信息的加工过程要依靠人脑中已有的永久记忆和成果系统。其中的永久记忆分为说明性记忆和过程性记忆，前者对 ACT-R 缓冲区中存放的数据、信息具有指导作用，后者是人积累的具有执行功能的模块，可以直接作用在成果系统中的模式匹配模块，加速匹配过程，匹配生成的规则在成果系统中运行，执行结果回送到 ACT-R 缓冲区完成对信息的一次加工过程。反复循环，当信息加工的结果逼近或达到目标时，就建立了一条关于目标的认知路径，实现了从事物的表象到事物本质的认识，并将计算机学科内容的理论、抽象和设计有机结合在一起。所以，组织计算机学科内容时，需要把这种加工过程考虑进去，按照加工过程来组织计算机学科内容。

2.2.2　基于 SOAR 的计算机学科内容认知模型

随着计算机科学与技术的不断发展，计算机学科内容时常更新。如何组织计算机学科内容，使得已有知识与新知识能很好地衔接，方便学习者深入掌握并应用计算机知识成为当前的教学不可回避的问题。图 2.5 给出基于 SOAR 的计算机科学内容的认知模型。

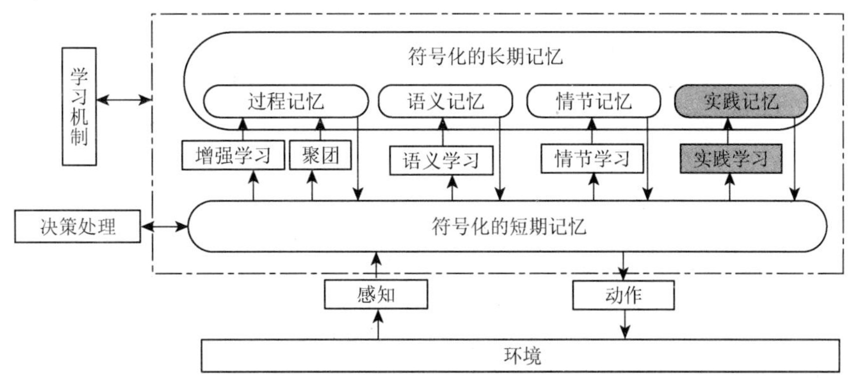

图 2.5　基于 SOAR 的计算机科学内容的认知原理

人通过感知把获取的信息利用符号表示、记录与存储。对于短期记忆，人们保留的多是片段或零星知识，这些知识需要经过决策处理和长期记忆中的知识进行加工处理，然后执行决策结果，达到目标的要求，由此得到正确的认识。但知识的表示及其它们与长期记忆中的知识的关系是人们需要了解清楚的，人们需要把短期记忆中的信息与长期记忆的信息相结合，获得具有一定指导作用的规则，并在这些规则作用下达到对事物本质的认识。

有四种类型的长期记忆方法可以帮助人们更好地梳理、组织记忆的信息。第一种是为了加快过程性记忆的查询效率，利用聚团机制对短期记忆的信息进行处理，生成新的过程性知识，并把它们加入原过程性记忆中去。第二种是通过语义学习，对长期记忆的信息建立语义联系，同时使短期记忆的信息根据所建立的语义进行推理操作，并发出动作，由人完成相应动作达到对事物认知的目的。第三种是人们在长期记忆中保留的不同情景的记忆。第四种是人们通过信息加工过程中的不同任务的实践活动的学习，建立针对不同实践任务、实践类型的符号化的长期记忆，并在不断的实践中丰富这些记忆，以指导短期记忆，这种实践具有直接指导动作以达到实践目的的作用。

综上所述，我们可以将计算机科学内容进行分类，这种分类应该体现内容之间的逻辑关系，并能按照一定的顺序对这些分类的内容进行操作。另外，对于计算机科学内容知识组织，要按照一定的语义，建立知识点、知识单元等的语义联系，以方便长期记忆对短期记忆的指导，进一步减少搜索空间，提高信息加工的效率。

2.2.3　基于 EPIC 的计算机学科内容认知模型

EPIC 模型由一组相互连接、可以同时并发执行的处理器组成，例如视觉处理器、眼部动作处理器、听觉处理器、声音处理器，触觉处理器、手部处理器、认知处理器等，如图 2.6 所示。

在学习计算机学科内容的活动中，我们可以利用人类认知的多任务执行的特点，利用多媒体教学技术，从声觉，视觉（视频、动画）等方面的输入信息，增加相同单位时间的信息量，从而增加学习这一认知活动的信息量，更加有利于教学活动的开展。

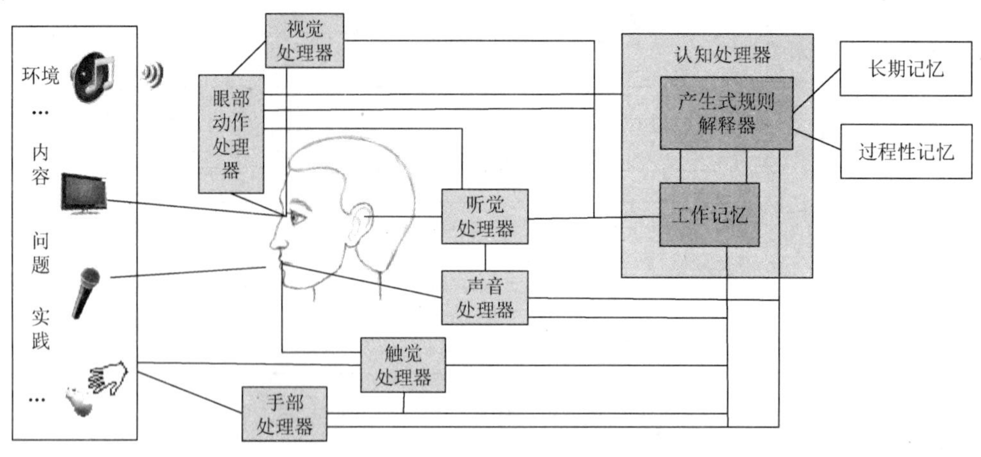

图 2.6　EPIC 模型

2.2.4　基于粒计算的计算机学科内容认知模型

计算机学科的知识内容丰富，我们在学习之前应该按照这些知识各自的特征将其抽象为若干较简单的概念，通过对这些概念的认识而形成对于整个学科知识的认识。

概念为计算机学科知识的基本单位，学习者形成对学科整体认识的过程就是一个不断学习新概念、不断精细化已有旧概念的过程。一个概念既可以是某个知识点相对独立的一部分，又可以被看作是由其他一些概念组成的整体。因此用具有不同粒度的粒子描述概念层次是非常合理的。

使用章节来组织计算机学科的课程内容，即使用章和节来描述不同粒度的概念，每个小节将若干个相关的概念组织在一起，若干个小节又构成一章，所有的章构成了整个课程的内容。

我们把计算机学科知识抽象为这样的一组概念及概念间的关系，就可以通过感知这些概念及概念间的关系来形成对整个学科知识的感知，通过这组概念之间的连通和关系，将认知的重点转移到整个学科系统的认知。

因此，在组织课程内容的章节时，要建立合适的知识粒度空间；同时，根据具体的知识背景把课程的内容抽象为不相同的章节，并构建出章节之间的关系，从而进一步构造出适合于学科知识认知的内容组织。

通过对计算机学科体系所包含的内容进行粒化，得到信息粒（即我们的课程内容的章与节），通过每个信息粒的认知，以及对粒间关系（涉及章节的顺序安排）的认知来达到对整个计算机学科体系的认知。通过对课程内容的合理的组织，能更好地达到下面两个目的：一是将计算机学科的整体结构、基本线索、重要知识点及内在逻辑关系展现给学生，使学生对整个知识体系有一个宏观了解，构筑一个逻辑框架，为其后各部分的学习指明总的方向；二是能把学生带入一个崭新的认知境地和特定的知识氛围之中，使学生强烈感受到学科的特点、规律及魅力，从而意识到学科学习的意义。

例如：将“起源于数学”，粒化为：{几何与代数（1），逻辑（2），计算理论（3)};

将“为什么计算机可以求解”，粒化为：{二进制与信息表示（1），计算机组成与实现（2），计算机软件（3），计算机体系结构（4）}；

将“计算机如何求解”，粒化为：{数据结构与算法（1），程序与编程语言（2），软件工程（3）}；

将“计算机的应用”，粒化为：{数据库与信息系统（1），多媒体技术（2），计算机网络（3），信息安全（4），人工智能（5）}。

2.3　基于认知科学的计算机科学导论课程内容重组

研究和优化后的基于认知的计算机科学导论课程的体系结构如图 2.7 所示（图 2.7 右侧为基于粒计算的简略说明），主要内容参见高等教育出版社的《计算机导论》[20-21]。

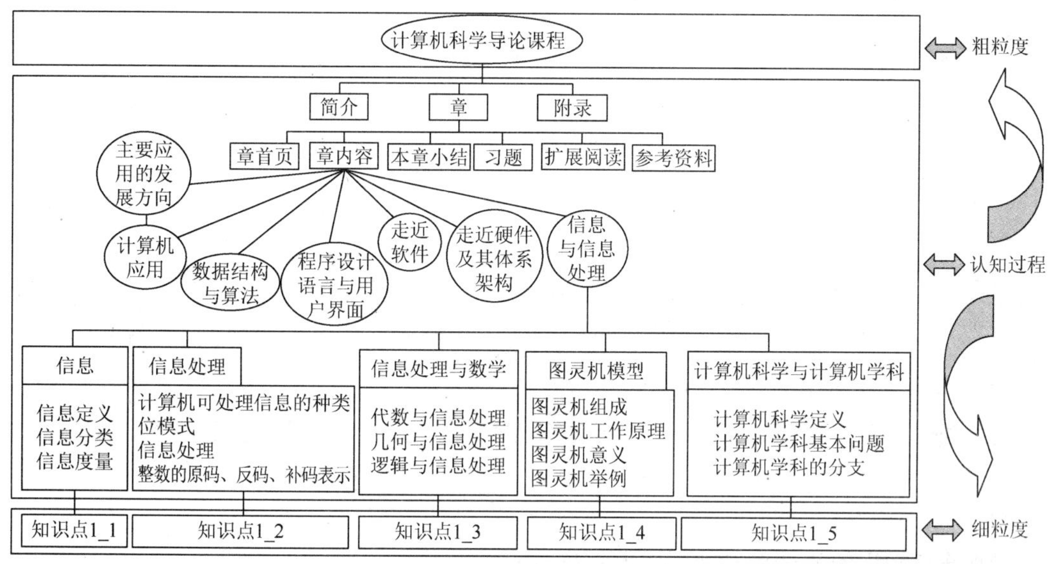

图 2.7　计算机科学导论课程的体系结构

计算机是信息处理的工具，随着时代的进步，信息技术也在为解决人类不同问题的基础上得以发展，因此整个系列课程的基础应着眼于信息处理，从最基本的问题开始为学习者建立一个本学科课程的基本框架，这里仅将信息与信息处理展开，由浅入深地从信息→信息处理→信息处理与数学→图灵机模型→计算机科学与计算机学科逐步展开[21]。

（1）信息：计算机是用于问题求解的，如何表示问题、解决问题都要从最基本的信息开始。因此，从多种角度给出信息的定义，同时给出信息分类，然后告诉学习者信息是可以度量的，以及度量的方法。

（2）信息处理：介绍计算机可以处理的信息种类、计算机存储数据的形式——位模式，然后讲解什么是信息处理，以及整数的原码、反码和补码的表示。

（3）信息处理与数学：从代数、几何和逻辑三方面举例说明数学在信息处理中的重要性，强调本专业的学习者一定要加强数学的功底。

（4）图灵机模型：在强调数学的重要性后，给出计算机的数学模型——图灵机模型，并用简单示例和不同教学方法来讲解。

（5）计算机科学与计算机学科：从整体的角度给出计算机科学的定义，明确计算机学科基本问题，并了解计算机学科的分支。

2.4　基于认知模型的计算机系列课程组织

2.4.1　基于认知模型的计算机系列课程体系结构

计算机科学导论作为学科知识的引导，其体系结构是计算机系列课程可以遵循的结构，结合前面的认知科学的研究，计算机系列课程教学内容的结构如图 2.8 所示[22]。

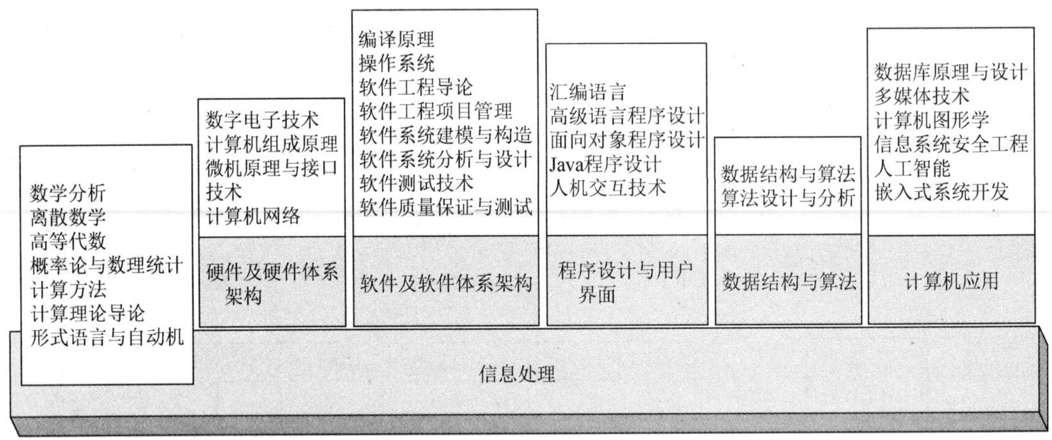

图 2.8　基于认知模型的计算机系列课程体系结构

2.4.2　计算机系列课程结构的进一步优化

1. 优化的原则

由于计算机的知识广泛、涉及内容众多，所以必须审视专业的培养目标和侧重点。

（1）专业的培养目标。本专业培养掌握信息科学技术大类领域共同的基础理论、基本知识和基本能力，掌握计算机软件专业知识与技能，具有健全人格、综合素质、国际视野和社会责任，个性鲜明、能力突出，具备在相关领域跟踪、发展新理论、新知识、新技术的能力，能从事相关领域的科学研究、技术开发、教育和管理等工作的信息科学技术专业卓越创新人才。所以，针对不同的专业，其课程的配置及主要内容需要做相应调整。

（2）强化基本要求。通过低年级信息大类培养和高年级专业培养相结合的模式，依托各种教育教学活动，计算机科学与技术专业、软件工程专业的本科毕业生应该具备扎实的软件理论和软件工程专业基础知识，具有良好的工具使用与实验能力、软件分析与开发能力、过程控制与管理能力、团队协作与沟通能力。

2. 优化的体系架构

将所有的课程分为基础核心课程、专业核心课程、专业选修课程及其工程实践课程四个部分，如图 2.9 所示。

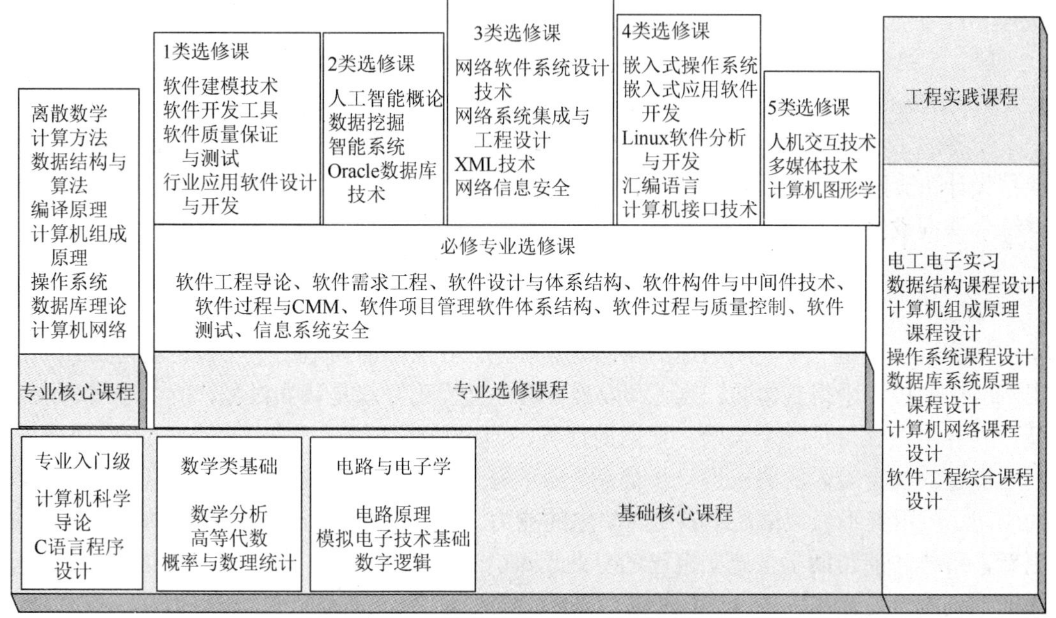

图 2.9　优化后的计算机系列课程体系结构

1）基础核心课程

基础核心课程是计算机学科基础体系的核心课程，是每个学生的必修课，分为以下三类：①专业入门级课程：计算机科学导论、C 语言程序设计；②数学方面的基础课程：数学分析、高等代数、概率与数理统计；③电路与电子学：电路原理、模拟电子技术基础、数字逻辑。

2）专业核心课程

体现本学科专业方向的核心课程为：离散数学、计算方法、数据结构与算法、编译原理、计算机组成原理、操作系统、数据库理论、计算机网络。

3）专业选修课程

计算机科学与技术专业与软件工程专业除上述核心课程外，还需要一定的本专业的课程支撑，主要的专业选修课包括：软件工程导论、软件需求工程、软件设计与体系结构、软件构件与中间件技术、软件过程与 CMM、软件项目管理软件体系结构、软件过程与质量控制、软件测试、信息系统安全等。

按照不同的方向可以增加一些选修课程，分以下五类进行考虑。

（1）1 类为软件工程拓展，包括：软件建模技术、软件开发工具、软件质量保证与测试、行业应用软件设计与开发等特色课程。

（2）2 类为智能软件与系统方向，包括：人工智能概论、数据挖掘、智能系统、Oracle 数据库技术等特色课程。

（3）3 类为网络软件与系统方向，包括：网络软件系统设计技术、网络系统集成与工程设计、XML 技术、网络信息安全等特色课程。

（4）4 类为嵌入式软件与系统方向，包括：嵌入式操作系统、嵌入式应用软件开发、Linux 软件分析与开发、汇编语言、计算机接口技术等特色课程。

（5）5 类为其他应用方向，包括：人机交互技术、多媒体技术，计算机图形学等。

4）工程实践课程

配备的工程实践课程主要包括：电工电子实习、数据结构课程设计、计算机组成原理课程设计、操作系统课程设计、数据库系统原理课程设计、计算机网络课程设计、软件工程综合课程设计等。

3. 计算机系列课程架构优化的总结

计算机学科是一个发展迅速的学科，其理论、方法都需要适用于不同的实际应用，在实际应用的过程中得到检验、改进和发展。这个过程正好就是认知过程，所以运用认知模型，指导学生学习是一个长期、艰巨的任务，但这是必需的。

现在的社会对人的要求进一步提高，为了提高本专业学生的素质，我们只有加强知识的学习、应用和不断领悟，才能提高学生的能力。而知识在不断更新，我们的学习也必须更新，这样才能帮助学生建立自己的专业思维，帮助学生掌握、学习与应用本学科知识，提高他们的专业素质。

创新来源于对实际问题的求解，我们需要关注计算机学科的发展前沿，了解主要技术的应用，以便培养自己的专业敏感度，通过不断积累，在学习、思考、应用的过程中做到某一方面的创新。

增加数学分析课程、加强了信息安全方面的教学内容。数学研究的主体是经过抽象后的对象，数学的思考方式有鲜明的特色，包括抽象化，逻辑推理，最优分析，符号运算等。数学知识和能力的培养需要通过系统、扎实的基础教育来实现，数学分析课程正是其中最重要的一个环节。此外，我们将信息安全作为一个重要内容放在必修的专业选修课中，强化网络信息安全意识。

第 3 章　开放式计算机科学导论课程

近年来随着计算机的日益普及和网络技术的迅速发展，在全球范围内开放学习也成为一种学习知识的重要方式。本章根据开放学习的风格和特点，开发计算机科学导论课程的开放学习网站，便于学习者学习计算机科学导论课程知识，达到知识传播的目的。

本章介绍计算机科学导论开放学习网站的开发模式和环境，并具体阐述系统分析、总体设计、系统设计及系统的主要功能模块的呈现[23]。

3.1　开放学习的含义

开放学习模式强调以学生为中心，就是把学生作为主体，以个体化学习为主要形式，通过技术媒体和教学辅导与学校、教师和学生进行交流联系的学习模式。开放学习模式不能简单套用一般的教学模式，它是一种需要重新构建的教学模式。国内外的相关研究表明，广义上的开放学习主要是在不影响现有的劳动生产率水平的情况下，为了适应科学技术进步与环境变化的需要，采取的一种创新的教学模式。

Schwartz 等认为开放式教育模式旨在融合创新和效率，以培养具有适应性和灵活性的学习方式[24]。美国麻省理工学院的“开放课件计划”作为开放教育理念的首倡者和实践者，其教育对象的广泛性、学习阶段的终身性、课程内容的开放性、学习过程的自主性以及学习方式的灵活性都契合了学习型社会的特征[25]。

开放式学习发展迅猛，根据 ClassCentral 2016 年的数据表明，全球的 MOOC 平台上共有 2600 门新课程上线，整体课程数量已达到 6850 门，课程来源超过 700 所大学。2016 年，共有 2300 万新用户第一次在 MOOC 平台上注册上课，其中 25%的用户是通过区域性 MOOC 平台报名的；全球总共有 5800 万左右用户在 MOOC 平台上至少注册报名了一门课程[26]。

开放式学习是以学习者为中心的一种教学模式。基于信息技术的有效应用，它能够更好地激发学生的主体能动性，让学生在整个学习过程，通过主动探索、发现、搜集、分析相关的信息与知识，促进他们真正成为学习的主体和知识的主人。而且网站的开发应用极大地方便了老师和同学们对于计算机导论这门课程的学习以及一些学习任务的发布和验收。

3.2　开放学习的特点

开放学习的模板并不仅仅只是依据某一个网站设计出来的，而是吸收各种公开课和企业课程的优点以供开放学习网站借鉴[27]。以下列举几门公开课的体验。

3.2.1 卡内基梅隆大学的开放学习网站

在卡内基梅隆大学的开放式学习网站上体验课程，用户可以利用自己课余时间学习自己想学习的课程，并且在学习过程中也会有一些练习和反馈，会让学习者对自己的学习情况有所了解。例如其中的《初级中文》课程，有一些对话采用繁体中文和简体中文，编者考虑很周到。

该网站的优点是网页上每章节的内容安排十分简洁且很有条理性，而且章节中也含有一些视频和音频，对于学习者有着很好的帮助，同时网站的颜色搭配也很合理；其缺点是不支持下载关于这门课程的资料，而且对于自己所遇到的问题不能得到很好的解答。

3.2.2 中国大学 MOOC 的开放学习

我们在中国大学 MOOC（https://www.icourse163.org/）上体验了一门“数据结构”课程，该课程有固定的开课时间，内容更新是与学校的课时同步的。它主要包括四大模块：公告模块、课件模块、考核模块和讨论模块。

该网站的优点是能够下载课程的相关课件，在离线状态也能学习，同时也能检验自己每章节的学习情况，还能随时进行提问。缺点是课程内容不能一次性获取，只能在其更新后才能学习，不能掌握自己的学习进度，而且知识点只是涉及该门课程，不能进行很好的拓展学习。

3.2.3 网易公开课开放学习

我们在网易公开课（https://open.163.com/）上体验的课程是哈佛大学的“计算机科学导论”课程，该课程介绍计算机科学的知识，主要以视频为主，每一章节或几个小节为一个视频，由于该视频是哈佛大学的教学视频，所以对于我们国内用户具有一定的理解难度，此外用户可以对课程进行一些评论。

该网站的优点是用户可以规划自己的学习进度，不需要依赖其学习资源的更新进度；同时用户也可以下载学习资源。缺点是该课程的中文字幕还没有同步更新，因此对于用户的学习有一定的困难；而且课程结束后没有相对应的习题来检验自己的学习状况，部分课程还需要收费。

3.2.4 实验楼网站的开放学习

我们在实验楼网站（https://www.shiyanlou.com/）体验的课程是“linux 基础入门”，它主要是介绍 Linux 的相关命令，用户可以直接在该平台上根据它所提供的实验平台进行实验并完成相应的实验报告。

该网站的优点是在学习知识的同时也可以动手操作，同时也可以编写相应的实验报告。缺点是部分实验需要收费，而且没有视频对难点知识进行讲解。

同时，我们还体验了其他在互联网上发布或可以访问到的一些课程，对这些公开课或企业等不同课程进行了深入分析，然后，确定计算机导论开放学习网站应该具有以下特点：

（1）页面设计应该参照卡内基梅隆大学的开放学习网站的页面布局。

（2）应该在每章节末尾设置章节习题，来检测用户的学习情况。

（3）基于计算机导论课程的特性，课程主要起到引导用户进入计算机行业的作用，所以应该具有前沿模块和实验模块。

（4）该网站应该完全免费。

（5）用户可以对自己的问题进行提问和交流，所以需要问答模块。

我们需要更深入学习与领悟卡内基梅隆大学的开放学习网站，在计算机科学导论学习网站中体现开放学习，具体表现在以下几个方面。

（1）知识的开放性。在计算机导论课程中的前沿模块中主要介绍的是关于技术方面、时事热点、业内开源的知识。这些知识不仅仅局限于书本所提及的内容，也包括我们当前社会的一些热点。用户通过这些知识能够更好地了解到计算机行业的趋势，激发学习者的兴趣。

（2）学习者范围的开放性。计算机导论网站设计的用户目标不仅仅包括学生和老师，更多的是希望热爱学习计算机知识的人能够成为我们的用户，能够通过这个网站学习到所需的知识。因此我们对于学习者的群体是没有限制的。

（3）问答内容的开放性。在计算机导论问答模块中，用户不仅仅可以提出一些关于计算机导论知识的问题，也可以提出一些自己工作或生活中所遇到的问题。通过问答模块对用户所提出的问题进行解答或给出建议。

3.3　计算机科学导论开放学习网站研发

3.3.1　需求分析

1. 功能性分析

计算机导论课程开放学习网站的实际运行过程为：用户登录后可以进入导论的主菜单，主菜单包括计算机导论课程内容、实验、前沿、问答、作业、课程资源。打开计算机导论课程内容菜单，用户可以选择计算机导论的章节以及习题。打开实验菜单，用户可以查看相关实验以及下载、上传实验报告。打开前沿菜单，用户可以查看学科前沿的相关新闻。打开问答菜单，用户可以就自己所遇到的问题进行提问。打开课程资源菜单，用户可以根据章节下载相应的文件。网站的功能结构图如图 3.1 所示。

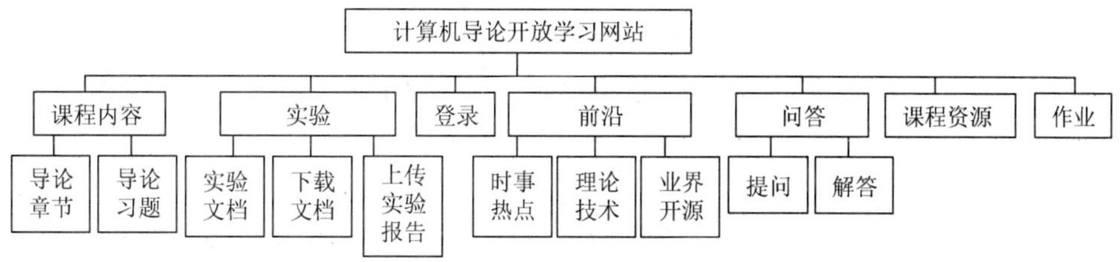

图 3.1　计算机导论开放学习功能结构图

2. 非功能性分析

1）性能需求

时间特性：相应时间控制在 5s 内；运行时间为全天。

适应性：能适应不同屏幕分辨率的电脑。

2）其他需求

可使用性：能够承受一定数量的用户访问。

安全性：采用内网访问，安全性较为可靠。

3.3.2　系统设计原则及模块设计

1. 系统设计原则

（1）实用性原则。这是应用软件最基本的原则，直接衡量系统的质量。每一个提交到用户手中的系统都应该是能够使用的，能切实解决用户的实际问题。

（2）适应性和扩展性原则。系统必须能够具备一定的适应能力，特别是 Web 应用要能适应于多种环境，从而来应对未来变化的环境和需求。可扩展性原则主要体现在系统是否易于添加新功能和模块，而且系统架构是否可以根据网络环境和用户的访问量的变化而适时调整。

（3）可靠性原则。系统应该是可靠的，在出现异常的时候应该有人性化的异常信息方便用户理解原因，或采取适当的应对方案，在设计访问量比较大的时候可采用先进的嵌入式技术来保证系统的流畅运行。

（4）可维护性和可管理性原则。网站系统需要有一个完善的管理机制，而可维护性和可管理性是重要的两个指标。

（5）安全性原则。计算机病毒大多都通过网络进行传播，网站应用要尽量采用五层安全体系。系统必须具备高可靠性，对使用信息进行严格的权限管理；技术上，应采用严格的安全与保密措施，保证系统的可靠性、保密性和数据一致性等。

2. 系统主要功能模块

（1）用户登录。用户通过登录计算机导论系统访问整个系统。用户输入用户名和密码以及选择自己的身份，将用户输入数据与数据库中保存的数据进行匹配，查询数据表中是否包含这条信息。如果包含，则登录成功；否则，登录失败，并提示登录失败的原因。

（2）“计算机导论课程”内容模块。用户进入系统后，可以在该模块查看计算机导论课程的相关章节以及习题。用户选择计算机导论课程内容模块，可以选择自己想看的章节，对于章节内容中一些困难的知识点，可以听取相关的视频讲解，从而更好地掌握这些知识，在每章节的末尾都有习题，用来检测用户的学习情况。

（3）实验模块。用户进入系统后，可以在实验模块上获取实验内容以及相应的文档，完成实验和提交相应的实验文档。用户还可以查看实验的相关内容以及下载实验的相关工具及文档；用户完成实验后可以上传自己的实验报告。

（4）前沿模块。用户在该页面上可以查看学科前沿的相关文章。

（5）问答模块。用户可以进行提问，系统会对这些问题进行解答。用户选择问答模块后，可以依据章节内容对章节知识点进行查询。

（6）课件资源模块。用户可以在该模块上下载相应的课程资源。

（7）作业模块。用户登录系统后，学生选择作业模块查看作业并提交作业，将该条作业记录插入到数据库中，提交作业后学生可以查看作业完成情况；老师上传、修改、删除作业、查看学生作业并且批改作业后插入记录到数据库中。所以，作业模块主要包括两个方面：教师端和学生端。其主要工作流程为教师发布作业，然后学生查看作业、完成作业、提交作业，教师对提交的作业进行批改并给出成绩。同时教师还可以对发布的作业的内容进行修改和删除等操作。

3.3.3　系统实现与测试

1. 系统软硬件环境

操作系统：Windows10；开发工具：Eclipse；集成环境：XAMMP

端口配置：apache 8001 端口　4431 端口；MySQL 3306 端口

2. 系统主要功能实现截图

登录页面主要是用户进入系统的入口，如图 3.2 所示，用户登录后才能访问该系统的其他功能模块。

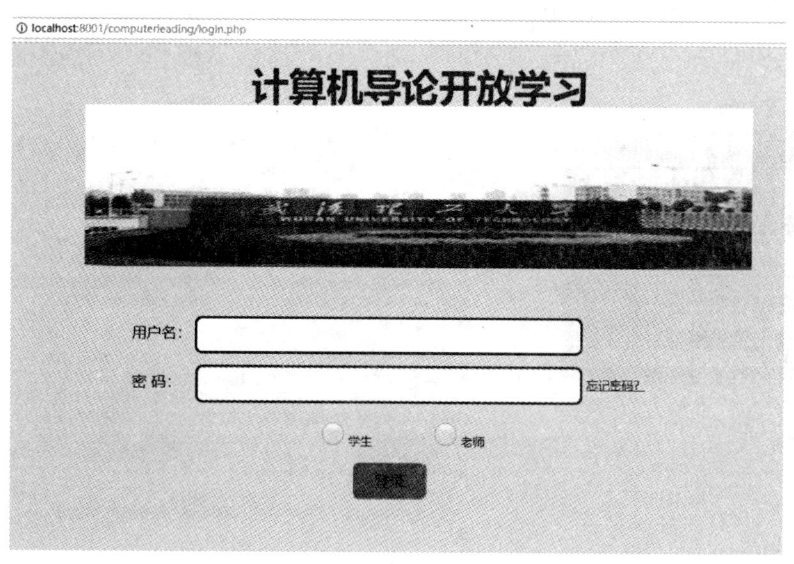

图 3.2　系统登录页面

登录成功后，系统的主要的功能模块展示如图 3.3 所示。

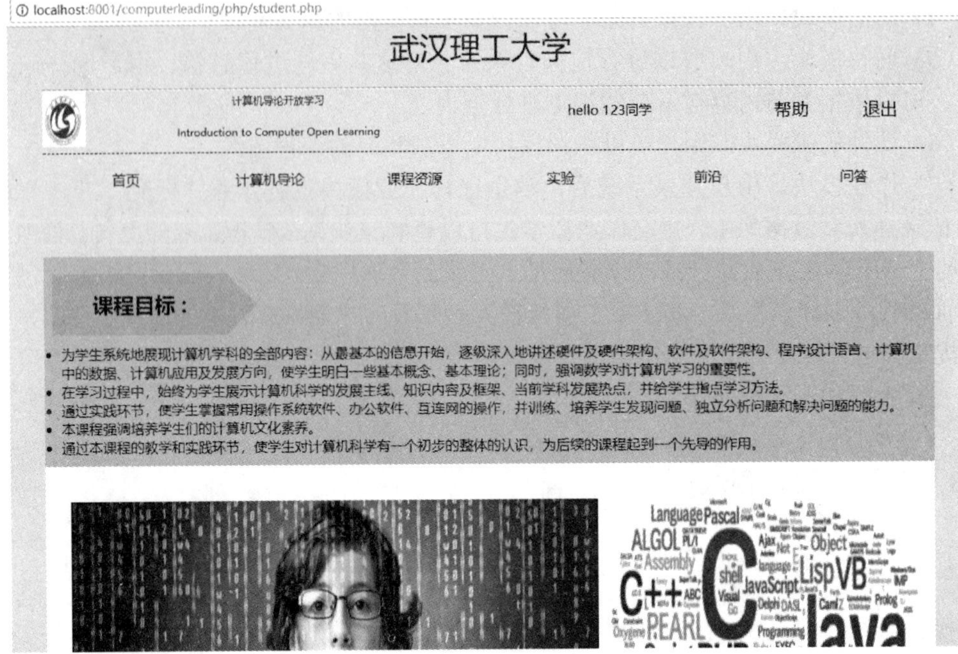

图 3.3　系统主界面

“计算机导论”模块主要是该课程的所有章节和习题，其界面如图 3.4 所示。

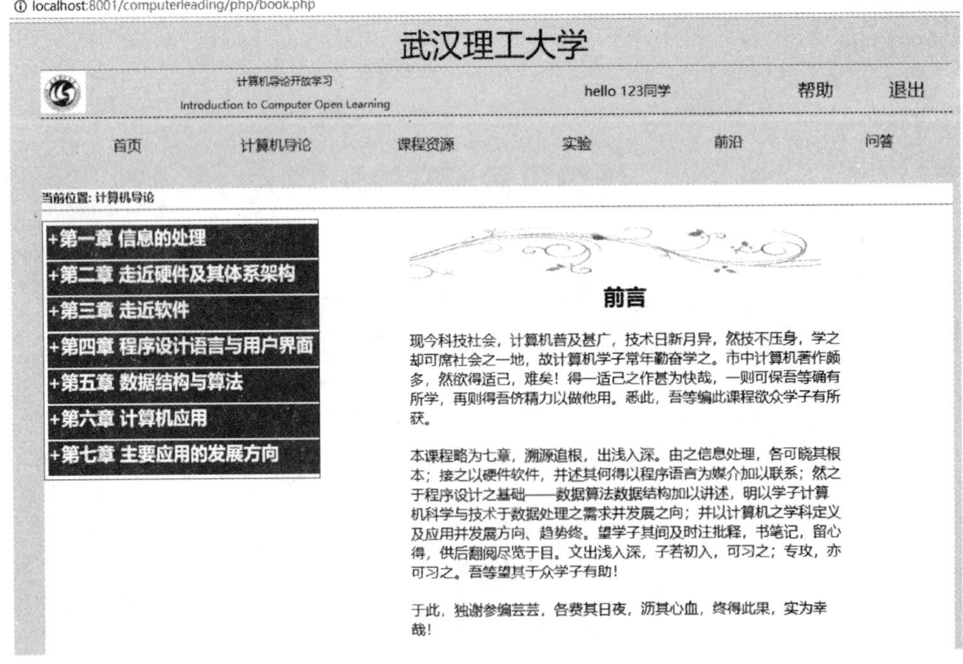

图 3.4　计算机导论界面

第一章节的内容主要是关于信息的定义及其表示方式，其界面如图 3.5 所示。

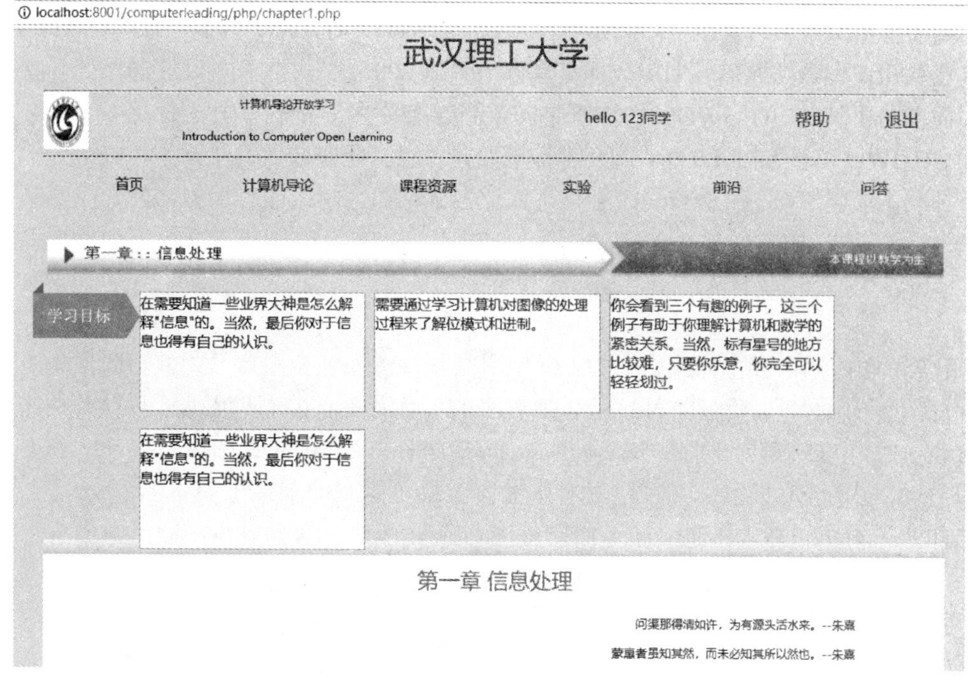

图 3.5　计算机导论第一章节页面

习题页面主要是对每个章节的内容进行检验，用于了解用户的学习情况。习题页面如图 3.6 所示。

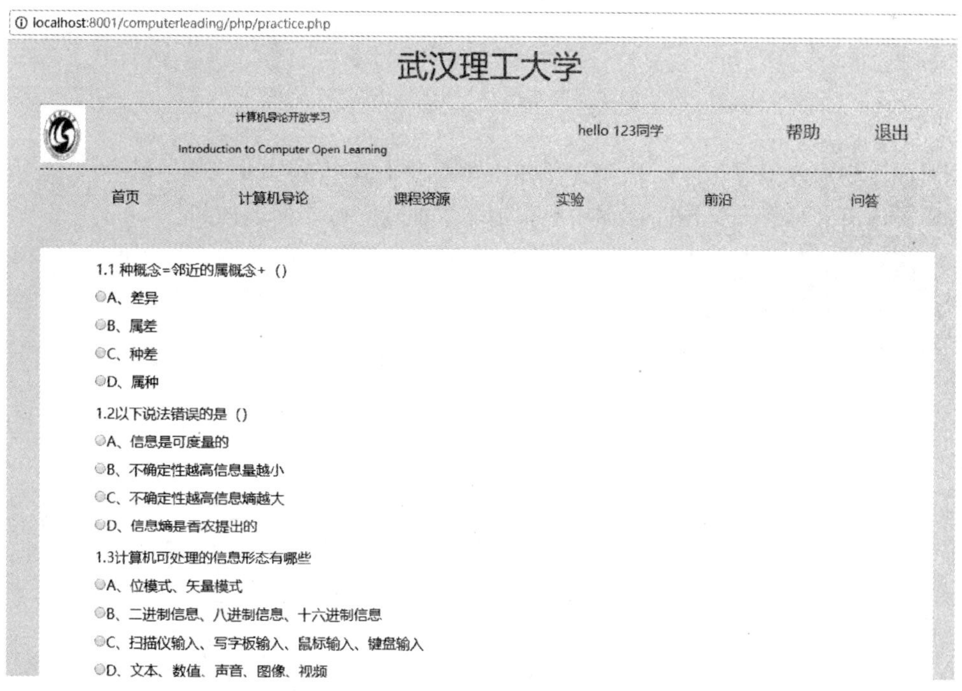

图 3.6　计算机导论习题页面

前沿模块主要分为 9 大块，包括人工智能、大数据、开源、云计算、直播、深度学习、国内、国际、超级计算机。前沿页面如图 3.7 所示。

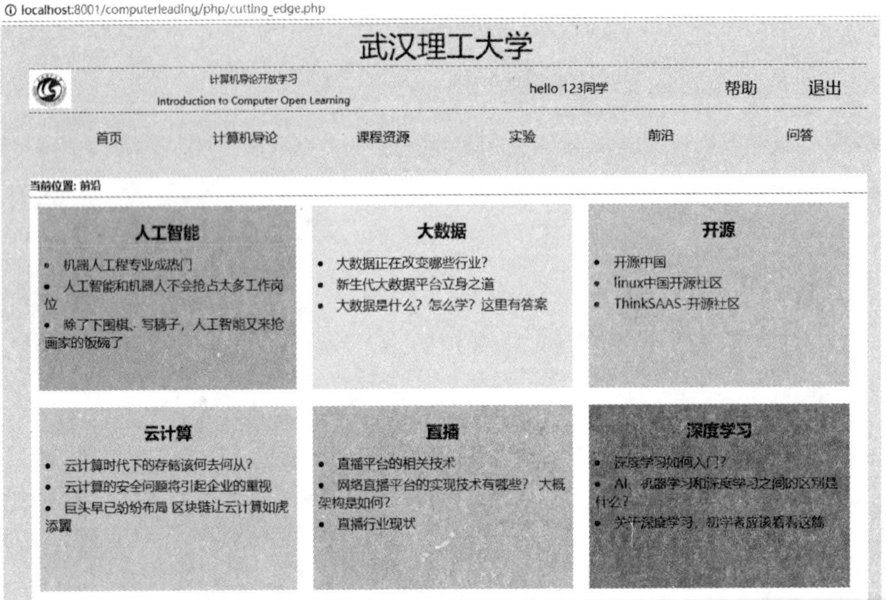

图 3.7　前沿页面

实验界面如图 3.8 所示。

localhost:8001/computerleading/php/experiment.php

武汉理工大学

计算机导论开放学习
Introduction to Computer Open Learning

hello 123同学　帮助　退出

首页　计算机导论　课程资源　实验　前沿　问答

当前位置: 实验

计算机导论实验

“实践是检验真理的唯一标准”，为了让学者能更好的学以致用，本网站准备了四个实验供大家练习及检验。

- 走近硬件与中英文打字
- DOS常用命令操作
- Windows常用操作
- IE常用操作

实验工具及报告模板

- 计算机导论实验报告模板
- 上机实验指导

提交实验报告

实验名	截止日期	操作

图 3.8　实验页面

第 4 章　基于计算机科学导论本体的建立及可视化

“计算机科学导论”是计算机科学与技术专业的导论课程，该课程培养学生对计算机学科兴趣及确立发展方向有很重要的作用。本体在计算机科学领域的应用，其核心是指一种模型，用于描述由一套对象类型（概念或者类）、属性以及关系类型所构成的集合。

为了深入理解“计算机科学导论”课程内容，根据已有“计算机科学导论”教程知识结构建立该课程的本体模型。将本体应用于课程教学，能将“计算机科学导论”课程的基础知识进行分离研究，形成全书的知识脉络，并对每个知识节点及之间的关系进行标注。为了在 Web 上更好地呈现本课程内容的本体，我们提出了基于 REST 风格的本体可视化应用模型，并对本体进行标注，通过一般用户和专家用户的不同角度对此课程本体进行展示。

4.1　本体与课程本体

本体的概念起源于哲学领域，一般来说，本体是关于知识概念表示和知识组织体系方面的研究。古希腊哲学家亚里士多德将本体定义为研究“存在”的科学，即研究整个客观世界基本特征的科学。20 世纪 90 年代以来，人们将本体的概念引入人工智能、知识工程和图书情报领域，从而使本体概念的内涵也随之发生了变化[28]。

课程本体是领域本体的一种，属于专业性的本体，描述一门课程中的概念以及概念之间的关系或者该课程的重要理论和基本原理。课程知识本体可以被定义为“课程中一套得到认同的、关于概念和体系明确、正式的规范说明”，主要由课程中的概念、概念间的关系以及计算机可以识别的形式化描述语言组成，构建课程知识本体的目标是要形成对于该课程知识组织结构的共同理解与认识。

名词网络（Wordnet）是由美国普林斯顿大学认知科学实验室的 George A. Miller 教授负责开发研制的[29]，是迄今为止计算语义学、文本分析等相关领域研究者可获取的最为重要的资源。中国人民大学信息学院提出了一套指导 E-Learning 系统中课程知识本体构建的模型，以课程知识点为基础建立本体概念模型，按照教学步骤和教学规律将课程知识点中的核心概念提取出来，建立概念之间的关系，采用标准的本体语言对概念进行定义和描述，形成课程知识本体模型[30]。西南大学三类中英双语知识本体，包括唐诗三百首知识本体、苏轼诗知识本体、鱼类知识本体，虽然构建了本体但未用于实际应用当中；同时，“数据结构”“程序设计”“计算机网络”“离散数学”“经济学”“英汉翻译”等多门课程已经有了基于本体的知识库的成果[31]。针对计算机科学导论课程领域的本体知识库暂时未查到。本章将从基于“计算机科学导论”课程的知识结构出发，根据教育领域本体总体设计流程，利用本体建模工具 protégé，对课程的知识进行建模。

4.2　计算机科学导论课程本体的建立

4.2.1　本体的定义

将本体形式化描述为一个五元组：O = {Concept, Relationshiop, Function, Axiom, Instance}，具体如下：

（1）本体（Ontology，O）。

（2）概念（Concept，C），这里的概念就是一般意义上的概念，即词汇、术语；通常本体中的概念之间具有某种层次结构关系。

（3）概念之间的关系（Relationship），可以理解为概念之间的联系。例如：描述概念 $C_1, C_2, \cdots, C_n$ 之间存在的 n 元关系，可以描述为关系 Relationship：$C_1 \times C_2 \times \cdots \times C_n$。

（4）函数（Function），表达的是一种特殊的关系，可以形式化描述为 Function：$C_1 \times C_2 \times \cdots \times C_{n-1} \rightarrow C_n$。

（5）公理（Axiom），表达的是概念及概念之间的关系所具有的规则，是一些真命题的集合。

（6）实例集（Instance），表达的是描述概念的具体例子和概念之间关系的具体例子。

因此，本体能够表现领域实体的本质及实体间的关联，达到对客观实体的本质认识。

4.2.2　利用 Protégé 建立计算机科学导论课程本体模型

为了建立和标注本体，选择斯坦福大学的 Protégé 作为工具。

1. 课程内容的模型

本课程内容共分 7 章，建立的本课程内容的本体模型如图 4.1 所示。

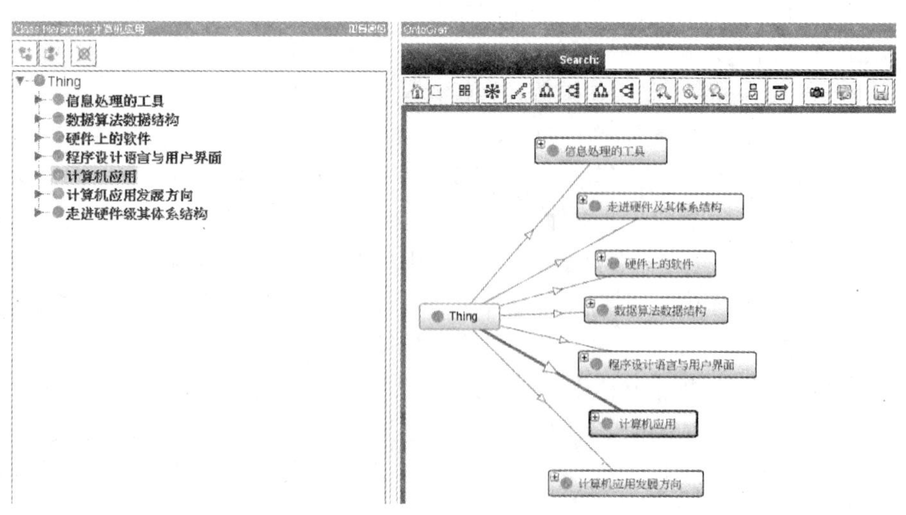

图 4.1　课程内容的本体模型

根据图 4.1，该课程内容建立了 7 个类，分别为：信息处理的工具、走进硬件及其体系结构、硬件上的软件、程序设计语言与用户界面、数据算法数据结构、计算机应用、计算机应用发展方向；信息处理的工具是学习其他章节的前提。

2. 课程内容的分章模型

第 1 章的模型如图 4.2 所示：本类包含信息简介、信息处理、信息处理与数学、图灵机、计算机科学定义五部分。其中信息简介及信息处理是学习信息处理与数学的前提，本章介绍的图灵机及计算机科学定义是学习以后各章的基础。第 3 章介绍软件相关知识如图 4.3 所示，包含个软件定义、软件分类、操作系统软件、软件架构、软件开发过程、软件行业职业简介及其前景六个部分。

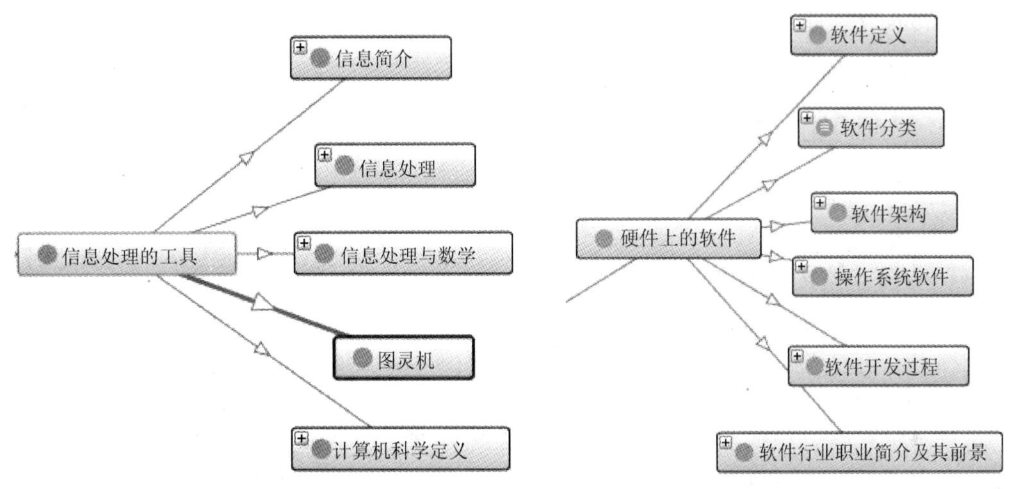

图 4.2　第 1 章信息处理的工具　　图 4.3　第 3 章硬件上的软件

4.2.3　课程的本体标注

通常的本体都具有一定的通用性，表示特定领域内的知识，但由于领域内可能的实例数目无穷无尽且动态变化，因此，只有本体和一个具体的应用结合时考虑实例才有意义。将现实应用中涉及的实例和抽象的本体概念相联系，这正是语义标注所要做的工作。下面对课程本体，分别对知识点及其之间的关系进行标注。

1. 知识节点的标注

本节用于 protégé 自带工具 annotations 建立标注 comment（叶子节点的详细知识）、keywords（概念的关键字）、difficult_point（难点）、emphasis（重点）四项标注。

利用 top Object Property 建立 nextlern、prelern 来标注知识节点的后续学习内容和前提学习内容。

1）知识节点详细知识标注

对已经建好的《计算机科学导论》内容本体模型的叶子节点，进行知识详细标注，利用 Protégé 的 annotations 功能中的 comment 对其进行标注，如图 4.4 所示。

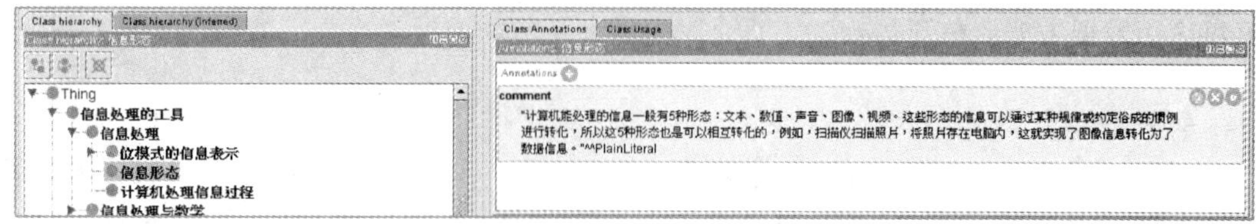

图 4.4　本体模型的叶子节点详细知识标注

2）对知识节点的关键字标注

对已建立的《计算机科学导论》内容本体模型知识节点的关键字标注，利用 Protégé 的 annotations 功能建立 keywords 对其进行标注，如图 4.5 所示。

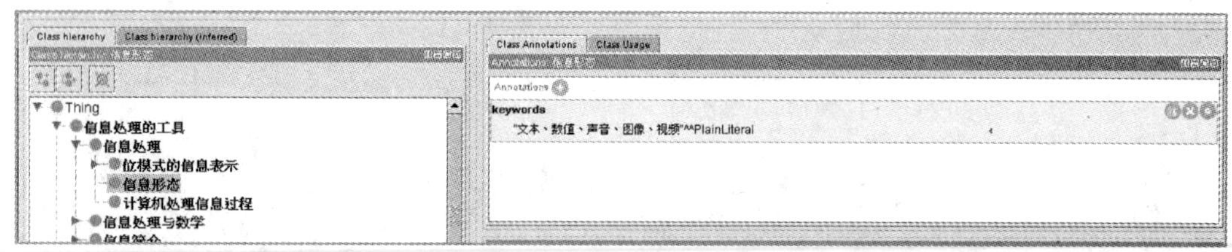

图 4.5　本体模型的叶子节点关键字标注

3）对知识节点的难点标注

对已经建立好的《计算机科学导论》内容本体模型知识节点的难点标注，利用 Protégé 的 annotations 功能建立 difficult_piont 对其进行标注，其中，定义全课程知识分为三个难度分别为：1、2 和 3，3 为最高难度，2 次之、1 最容易，如图 4.6 所示。

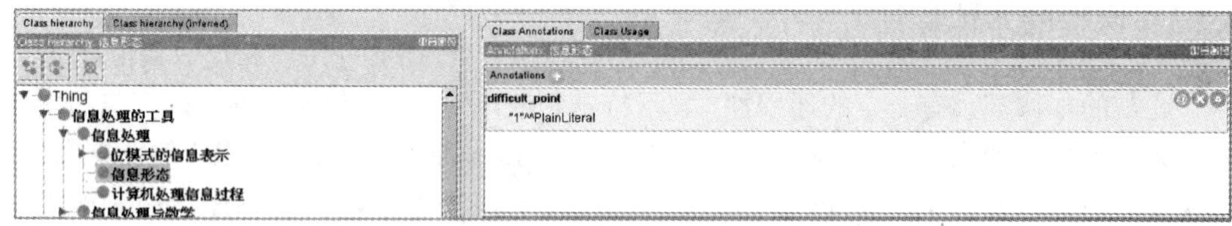

图 4.6　本体模型叶子节点难点标注

4）对知识节点的重点标注

对已经建立好的《计算机科学导论》内容本体模型知识节点的重点标注，利用 Protégé 的 annotations 功能建立 emphasis 对其进行标注，其中对本课程的知识定义三个重点程度：1、2 和 3，3 为最重要的知识，2 次之，1 为一般了解性知识，如图 4.7。

5）知识点标注的综合效果

当鼠标移到知识点时候，protégé 就会在知识节点旁边展示出如下节点信息，其中包括：知识节点的关键字、重点、难点以及详细介绍，如图 4.8 所示。

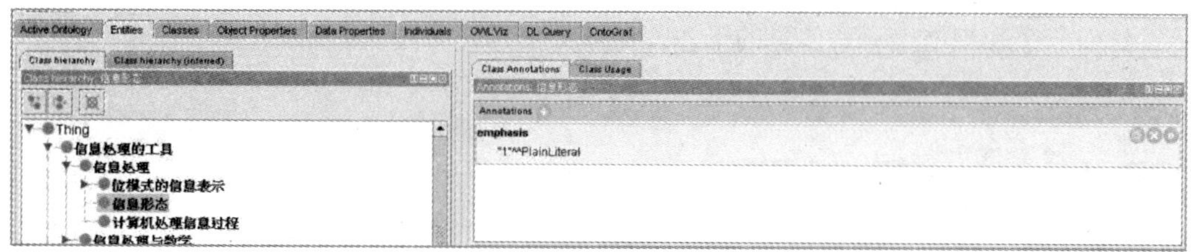

图 4.7　本体模型叶子节点的重点标注

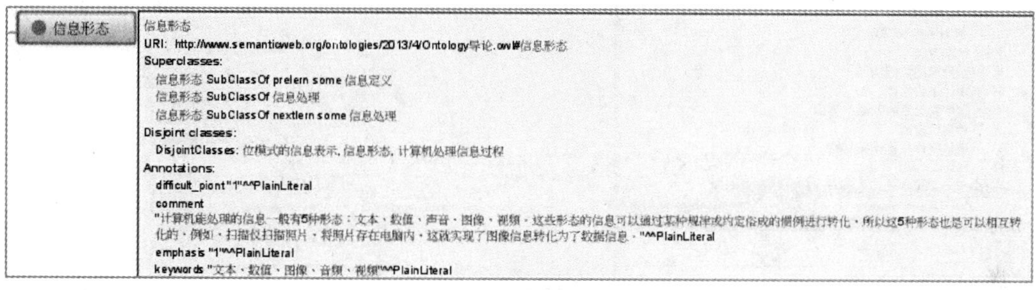

图 4.8　知识点标注的综合效果示例

2. 知识点之间的关系标注

1）知识点关系种类

对于处于课程本体中最重要位置的知识点，它们之间还存在着大量的逻辑关系，在本体中这些逻辑关系描述了知识点之间存在的联系，根据这些联系制定推理规则为课程本体的推理提供理论依据。知识点之间主要有以下几种关系。

（1）依赖关系。体现的是一种顺序关系。若学习知识点 B 之前，必须先学习知识点 A，则称知识点 B 依赖于知识点 A，即 A 是 B 的前驱知识点，B 是 A 的后继知识点。学习知识点 A 之后可以直接学习知识点 B，称 B 直接依赖于 A；如果还需要学习其他知识点才能学习知识点 B，称 B 部分依赖于 A。

（2）兄弟关系。同属于一个单元知识的知识点之间具有兄弟关系，依赖关系也可以存在具有兄弟关系的知识点之间。

（3）平行关系。同属于一个单元知识的知识点之间（即具有兄弟关系），若不存在依赖关系，则它们之间具有平行关系。在实际的教学过程上，对于具有平行关系的知识点可以不考虑教学先后问题。

（4）参考关系。在内容上关联的知识点。如果在学习知识点 B 时，可能因为加深对 B 的理解、从不同角度理解知识点 B、在知识点 B 的基础上扩展知识面或其他兴趣需要学习知识点 A，则定义知识点 B 和知识点 A 之间存在参考关系。

（5）游离关系。与参考关系类似，具有参考关系的知识点属于同一课程知识体系结构，而具有游离关系的知识点属于不同课程知识体系结构。

2）知识点之间依赖关系标注

本书利用 top Object Property 建立 nextlern、prelern 对知识节点的后续学习内容和前提学习内容进行标注。

针对一个知识节点——信息的形态，做效果展示，如图 4.9 所示。

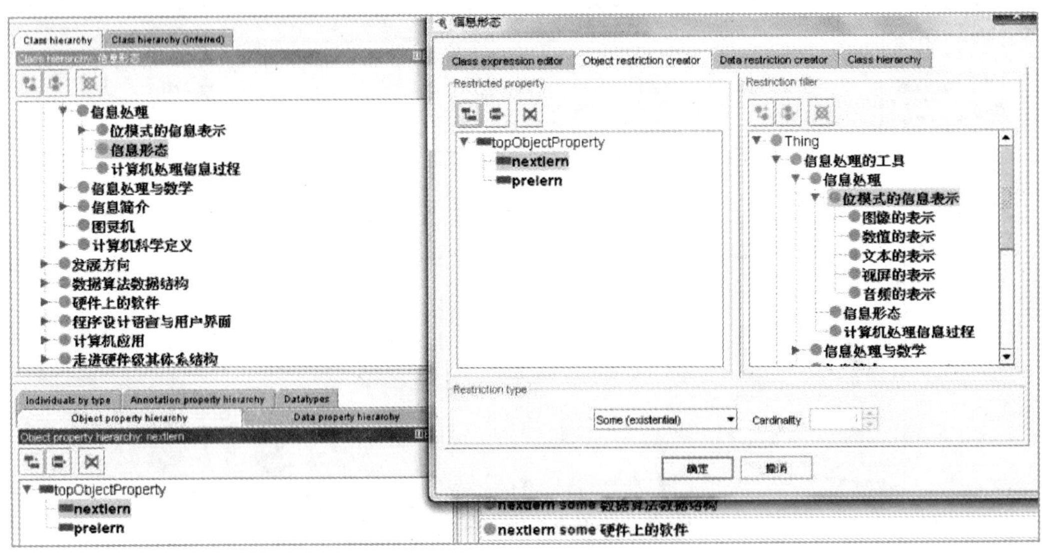

图 4.9　对信息的形态进行标注

3. 课程的本体及标注示例

信息形态是信息处理的一个子节点，信息定义是信息形态学习的前提，位模式的信息表示是信息形态学习后继，而信息形态同时又是计算机处理信息过程的学习前提，如图 4.10 所示。

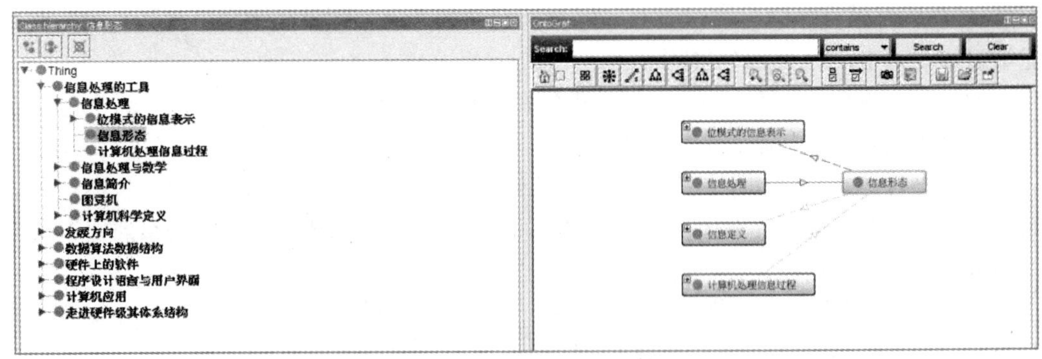

图 4.10　信息的形态的本体总览

课程内容的本体总览如图 4.11 所示，包含了全书第二级叶子节点。

第 1 章的标注示意如图 4.12 所示。

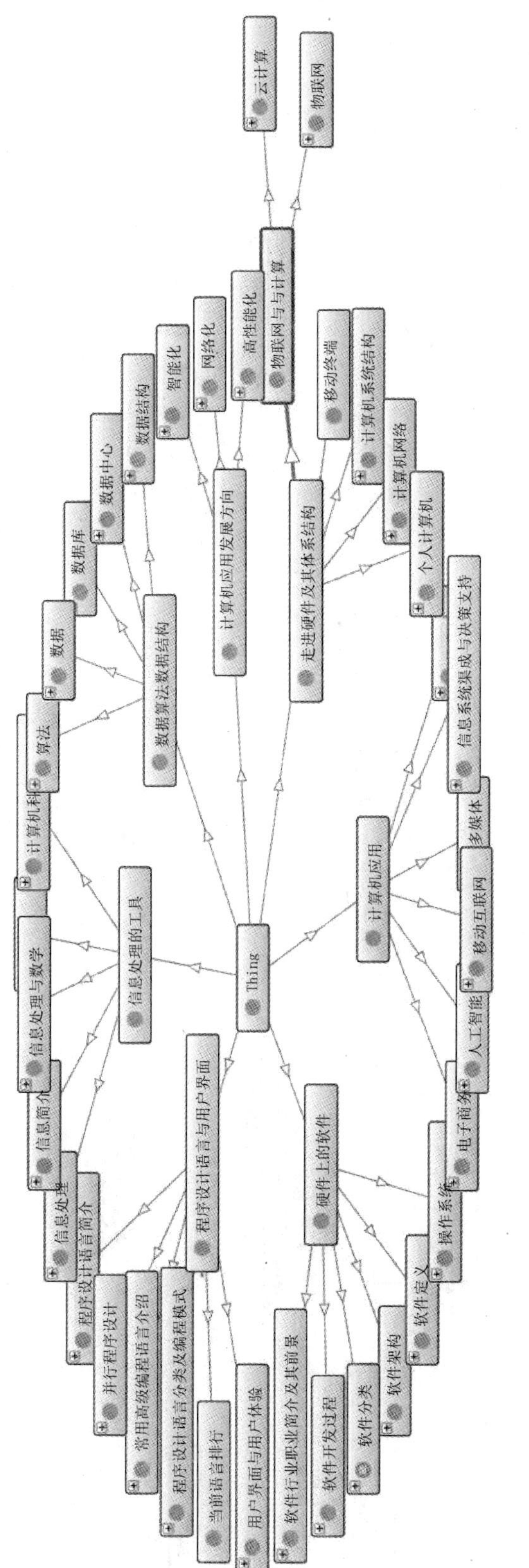

图 4.11　全书第二级叶子节点展示

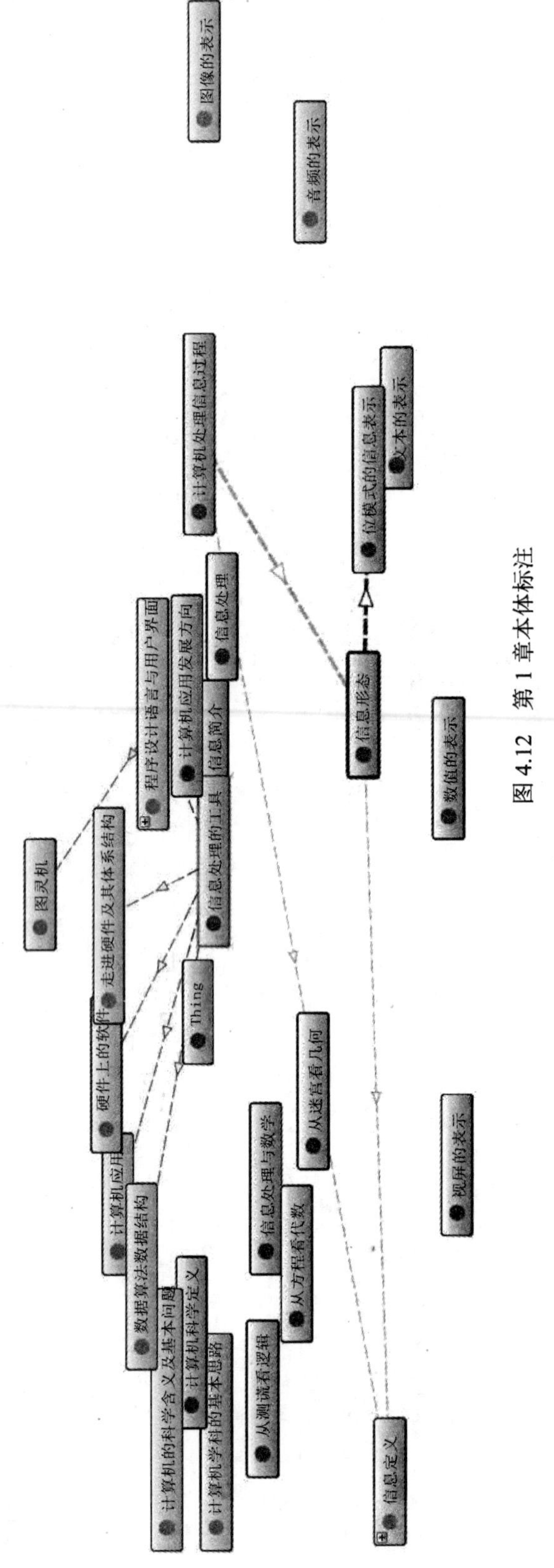

图 4.12　第 1 章本体标注

4.3　基于 REST 的计算机科学导论课程本体的可视化

本体能有效地整合互联网上巨大的信息资源，为人们提供丰富的信息共享途径。而本体可视化是将计算机图形技术和本体技术相结合，以图形的形式来展现和传达领域的概念和概念之间的语义关系，有助于提高创建、管理和浏览领域本体的用户体验。因此本节提出一种基于 REST 的本体可视化应用系统架构[32]，从某种程度上有效地解决了传统网络服务实现本体可视化过于复杂的问题。

4.3.1　国内外研究现状

目前，国内外关于本体的研究工作已经有很多，也获得了大量的研究成果。下面以本体为基础，分析本体可视化、本体模型验证和解析、本体的存储模式及标注方式、本体的 Web 服务架构的研究现状。

1. 本体可视化

目前呈现本体模型的工具主要分为两种类型[33]：第一种是基于 Protégé 的可视化插件[34]，如 OWLViz、OntoViz 等；第二种是具有强大的可视化功能和二次开发接口的通用可视化工具，如 Prefuse、Piccolo 等。基于插件的可视化工具在可视化的过程中存在着一些缺陷和不足，使用独立可视化工具进行二次开发保证了良好的扩充性。通过将多种可视化工具在各种方面进行简单的对比，我们最终选择了 Prefuse 作为本体可视化工具，主要原因是可以很方便地进行二次开发；Prefuse 提供的视觉效果比较丰富，如有图形结构，聚集型结构等；Prefuse 的可扩展性强。Prefuse 可视化技术已经很广泛地应用到各种可视化应用系统中[35-36]。

在本体可视化效果呈现前，还需要进行以下的准备工作。

第一，根据设计需求，完成相关领域本体模型构建工作后，要验证本体模型是否准确；

第二，为了存储本体中的概念及概念之间的语义关系，需要设计本体的存储模式；

第三，为了丰富本体概念及概念之间关系的呈现，使机器更易懂，需要使用语义标注来为页面添加语义信息。

2. 本体的验证与解析

本体的验证与解析工作主要是使用 Jena 来完成。Jena 是 HP 实验室的一个开源项目，主要为语义网开发者及研究者提供一套基于 Java 语言的工具包去构建语义网方面的应用[37]。Jena 提供的接口主要是对 Web 本体描述语言（ontology web language，OWL）、资源描述框架（resource description framework，RDF）进行构建、解析、推理、查询和存储等操作[38-39]。

3. 本体存储模式

目前的本体存储方式主要有本地存储和数据库存储两种[40]，本地存储直接基于文件系统，应用系统要将本体库从文件加载到内存，在内存环境下操作本体模型，最后将新的本体库保存到本地文件系统。

数据库存储方式是在尽量不丢失本体语义信息的前提下，依据一定的存储模式将本体存放于关系或对象关系数据库中，从而提高本体存储和管理的效率；其中存储模式主要可分为水平、垂直和分解模式[41-42]，在实际的应用中，大多混合这几种模式并对其加以改进，保证最大限度地提高系统的效率和性能。

目前，本地存储方式能够完整地将本体的语义信息保存，具有良好的灵活性和可扩展性，加载本体中的语义信息到内存的时间和更新本体语义信息的时间相对关系数据库会比较短。但是，使用此方式存储本体时，应用系统对本体模型的每次操作会使整个本体文件改动，特别当本体规模比较大时，本地系统要处理的本体信息量较大，最终可能会导致性能难以得到保证。然而，数据库系统提供了许多方便的功能，如事务处理、查询优化、访问控制、日志记录和恢复。数据库存储的一个潜在的优势就是它容许用户和应用系统同时访问本体和其他企业内部数据。然而，目前很多基于关系数据库的本体存储模式都存在着某些局限性和不足之处，如扩展性不强、语义关系保存不够完整等[42]。

4. 本体标注

语义标注是指利用已经构建好的本体作为语义标注库，在页面上插入一些额外的信息，丰富页面的内容，将页面从机器可读状态转变为机器可理解状态[43]。根据自动化程度，语义标注分为手工标注和非手工标注，即半自动化标注、自动化标注[44]。根据当前语义标注的研究现状和比较分析当前的语义标注工具，现在的语义标注工具仍然不能满足要求，存在着以下不足：大多数的标注工具都需要通过手工操作来实现，少部分的支持半自动化标注，并且自动化精确度还不高；目前绝大多数的支持 DARPA 代理标记语言（DARPA agent markup language，DAML）、RDF 框架（RDF schema，RDFS）、本体推理层（ontology interrence layer，OIL），支持 OWL 语言的标注工具比较少；工具的标注对象有网页、图片等，且以静态形式为主，而 Web 存在着很多动态内容，如企业级应用中的业务数据等。

因此，尽管新的语义标注方法不断提出，但这些语义标注平台都有着各自的适用环境和特点。此外在语义标注技术仍然不够成熟，在许多问题上还需要进一步的研究。

5. 基于本体的 Web 服务

根据 W3C 组织定义，Web 服务是一个可兼容各种网络，可在不同机器间操作的一个软件系统[45]。根据维基百科，Web 服务是面向服务的技术[46]，在这种服务中保证了不同平台之间的应用是可以相互操作的。

目前，本体方面的 Web 服务一般基于面向服务的体系结构（service oriented architecture，SOA）[47]来现实。这样的 Web 服务是以 OWL 语言来表示数据的语义信息、以本体作为知识领域库、以语义网技术作为基本实现手段、以 SOA 作为主体框架、以知识信息的共享为目的的。在这种 Web 服务中，计算机以具有语义信息的知识库为基础，对用户请求进行智能化的分析并响应，达到了知识的高度共享和重用。余朋飞等提出了一个以语义为基础、基于 SOA 的信息集成系统体系架构[48]。Zhao 等试图以 RDF、OWL 与简单对象访问协议（simple object access protocol，SOAP）为基础建立一种语义 Web 服务[49]。

Roy Fielding 首次提出了 REST 的概念[50]。REST 定义一组设计 Web 服务的架构原则，这样就可以让开发者专注于系统的资源，包括如何去定位资源状态和如何通过 HTTP 语言编写客户端上转移资源状态。现在，已经出现了一些 REST 风格式的框架，并且仍在不断的完善和发展中。与传统的 Web 服务相比，REST 风格的架构提供了一种更加有效、更加具有通用性的方式对服务器进行抽象的描述，并且看起来更加简洁，所以 REST 受到了很多 Web 服务设计者和开发者的欢迎[51]。

许多的 REST 风格服务的语义标注研究工作都是关注如何定义创建语义标注的形式化描述语言。常见的描述服务方法有：依照语法来描述 REST 风格服务的 Web 应用描述语言[52]（Web application description language，WADL）；借助 hREST（HTML 和 REST 风格服务）来描述服务的 MicroWSMO 方法[53]；使用 SAWSDL 和 RDFa 去描述服务属性的 SAREST 方法[54]。Doan[55]也提出了一种方法去标注 WADL 文档，并将它们和本体链接起来。这些标注方法通常以 WSMO 或 OWL-S 这样的 Web Service（WS_*）语义描述框架作为基础，使得标注工作显示较繁重。Ferreira 等使用 OWL-S 作为基本本体用于服务，WADL 被用于在语法结构上去描述内容，然后通过 HTTP 协议来传输数据、定义用户行为和操作执行的范围，最后标识符 URI 负责指定服务接口[56]。这些描述语言深深影响现有的传统的 Web 服务。还有其他的描述方法更加简洁，例如 Maleshkova 和 Pedrinaci 等提倡基于 hREST 和 MicroWSMO 微格式[54]，能够创建机器可读的服务描述、添加语义标注。此外，也有人提出用 SWEET 工具能够有效地支持使用者去创建基于上述技术的 REST 风格语义描述。但是以自动化的方式学习信息资源去标注输入输出参数的研究工作却较为少见。

4.3.2　基于 REST 的本体可视化应用系统架构

结合语义标注、Prefuse、Jena、异步调用技术（asynchronous javascript and XML，Ajax）等技术，我们设计了一种基于 REST 风格的本体可视化应用系统架构，下面将深入探讨 REST 的基本设计原则，总结其特点及优势；并对 Ajax 的 Web 应用模型进行了分析。Ajax 的异步性对基于 REST 风格式的 Web 应用的实现起到了很大的支持，并且使系统具有良好的性能和用户体验。

1. 面向资源的 REST 风格架构

1）基本设计原则

REST Web 服务的具体实现要遵循四个基本设计原则[57-58]：统一接口、无状态、可寻址、资源的传输格式是 XML 或 JSON，这些原则对 REST Web 服务设计极其重要。

在 Web 服务中，REST 以它独特的设计风格而得到广泛使用，相比 SOAP 和 WSDL 而言，REST 对专有组件的依赖是很少的。从某种角度来说，REST 回归到早期的 Web 方式上重点强调了 URI 和 HTTP 协议。正如上面讲述的 REST 风格 Web 服务设计原则，通过统一方式来寻址资源；完全公开的 URI 接口为不同类别的应用程序提供了统一的、标准化的资源格式，并增强了服务的可扩展性；以 XML 或 JSON 的格式来传输资源数据，轻松地实现了资源的连接、定位和浏览。

2）本体可视化应用系统架构

整个本体可视化 Web 应用系统在 Java 集成开发平台 Eclipse 进行开发工作，并遵循 REST 风格来设计本应用系统。系统总体架构见图 4.13 所示。

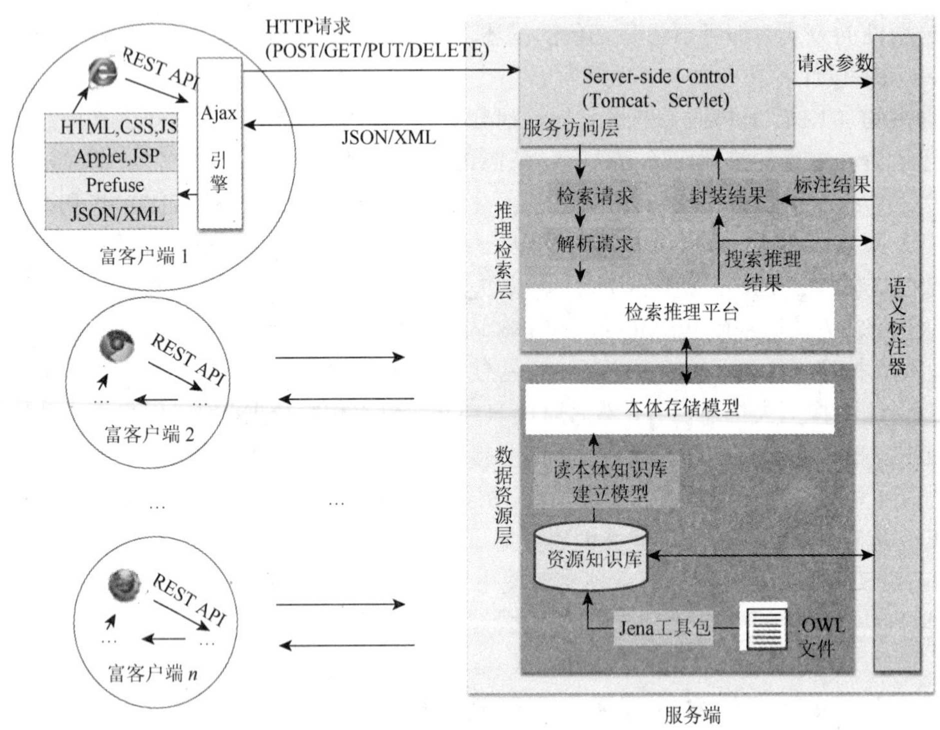

图 4.13　REST 风格下的本体可视化架构

3）REST 风格 Web 应用服务器端

在 Eclipse 集成开发环境下，使用 Jena 工具包在内存中建立本体模型，并读取本体文件创建本体模型。建立好本体模型后，使用 Jane API 可以解析本体内部结构的相关信息，包括类、实例、属性以及它们之间的语义关系。最后将解析数据存储在服务器端的资源知识库，即关系数据库中，然后读取资源知识库在服务器端建立的本体存储模型。

在 REST 风格的架构系统中，全部资源具有一个唯一的 URI 标识，即为用户提供 REST 式的 Web 服务 API。服务器端 Servlet 控制器负责监听和接收所有服务请求，并将解析好的检索请求转交给本体存储模型。同时，通过本体存储模型内的搜索推理引擎和查询引擎得到查询结果。将查询结果和先前的客户端请求参数一起传给标注器进行标注。最后 Servlet 控制器将请求对应的响应结果和标注结果以 XML/JSON 的数据形式传输到客户端。

4）富客户端

富客户端程序中主要采用了 Ajax 技术和 Prefuse 技术，使得客户端和服务端的交互更加的方便和高效。

客户端通过 XML Http Request 对象与服务器交互得到用于本体可视化的 XML 或 JSON 数据，并将 XML 或 JSON 数据解析为二元组格式传输到封装了 Prefuse 组件的 Java Applet 程序中，Java Applet 程序将二元组数据转化成为 Prefuse 定义的可视化数据结构，在 Prefuse 中实现布局、着色、风格设置、动画等一系列动作序列处理，然后辅助 CSS 将可视化效果嵌入到页面中的 CSS，最后局部刷新显示本体结点以及本体间的语义信息。

2. 系统架构中实现 REST 风格

在整个框架中，实现 REST 风格前，首先要划分资源范围，再将作为本应用系统的资源用 URI 表示，然后对资源设计统一的接口，最后以此为基础，来实现 REST 风格 Web 服务。

1）划分资源和资源设计

在本体可视化的应用系统中，资源集包括类、实例、属性及属性约束和属性特征。

类资源主要包含了类 URI、类名、和其他类之间的关系、类具有的属性，属性的约束和特征类型及值，资源多表示为：/class/{className}，其中 class 是集群资源，/class/{classURI} 是单个资源。

实例资源主要包含了实例 URI、实例名、实例所属类、实例的属性及属性值，资源多表示为：/individuals/{individualName}，其中 individuals 是集群资源，/individuals/{individualName} 是单个实例资源。

2）REST 风格接口的实现

在系统中 REST 统一风格接口使用 HTTP 协议标准方法来实现对各种资源的请求操作。首先是将 HTTP 方法中 GET（获得）、POST（添加）、PUT（更新）和 DELETE（删除）映射到 REST 接口中，然后去调用对应资源类中的方法来操作资源，如获得、添加、更新、删除资源信息。在实现的过程中，本系统主要是借助 Restlet 框架来实现 REST 风格服务。Restlet 是一个在 Java 环境下实现的轻量级的 REST 风格的开源框架。它主要由 Restlet API 和 Restlet 引擎两部分组成。Restlet API 是一套基于 REST 风格标准的接口，它被封装在 org.restlet.jar 包中，处于 Restlet 引擎的上层。它在遵循 REST 风格的前提下，不明确规定服务请求方和服务提供方之间的界限，从而便于开发者去开发 REST 风格的 Web 应用。

Restlet API 提供综合功能使得在程序中能够利用 REST 的原始架构风格。作为一种面框架，它提供了一个广泛的类和例程集，可以帮助开发者调用、扩展或存储大量的代码，让开发者专注本领域的需求。它可以开发许多网站，应用的领域也很广泛，以经典的网络到语义 Web，从 Web 服务到丰富的 Web 客户端和网站，从移动 Web 到云计算。

Restlet 项目提供了一个为映射 REST 概念到 Java 类的轻量级而且全面的框架。它可以用来实现任何一种 RESTful 系统，也不局限于 RESTful Web 服务，自 2005 年出现以来，被证明是一个可靠的软件。Restlet 项目的主要目标是提供相同水平的功能，另一个关键的目标就是提供一个统一的 Web 视图，这个视图适用于客户端和服务器端应用程序。Restlet

通过使用其独立的应用程序架构和可被插入到任何 Java Web 容器作为 Servlet 容器扩展的 Web 容器模块，来提供对 REST 的支持。

Restlet 框架用一个简单而统一的方法来支持所有形式的 Web 应用。Restlet 框架可以表示和使用 Web 资源。Restlet 支持 HTTP 的所有功能，如有条件的方法，内容范围和内容协商等。从架构的角度来看，客户端与服务器之间存在差异性是不重要的，一个单一的软件应兼容客户端和服务器端两个角色[59]。

对于任何 Web 服务，Web 客户端和服务器是通过预先定义的 URIs 来交换形式化表示的。在一个 Restlet 项目中，Restlet Web 服务器将转发请求到 Restlet 层，在这一层，Restlet 应用代表 HTTP 请求对应的具体的 Restlet 资源。

3. REST 与 Ajax 的结合

在基于 REST 风格系统的客户端实现上，主要使用了 Ajax 来实现客户端和服务器端之间的异步通信。Ajax 是 Javascript、CSS 和 XML 等技术的结合。它改进了传统的 Web 应用中的交互体验。采用了 Ajax 技术后，用户向服务器发送请求，在等待请求完全响应时用户也可以正常地浏览页面，也可以不必等待请求被响应再次去发送请求。这种异步请求的方式，浏览器不必重新加载页面，只需要加载局部更新的数据，这样减轻了服务器的负载，减少了响应时间，给浏览器用户一种连续的体验。Ajax 技术是在客户端和服务器之间引入了用 JavaScript 语言编写的 Ajax 引擎，使得用户的请求不是直接向服务器提交[60]。Ajax 引擎的核心是 JavaScript 对象 XML Http Request。虽然 XML Http Request 对象不是标准的，但是目前很多浏览器都已经支持 XML Http Request。

REST 式风格的 Web 系统的特点是实施统一的接口。在典型的 HTTP 协议交互过程中，绑定客户端可以通过一组基本 HTTP 方法与服务器交互，这些基本的 HTTP 方法是：GET、POST、PUT 和 DELETE。这种方法极大地简化了服务器端应用程序的设计。在传统的 Web 应用中，用户请求后，会彻底地刷新整个页面，导致用户无法获得良好的体验，应用系统无法充分地利用强大的 REST 风格架构。另一方面，这意味着要考虑负载均衡的问题，将整体的一部分功能移植到客户端。

Ajax 的出现对实现基于 REST 风格式的 Web 应用起到了很重要的作用。它提供了一个基本框架，这个框架通过 HTTP 常见的接口来为开发与服务器端资源的复制进行交互。此外，异步交互大大地提升了系统的性能。在用户体验、高响应性和扩展性等性能指标上，结合了 Ajax 技术的 REST 式风格 Web 服务都优于传统的 Web 应用[61]。

4.3.3 REST 风格架构中的本体

1. 本体描述语言

OWL 是以 RDF 和 RDFS 为基础的，一种人们更易读懂、但是不符合 RDF 惯例的基于 XML 的语法，它提供了良好的语义表达和推理能力。在 Web 内容的机器可读性上，比 RDF、RDFS 等语言更好。

OWL 有 OWL Full、OWL DL、OWL Lite 这三种不同的子语言，每个子语言提供了不同层次的表达能力和推理能力[62]。OWL Full 为完整的 OWL 语言，在语法和语义上完全兼容 RDF，表达能力强，排除了完备或较高效的推理能力。OWL DL 在对本体的描述上做了一些限制，保证了高效的推理支持，只部分兼容 RDF。OWL Lite 是在 OWL DL 的基础上又做了一些描述语言的限制，语义表达能力不够强大。在使用 OWL 构建本体时，要根据需求来选取合适的子语言。

2. 本体模型验证及解析

在本架构研究中，数据资源层的基础是使用 OWL 语言来描述的领域本体，常用.owl 文件来保存。对.owl 有两个方面的操作，下面详细介绍具体的流程。

使用 Jena 所提供的 RDF API，并读取 OWL 文档即.owl 文件来构建 RDF 模型，将 RDF 模型结合 Jena 的本体子系统和推理子系统构建本体模型。其中通过 Jena 内部的推理机制来检验已构建的本体模型是否具有正确性和完整性。Jena 推理、解析本体模型的过程如图 4.14 所示。

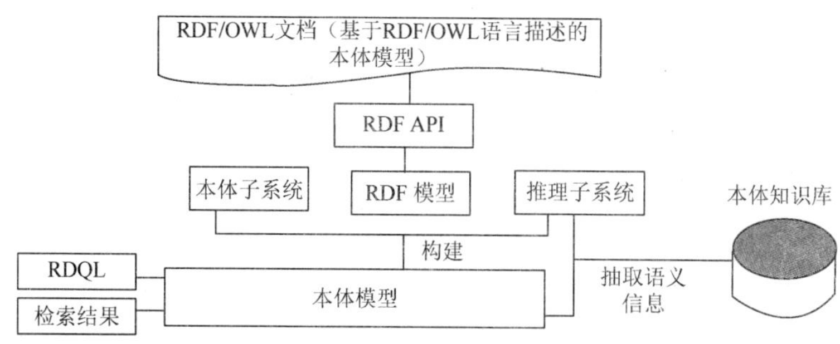

图 4.14　Jena 推理、解析本体模型的过程

此外，可以使用 RDQL 去查询本体模型中的语义信息。为了实现本体模型的持久化存储，使用 Jena 提供的推理子系统去抽取本体模型中所需的语义信息，并存入到关系数据库。本体中的各种语义信息在关系数据库的存储形式将在下一节讲到。

本体的构建工作大多是手工进行的，在这个过程中难免会出现疏漏和错误，通过检验本体模型来发现一些错误并及时地将错误信息反馈给本体领域专家，可以为领域本体的逻辑准确性提供了保证，并为后期的开发工作提供了坚实的基础。所以在构建本体知识库之前，必须要对领域本体模型进行验证。

1）Jena 推理机原理

Jena 推理机可用于本体模型的验证工作。Jena 的推理子系统将推理引擎或推理机移植到 Jena 内部，使用模型工厂将推理机制和数据集关联起来[63]。这些推理引擎或推理机是来自一些和本体相关的公理和规则推理程序，主要用途是从现有的实例数据和类描述中推断出一些隐含的陈述。对已创建的模型进行查询时，返回结果包括模型中的原始数据也包含额外的语句，这些语句是使用规则或其他推理机制获得的。

Jena 有一个静态类推理机注册表。它主要用于注册新的推理机类型和动态搜索特定类型的推理机。推理机注册表还提供了访问预先构建的主要推理者提供的实例。根据三元组所描述的资源信息和本体内部包含的信息，推理机利用事前确定好的相关规则创建推理机制[63]。本体 API 提供了简单的方法将推理机和本体模型连接起来，获得检索模型对象，最后，使用本体和模型 API，结合推理概念来实现语义化信息的检索，获得隐藏的数据结果。

2）本体模型验证

OWL 提供了很多构词，如描述 OWL 类的构词有：简单类（Class）、枚举类（oneOf）、属性约束类（valuesOf）以及丰富公理；描述类公理的构词有：子关系公理（subClassOf）、等价关系公理（equivalectClass）、互斥关系公理（disjointWith）等。这都为本体的推理提供了准备工作。在 OWL 语言结构的基础上，Jena 内置的推理机 Pellet 提供了很多的推理服务，如有本体的一致性检测、包含性检测、实例检测等。结合本体模型，其验证工作如下。

（1）本体的一致性检测。检测本体模型中，语义关系是否一致。如在定义类时，两个互斥关系的类，它们之间的关系属性没有标识为 disjointWith，会导致在后期的推理中引起冲突，出现本体概念不一致的情况。

（2）概念的包含性检测。检测本体模型中，概念的包含关系是否正确。例如，两个具有 disjointWith 关系的父类有同一个子类，这种包含关系是不允许的。

（3）实例检测。检测本体模型中，实例和类之间的关系是否正确。例如，如果存在一个实例属于两个互斥的类，那么这样的关系是不正确的。

3. Jena API 解析本体模型

本书中的本体信息是以 OWL 语言来描述领域概念及概念间的语义关系。当 OWL 本体模型构建工作完成后，面临着怎样去检索到符合用户要求的领域知识信息的问题。比较了多种工具后，我们决定采用 Jena 技术来解决这些问题。具体操作步骤如下。

（1）读取.owl 本体文件，在内存中创建一个本体模型。

```
OntModel ontologyMo del = ModelFactory.createOntologyModel(OntModelSpec.
OWL_MEM);
ontologyModel.read(new FileInputStream(owlpath),"");
```

（2）建立好本体模型后，使用 Jane API 将解析出本体内部结构的相关信息，如下所示，解析出所有的 class。

```
for(Iterator allclass = ontModel.listClasses();allclass.hasNext();){
//提取类信息
……
}
```

（3）解析出所有的数据属性和对象属性。

```
for(Iterator allobjpry = ontMdel.listObjectProperties();allobjpry.hasNext();){
//提取对象属性信息
……
}
```

```
for(Iterator alldatapry = ontMdel.listDatatypeProperties();alldatapry.hasNext();){
//提取数据属性信息
……
}
```

（4）解析出所有的性特征属性。

```
for(Iterator allobjpry = ontMdel.listObjectProperties();allobjpry.hasNext();){
//提取属性特征属性信息
……
}
```

（5）解析出所有的属性约束。

```
for(Iterator restres = ontModel.listRestrictions();restres.hasNext();){
//提取属性约束信息
……
}
```

（6）解析出所有的实例。

```
for(Iterator allIndivs = ontModel.listIndividuals();allIndivs.hasNext();){
//提取实例信息
……
}
```

这些解析出来的数据将被存储到关系数据库中，并作为服务器端的资源知识库。

4. 本体持久化存储模式

1）本体存储模式设计

目前，许多研究学者都是针对基于数据库存储本体进行了研究，并提出了大量的存储模式。Hondjack 等针对大规模应用系统提出了一种称为 OntoDB[64]的本体存储模式，其主要思想是为每一个类创建一张表，每个表的字段为相应类的属性。此模式方便用户查询类和实例，但存在着一定的局限性，例如当要增加类属性时，必须修改表结构，这样在保留本体的语义信息上就不够完整[65]。OWL 本体知识库是基于关系数据库来实现的，其设计方式很简明[66]：OWL 中有大量的描述性的语义和语法的特定词汇，这些特定词汇扩充了本体语言的检索和推理判断能力，将本体模型中丰富的语义关系转换为适合机器理解和处理的形式。本书以“计算机科学导论”课程为背景并提出了以下本体知识库的设计模式（ontology relation database，ORDB）。本体知识库的总体设计 E-R 图，如图 4.15 所示。

建立一张类表 onto_class。该表包含 classID（类 ID）、className（类名）两个字段，如表 4.1 所示。

表 4.1　类表 onto_class

字段名	字段类型	长度	主键
classID	VARCHAR	100	√
className	VARCHAR	50	

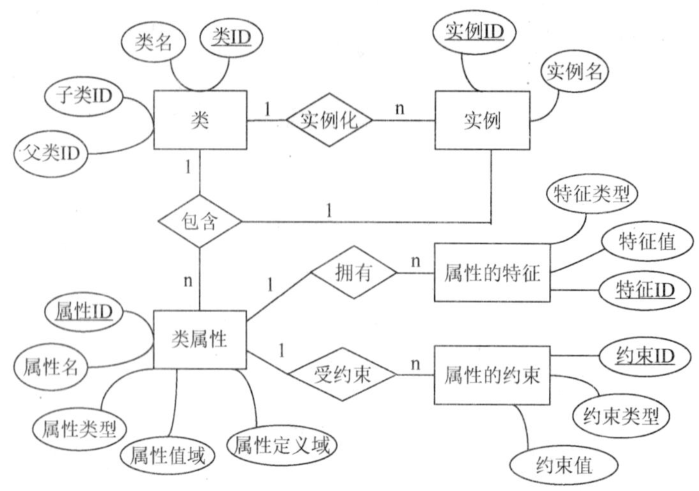

图 4.15　本体知识库的总体设计 E-R 图

建立一张类关系表，用于存储本体中类与类的关系，包含 classAID（类 A 的 ID）、classBID（类 B 的 ID），relationDiscrpt（类关系描述，如 subclassof、equivalentclass 等）如表 4.2 所示。

表 4.2　类关系表 onto_classRelation

字段名	字段类型	长度	主键
classAID	VARCHAR	100	√
classBID	VARCHAR	50	√
relationDiscrpt	VARCHAR	50	

建立一张属性表 onto_prop，用于存储本体中所有的属性信息，包含 propID（属性 ID）、propName（属性名）、domain（属性定义域）、type（属性类型：对象属性 OP、数据属性 DP）、range（属性定义域）。如表 4.3 所示。

表 4.3　属性表 onto_prop

字段名	字段类型	长度	主键
propID	VARCHAR	100	√
propName	VARCHAR	50	
type	VARCHAR	5	
domain	VARCHAR	100	
range	VARCHAR	100	

建立一张属性特征表 onto_propCharact，用于存储本体中所有的属性特征信息，包含 propID（属性 ID）、charatType（特征类型，如 equivalentProperty、inverseOf 等）、charatValue（特征值），如表 4.4 所示。

表 4.4　属性特征表 onto_propCharact

字段名	字段类型	长度	主键
propID	VARCHAR	100	√
charatType	VARCHAR	50	
charatValue	VARCHAR	50	

建立一张属性约束表 onto_propRestr，用于存储本体中所有的属性约束信息，包含 propID（属性 ID）、restrType（约束类型，如构词 allValuesFrom、minCardinality 等）、restrValue（约束值），如表 4.5 所示。

表 4.5　属性约束表 onto_propRestr

字段名	字段类型	长度	主键
propID	VARCHAR	100	√
restrType	VARCHAR	50	
restrValue	VARCHAR	20	

建立一张实例表 onto_individual，用于存储本体中的所有实例及相应实例所属的类，包含 indvID（实例 ID）、classID（实例所属类），如表 4.6 所示。

表 4.6　实例表 onto_individual

字段名	字段类型	长度	主键
indvID	VARCHAR	100	√
classID	VARCHAR	50	

建立一张实例属性表 onto_individualProp，用于存储本体中所有实例的属性及其值，包含 indvID（实例 ID）、propID（属性 ID）、propValue（属性值），如表 4.7 所示。

表 4.7　实例属性表 onto_individualProp

字段名	字段类型	长度	主键
indvID	VARCHAR	100	√
propID	VARCHAR	50	√
propValue	VARCHAR	20	

由表 4.1～表 4.7 可见，此本体存储模式采用部分 OWL 语法元素作为表的名字或字段的名字，从而尽可能地保留了本体的语义资源和语义关系，该模式将类、实例等分开存储，查询的效率将会很高，并且符合数据库 3NF、BCNF 规范化要求。

2）本体存储模式实验分析

以下对 ORDB 存储模型的性能进行测试。通过测试 Q1～Q6 查询语句，对比 ORDB 和 OntoBD 的查询性能。

（1）ORDB 和 OntoBD 查询本体中类的性能结果对比。通过关系数据的查询语句 Q1、Q2、Q3，从类表、类关系表中查询满足条件的类、子类、父类等。类查询效率结果，如表 4.8 所示。

Q1：SELECT*FROM onto_class WHERE classID=?

Q2：SELECT*FROM onto_class AS X,onto_classRelation AS Y WHERE X.classID=Y.classAID ANDY.relationDiscrpt='subClassof'

Q3：SELECT*FROM onto_class AS X,onto_classRelation AS Y WHERE X.classID=Y.classAID

表 4.8　本体中类的查询效率结果

查询语句	结果集大小/条	运行时/ms	
		OntoDB	ORDB
Q1	1	1	1
Q2	593	201	158
Q3	3558	856	689

（2）ORDB 和 OntoBD 查询本体中实例的性能结果对比。通过关系数据的查询语句 Q4、Q5、Q6，从实例表、实例属性表中查询实例的相关信息。类查询效率测试结果，如表 4.9 所示。

Q4：SELECT *FROM onto_indiv idual WHERE classID=?

Q5：SELECT *FROM onto_indiv idual AS X,onto_indiv idualProp AS Y WHERE X.indvID=Y.indvID AND propValue=?

Q6：SELECT *FROM onto_indiv idual AS X,onto_indiv idualProp AS Y WHERE X.indvID=Y.indvID

表 4.9　本体中实例的查询效率结果

查询语句	结果集大小/条	运行时/ms	
		OntoDB	ORDB
Q4	18	101	89
Q5	533	230	176
Q6	4566	1801	890

分析表和表中的测试数据，可以发现 ORDB 的查询时间明显比 OntoBD 减少了很多，并且以上本体关系数据库的设计能够最大限度地存储本体的语义信息。当对本体模型做了修改后，无需改变表的模式，只需将新的模型更新并存入到此模式表中，因此，ORDB 的查询在存储大规模领域本体时响应更快，并具有一定的扩展性。

5. REST 风格架构服务的自动化语义标注方法

语义标注在实现工作中是为网页添加语义信息，丰富网页信息。现在语义标注已经广泛应用于图像标注、社交媒体等领域中，但是在大部分 REST 风格服务中没有语义标注，这使得重新考虑 REST 风格服务的语义描述行为成为可能。

目前，被标注的网页大多数都是用非结构化的文本来描述的，网页中还包含了操作、URI、参数、输出内容、错误信息和一系列实例等，这使得基于 REST 的服务的标注仍然需要人工干预。这些描述包括了开发人员在应用程序中去执行服务或使用服务时所需的所有信息。传统的服务语义标注方法都是关注定义描述服务的格式，即将 REST 风格服务的描述网页加入到实现语义标注过程中去。绝大多数的 REST 风格服务都被合理地记录在文档内，鼓励开发者去使用一个 HTML 页面来提供服务。已经有许多方法去解决 REST 风格服务的语义描述这一基本的问题，但是所有与 REST 风格服务标注相关的处理过程都是手工的。REST 风格服务一个主要的挑战就是在实现地址化服务的同时也需要提供自动化的语义标注和能够与其他的应用或服务进行交互操作的能力。因此，我们需要关注两个主要的难点：第一，提供 REST 风格服务的语法描述，自动完成注册和调用服务；第二，通过语义标注手段去解释和丰富 REST 风格服务的参数。

1）自动化标注框架

在这一部分，详细给出 REST 架构服务的自动化语法和语义标注方法，如图 4.16 所示。系统由三部分组成：调用和注册、知识库和语义标注组件，并由不同的外部资源丰富这三个组件。接下来，简要地描述这些不同的组件，并用关于地理领域的样例服务来解释这些描述。

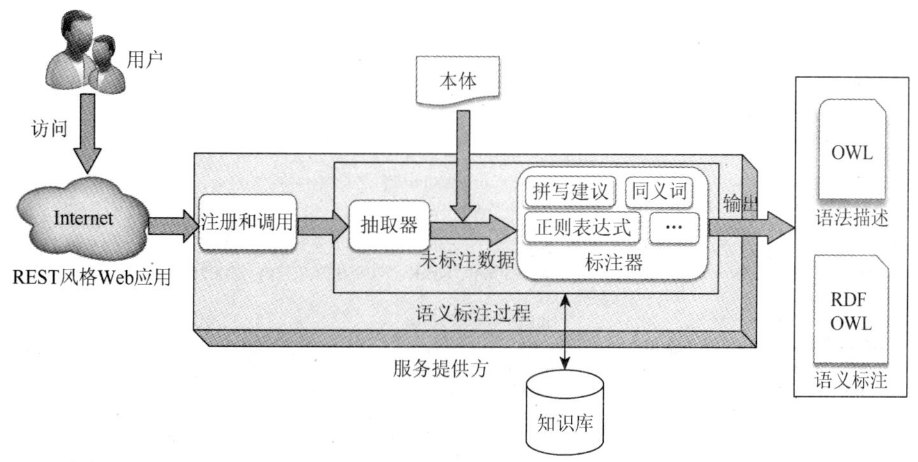

图 4.16　REST 风格式 Web 服务自动化语法和语义标注过程

2）语义描述：调用和注册

以下服务是从 programmableweb.com 获得的地理领域的 REST 风格服务的两个代表。

服务 API 1：http://api.geonames.org/countryInfo?countryName = Andorra

这个服务检索了和'country'相关的信息，返回如下信息参数：'capital'，'population'，'area'和'bounding box of mainland'。

服务 API 2：http://api.geonames.org/children?geonameId = 3175395&username = demo

这个服务查地点信息，返回的信息参数有：'city'，'venue_name'，'region_name'，'country_name'，'latitude'，'longitude'等。

系统需要输入用户熟知的 Web 应用和 APIs，或者用户能够手工添加一个可用的 REST 风格服务的 URL。在这种情况下，手工监听不同的服务 URLs，自动获得和每一个提到的 REST 式服务相关的信息。一旦 URLs 被添加，系统用一个样本参数去调用 REST 风格服务，并分析响应结果来获得参数集的一个基本的语法表述，这个过程类似于输入输出。

在这个处理过程中，系统使用服务数据对象（service data objects，SDO）的接口去执行 REST 风格服务的调用，并决定服务是否可用。SDO 是一个规范的说明，用于在互异的数据源间采用统一的编程模型，以断开连接的方式为常见，它为应用程序模式提供了强大的支持[67]。调用过程如下进行：首先，获得输入参数和参数值，这些将作为服务 URL 的一部分；然后，系统调用服务，将 REST 风格服务调用转换为对一个具体服务的查询，具体的服务请求中包含了 URL 和相关的参数。

调用一个具体的 REST 丰富服务后，服务端返回的数据格式多种多样，例如 HTML、JSON、XML 等。在本书中仅使用 XML 或 JSON 格式去响应服务。使用 SDO 处理这些 XML 响应，能够通过 XML 去导航，抽取每个服务的输出信息。响应的结果是使用 XML 格式对 REST 风格服务的语法定义。能够使用像网络应用程序描述语言（Web application description language，WADL）这样的描述语言去表示这个语法定义，也能将这些定义存储到关系数据库中去。本书中，使用关系数据库模型作为数据模型，因此使用 WADL 去显示概念是很简单的。表 4.10 显示了两个服务不同的输出参数。

表 4.10　服务 1 和服务 2 的输出参数

服务 1	服务 2
<geonames> <country> <countryCode>AD</countryCode> <countryName>Andorra</countryName> <isoNumeric>020</isoNumeric> <isoAlpha3>AND</isoAlpha3> <fipsCode>AN</fipsCode> <continent>EU</continent> <continentName>Europe</continentName> <capital>Andorra la Vella</capital> <areaInSqKm>468.0</areaInSqKm> <population>84000</population> <currencyCode>EUR</currencyCode> <languages>ca</languages> </country> … <geonames>	{ "weatherObservations":[{"weatherCondition":"n/a", "clouds":"n/a", "windSpeed":"07", "observation":"KEIK 170856Z AUTO 27007KT 10SM CLR A2985 RMK AO2", "windDirection":270, "ICAO":"KEIK", "lng":−105.05, "datetime":"2014-03-17 08:56:00", "stationName":"ERIE MUNI", "lat":40.016666666666666, "dewPoint":"0", "temperature":"" },…]}

输出参数被注册并存入到知识库中。具体来说，这个知识库是一个数据库，在数据库中存储了 REST 风格服务的语法描述。本书选择这个存储来提高效率。

3）语义标注过程

一旦依照语法结合输入输出参数去描述 REST 风格服务，将着手进行 REST 风格服务的语义标注。我们遵循一个启发式的方法：通过语法描述，结合正则表达式、命名实体识别和探试程序、外部服务和语义资源为这些参数进行标注。自动化标注的整体框架如图 4.17 所示。输入服务在完成请求参数和抽取页面关键内容后，判断其是否是简单类型的概念（simple concept，SC）。如果是，则将简单概念 SC 与已经构建好的领域本体中的概念（ontology concept，OC）根据一定的规则机制进行匹配。否则这些数据是复合类型的概念（complex concept，CC），那么对这些复合概念 CC 进行分析和分解，得到简单类型概念，再继续判断是否是简单概念 SC。如多次不匹配规则，丢弃此数据。根据匹配规则如果找到了 SC 和 OC 匹配度最高的 OC，则根据简单协议和 RDF 查询语言（simple procotal and RDF query language，SPARQL）查询 OC 的语义信息，生成标注结果返回。如没有匹配成功则根据拼写建议词库和同义词词库，找到类似的概念，并继续判断是否是简单概念，依照上述的工作继续进行标注工作。

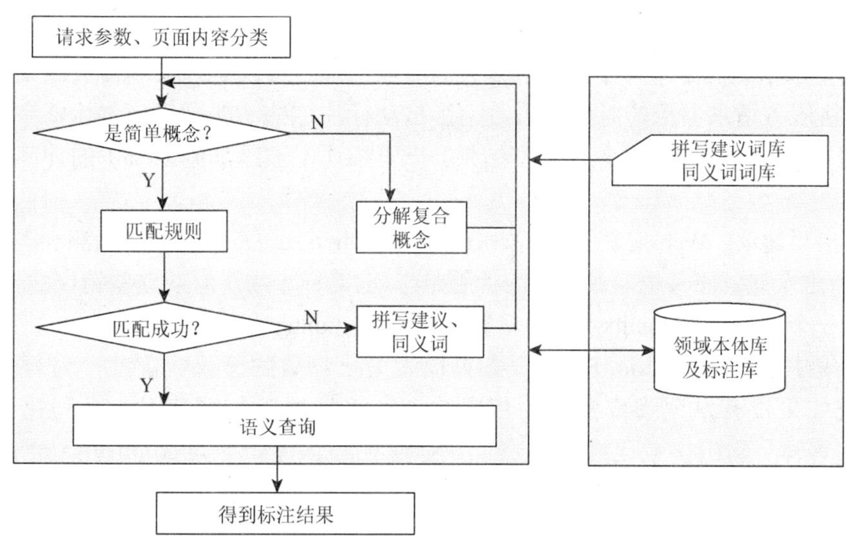

图 4.17　自动化标注的整体框架

标注器实现的具体算法 semanticAnnotation 如下：

算法名称：本体的语义标注算法 float semanticAnnotation(ic_i)
输入：$\forall ic_i \in WS$;　　//服务请求参数和抽取的页面数据 ic_i 输出：oc_{max};　　//和领域本体匹配度最高的概念

Begin
while(ic_i){
float max*MD* = 0;
OntologyConcept oc_{max};//存放最大
//如果输入的是简单概念，则调用匹配规则方法，查找最大匹配度值
if(ic_i.isSimpleConcept()){
float *flag* = getMatchedDegree(ic_i,ontologyConcept oc_i);
if(max*MD*<flag){
max*MD* = flag;
max*OC* = oc_i;
}
}
else{
//复合概念则分解为简单概念，递归调用匹配规则
sc_j = getSimpleConcept(ic_i);

```
                semanticAnnotation(scj);
            }
        }
    //匹配失败，则使用拼写建议词库和同义词词库获得此数据的类似数据
    //然后继续对类似数据进行递归调用来其进行简单概念判断和匹配规
    //则进行匹配
    If(maxMD = = 0){
        sck = getSynonymsMathod(){
            callSynonyms(ici);
            callSpellingSuggestion(ici);
                            }
        semanticAnnotation(sck);
        }
    return maxOC;
End
```

4）外部服务词表

因为要求精确匹配本体中的类和属性，所以系统一般没有建立本体类或属性和所有 REST 风格服务请求参数的对应关系。为了自动标注这些不匹配任何本体资源的参数，需要添加一些不同的外部服务去丰富结果。以下描述了被添加到系统中的外部服务的主要特征。

（1）拼写建议。Web 搜索引擎（如 Google，Yahoo）通常都尝试去探测和解决用户的书写错误。这个建议服务也叫做“你的意思是”，它是一个用于解决这些错误的拼写算法。例如，当一个用户输入'countryName'，算法将建议'country'和'name'分隔开。

在系统中，使用 Yahoo Boss 服务去检索关于参数的建议。因此，对每个参数而言，系统如果没有发现类或参数的相应响应，将调用服务区获得一系列建议参数再次去查询本体。输出参数已经被注册，并存储在知识库中。如'countryName'没有在本体中被发现。被添加的服务将试着去分开这个参数'country'和'name'，然后再次去查询结果。

（2）同义词的使用。外部服务被结合到本系统中去检索某一参数的同义词。这一服务试着去改进语义标注过程，当系统没有提供结果，即在 REST 风格服务中仍然有一些参数是没有被标注的。例如，当系统发现一个叫'address'的参数时，注册进程使用同义词服务去检索'address'同义词库，如'extension'，'reference'，'mention'，'citation'，'denotation'，'destination'，'source'，'cite'等等。这些输出被注册并存储到知识库中，然后 REST 服务调用 SPARQL 查询终端去获得结果。

5）语义标注中使用本体

当前，REST 风格服务语义标注有一些困难，Maleshkova 等[54]和 Alowisheq 等[68]简要地描述了这些困难。为了解决这些困难，可以采取以下方法：仅使用语义描述、输入/输出参数去进行语义标注；一些正确的示例值的标识允许自动调用 REST 风格服务。

语义标注过程的开始点是之前获得的语法参数列表。这些参数用于查询本体 SPARQL，并检索与每个参数相关的结果值，过程如下：

首先，系统检索本体中所有的类。类的名字将和 REST 风格服务的每个参数进行精确匹配。如果系统获得了匹配成功响应，它将使用本体概念去检索概念实例。检索的结果

（RDF）是自动进行的，并为某些参数注册一个可能的值。系统仅仅考虑概念。这些概念有实例信息，并且自动丢弃与这些本体概念无关的实例。

为了检索 REST 风格服务中已定义参数的信息，系统已经注册了本体 SPARQL Endpoint 作为服务。这些服务能够自动调用 SPARQL 查询本体端点。

SPARQL 查询本体中两个类示例如下：

```
"PREFIXExpert:<http://www.owl-ontologies.com/Expert.owl#>"PREFIX
rdfs:<http://www.w3.org/2000/01/rdf-schema#>"PREFIX rdf:
<http://www.w3.org/1999/02/22-rdf-syntax-ns#>"PREFIX owl:
http://www.w3.org/2002/07/owl#"SELECT DISTINCT?class WHERE
{?classrdf:type owl:Class FILTER(...)}"
```

这个 SPARQL 查询能够检索出本体中所有的类，将查询的结果和服务中的每个参数的概念进行比较。

然后，系统试着去发现 REST 风格服务和本体属性之间的对应关系。如果系统获得了一些相应的对应关系，它将使用本体属性逐个去检索本体 SPARQL Endpoint 信息。此外，这些信息被注册为一个可能的准确的值。

SPARQL 查询能够检索本体的属性，系统将使用的结果和在语法描述上被定义了的每个参数进行比较。SPARQL 查询本体中所有的属性示例如下：

```
"PREFIX rdfs:<http://www.w3.org/2000/01/rdf-schema#>PREFIX rdf:
<http://www.w3.org/1999/02/22-rdf-syntax-ns#>PREFIX owl:
<http://www.w3.org/2002/07/owl#>SELECT DISTINCT?property where
{?property rdf:type owl:ObjectProperty FILTER(...)}";
```

最后，随着类和属性的匹配完成，系统将使用 SPARQL Endpoint 去检索类和属性的实例。

6）语义标注的匹配规则

概念匹配是指概念之间的相似度，常用 $Sim(\mathrm{IC}, \mathrm{OC})$来表示，IC 代表需要匹配的数据概念，OC 是本体中的概念，并且 $Sim(\mathrm{IC}, \mathrm{OC})$的值在 0～1。$Sim(\mathrm{IC}, \mathrm{OC}) = 1$ 表示数据概念和本体中的某一概念完全一样，$Sim(\mathrm{IC}, \mathrm{OC}) = 0$ 表示数据概念和本体中的所有概念都不匹配，$Sim(\mathrm{IC}, \mathrm{OC}) = \mathrm{a}\ (\mathrm{a}\in(0, 1))$表示数据概念和本体中的某一概念部分相似。

在对比了常用的概念相似度的计算方式后，本书提出一种基于 REST 风格 Web 服务标注下的匹配度规则，在此规则中结合语义相似度和语义相关性进行匹配。

基于 REST 风格 Web 服务标注的核心是匹配规则的定义，即如何计算请求参数、页面关键概念与本体概念的相似度。在匹配算法中，主要是从三个方式来计算概念匹配度。

（1）基于名称来计算相似度。在此方法中，主要是结合莱文斯坦（Levenshtein）编辑距离相似法[69]来计算外部输入概念的名称和本体的概念名称之间的相似度[46-47]。如在基于 REST 风格 Web 服务中，用户发送 getCityNameBytCityCode 请求，即用户通过城市编号来查询城市的名称。首先在 CityCode 这一数据类型的聚类语义树中，依次将其中的概念节点和外部概念进行相似度比较。计算两个概念的相似度定义如公式（4.1）所示：

$$Sim(\mathrm{IC},\mathrm{OC})_{\mathrm{CN}} = \mathrm{MAX}\left(0, \frac{\mathrm{MIN}(|L_{\mathrm{IC}}|,|L_{\mathrm{OC}}|) - EditDis(L_{\mathrm{IC}},L_{\mathrm{OC}})}{\mathrm{MIN}(|L_{\mathrm{IC}}|,|L_{\mathrm{OC}}|)}\right) \quad (4.1)$$

其中，概念 IC 和 OC 的名称字符串的长度用$|L_{\mathrm{IC}}|$和$|L_{\mathrm{OC}}|$来表示，概念 IC 和 OC 的名称之间的编辑距离是用 $EditDis(L_{\mathrm{IC}}, L_{\mathrm{OC}})$来表示，一个字符到另一字符的元操作次数，其中元操作包括单个字符与邻近字符的插入、删除、交换等。

（2）基于属性计算相似度。在实际的应用中，如果两个被对比的概念具有某些相同的属性，也将这些属性理解为是一类特殊的概念，那么可以推断这两个概念可能是相似的[70-71]，所以通过概念的属性来计算概念的相似度是可行的。例如用户请求 REST 风格式 Web 服务时的 URL 为 http://.../getBooksInfo?author = xx。可以根据属性'author'来匹配本体中的概念属性。计算如公式（4.2）所示：

$$Sim(\mathrm{IC},\mathrm{OC})_{\mathrm{CA}} = mSim(\mathrm{IC},\mathrm{OC})_{\mathrm{CN}} \quad (4.2)$$

其中概念 IC、OC 的名称匹配度用 $Sim(\mathrm{IC}, \mathrm{OC})_{\mathrm{CA}}$ 来表示，可通过数据类型匹配表获得 IC、OC 的数据类型的相似度 m。一般情况下，一个概念的属性可能是多个，在匹配相似度的过程中就要把所有的输入概念属性和本体概念属性进行匹配，将匹配度最大的作为两个概念的相似度。

（3）基于正则表达式的特征来计算相似度。此方法需要使用到正则表达式，它是一个用来描述、匹配一系列符合某些语法特征的单个字符串，具有良好的灵活性、逻辑性和有效性，即使用概念的形式化表示来判断是否匹配本体中的某些概念[72]。当请求参数中符合正则表达式的描述形式时，可以判断其概念特征，根据概念特征去匹配本体库中的数据。定义计算如公式（4.3）所示：

$$Sim_{\mathrm{CRE}}(\mathrm{IC},\mathrm{OC}) = 0|1 \quad (4.3)$$

其中当外部概念符合正则表达式时，则认为相似度为 1，当不符合时，相似度为 0。

（4）合并为匹配规则。将这三种方式合并，综合计算可以使计算相似度的过程更有效和完全，其计算方法如公式（4.4）所示：

$$Sim(\mathrm{IC},\mathrm{OC}) = k_1 Sim_{\mathrm{CN}}(\mathrm{IC},\mathrm{OC}) + k_2 Sim_{\mathrm{CA}}(\mathrm{IC},\mathrm{OC}) + k_3 Sim_{\mathrm{CRE}}(\mathrm{IC},\mathrm{OC}) \quad (4.4)$$

其中，$k_i\ (i = 1, 2, 3)$是算法的权重，这个是根据训练样本得到的。

标注器中概念匹配规则的核心算法如下：

```
功能：获得概念间的匹配度
输入：请求参数、页面关键概念和本体概念
输出：MD∈(0,1)
Begin
   Float getMatchDegree(ic,oc){
Float MD,contextSim,dataTypeSim,regularExpSim;
   if(ic){
        //基于名称分析相似度；
        cSim = getContextSim(ic.Name,oc.Name);
//基于属性分析相似度：
        dtSim = getDataTypeSim(ic.DataType,oc. DataType);
//基于正则表达式的数据类型分析相似度；
        reSim = getRegularExpSim(ic.DataType,oc. DataType);
        MD = getIntegratedMatchDegree(cSim,dtSim,reSim);
```

```
    }
    Return MD;
    }
    End
```

7）自动化语义标注实验分析

用实验来评估本书提出的匹配规则。e-commerce.owl 是一个电子商务本体，包含了顾客、经销商、订单等概念信息。REST API 为请求电子商务信息：http://localhost:8080/RESTfulWebService/e-commerce/contents，如图 4.18 为请求后的响应内容。

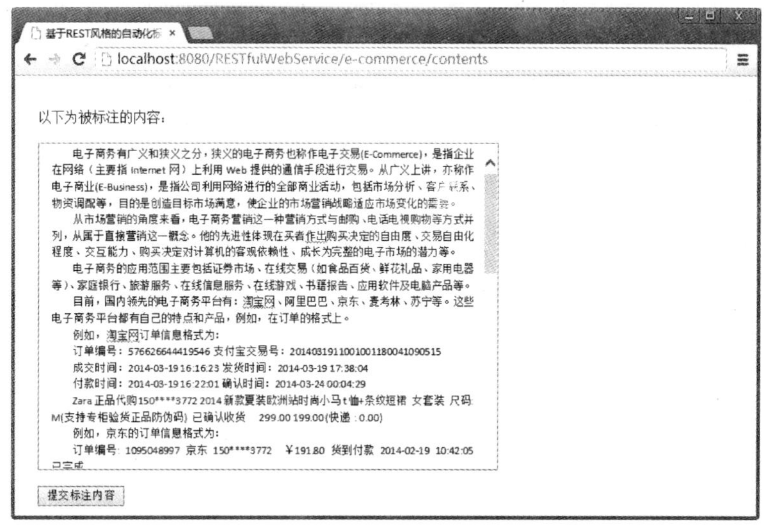

图 4.18　REST 服务请求响应的内容

将请求参数和 REST 服务响应信息作为参数集，使用 e-commerce.owl 结合概念匹配度计算规则来标注概念集，表 4.11 显示了测试数据的信息。使用概念的名称来计算 e-commerce.owl 和参数集中的概念之间的匹配度，表 4.12 列出了部分概念的匹配度。

表 4.11　测试数据

数据	概念	属性
e-commerce 本体	20	15
概念集	10	18

表 4.12　基于名称来计算概念之间的匹配度

parameters	e-commerce			
	价格	订单日期	订单号	电话
￥191.80	0.2193	0.2412	0.1023	0.3124
150****3772	0.3454	0.2341	0.3421	0.2390
20140314	0.1231	0.2041	0.1230	0.1209
Taobao	0.2415	0.3401	0.2003	0.0984

使用本书提出的概念匹配规则来计算 e-commerce.owl 和参数集中的概念之间的匹配度，其中 $k_1 = 0.3$、$k_2 = 0.3$、$k_3 = 0.4$，表 4-13 列出了部分概念的匹配度结果。图 4.19 显示了使用自动化的标注框架去标注参数集内容中概念的最终效果。当 REST API 请求服务时，响应结果为左侧内容，当单击提交标注内容时，会出现右侧的 e-commerce 本体的详细信息，同时在左侧的内容就被标注了。并且鼠标划过带背景色的内容时，会显示其标注的内容，如图 4.20 所示，鼠标划过“淘宝网”时，显示了电子商务中的产品销售方。

表 4.13　综合方法来计算概念之间的相似度

parameters	e-commerce			
	价格	订单日期	订单号	电话
￥191.80	0.6193	0.1002	0.1342	0.0342
150****3772	0.5322	0.1123	0.4942	0.7332
20140314	0.5322	0.6722	0.3422	0.0422
Taobao	0.1254	0.0116	0.2083	0.0422

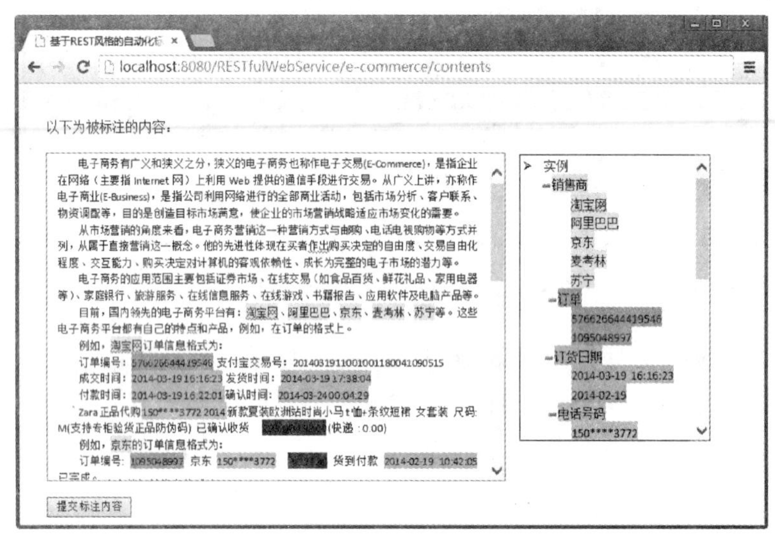

图 4.19　自动化标注工具最终实现的标注效果

比较表 4-12 和表 4-13 的数据，很容易发现基于概念的名称相似度值小于该综合算法的相似度，说明综合考虑多种因素对概念相似度计算策略的影响，均衡考虑其权值来科学地计算概念的相似度，达到了很高的可靠性。通过图 4.19 和图 4.20 的最终标注效果可以看出，此自动化标注框架具有较好的标注效果。

综上所述，REST 架构服务的自动化语义标注方法由调用和注册，知识库和语义标注组件三部分组成，并由不同的外部资源丰富这三个组件。其中语义标注组件是整个方法的核心。针对语义标注过程中的关键环节：匹配规则的定义，我们提出一种自动化语义标注过程中的概念匹配算法来实现标注过程，并结合实例本体来验证所提出的这种标注方式在概念的匹配上准确率相对较高。

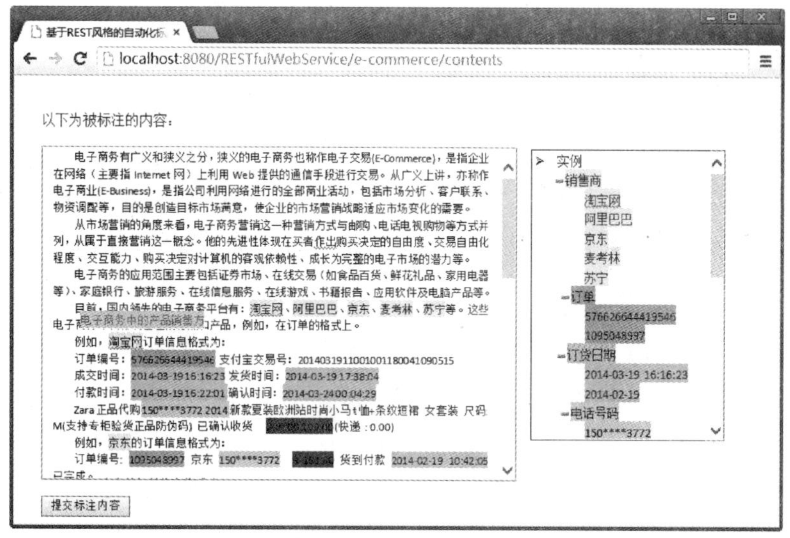

图 4.20　自动化标注工具中鼠标划过标注的效果

4.3.4　REST 风格架构中的本体可视化

1. 本体可视化研究

在信息化时代中，人们关注并获取大量的信息。可视化技术是将海量信息简化，以交互的图形方式展现在用户面前，减少对信息的处理量。目前，可视化技术应用非常广泛，已经涉及教育、网络等方面。Prefuse 作为一个可扩展的用户接口，可用于实现交互式的可视化。与传统的 GUI 工具相比，Prefuse 提供了一套细粒度的用于构建定制的可视化的构建块。这种方法简化了建立方法的组合，如布局或变形算法，同时提供一个集成的结构，并开发了新型技术和特定领域的设计。图是实体和实体的关系集合，它的形式化表示使用的是工具箱的基本数据结构，能够将无结构的离散点和时间数据用表格、图和树形式来可视化展示。Prefuse 包括布局算法库、导航和交互技术，集成搜索等，它是基于 Java 语言的，使用了 Java2D 图形库。Prefuse 可视化的整个框架如图 4.21 所示。

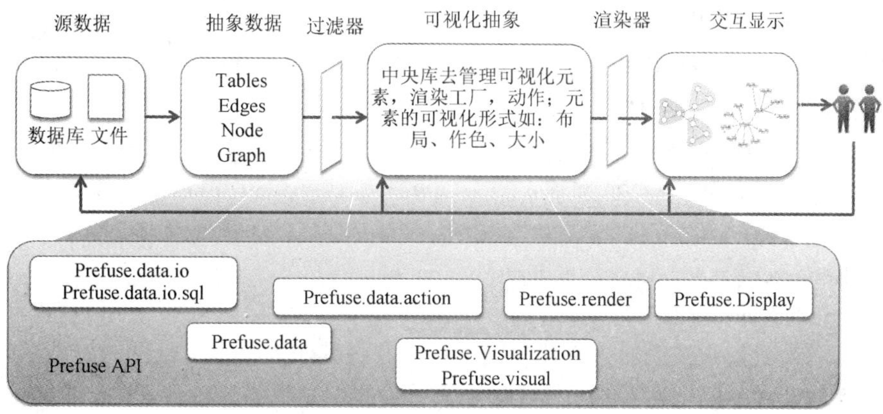

图 4.21　Prefuse 可视化框架

在 Prefuse 可视化过程中，首先将输入的数据整合为抽象数据，其次使用过滤器将抽象数据过滤为可用于可视化的数据，并将可视化数据以结点、线等形式在界面上的显示，同时也要设定可视化数据所在的位置、显示的颜色、字体的大小等可视化属性，最后通过渲染器绘制出可视化数据对象，并使其具有交互性。总之，Prefuse 支持组件复用和可扩展性，提供了过滤、布局、渲染、交互操作等模块去实现可视化。Prefuse 的高度可定制的渲染和动画效果支持各种设计理念的探索，为使用者提供了一个灵活的方式去创建交互性的可视化应用系统。

2. 可视化原则

数据可视化是数据呈现的一种手段，在实现数据可视化的过程中，应遵守以下的原则：

（1）可视化的用户体验原则。在数据可视化的过程中，应将用户体验放在第一位。

（2）可视化的视觉化原则。在数据可视化的过程中，要充分的利用视觉技术，将数据信息转换为直观的、形象的、色彩适宜的视觉信号，方便用户的视觉感官去接受可视化视觉信号。

（3）可视化信息的充实性原则。在可视化的设计中，要保证信息的充实性和实用性，如考虑信息传递的是什么内容，要如何讲述，如何去抽象地规划可视化的功能，才能够达到可视化要传递的信息。

（4）可视化的高效性原则。在确定了可视化的信息量后，在实际的可视化交互过程中，通过一些手段，如视觉上凸显重要的因素，用轴线表达时间信息等，来保证获取信息的高效性，让用户在尽可能少的时间内找到需要的信息。

3. Prefuse 实现本体可视化

本书采用 Prefuse 来实现本体中概念及概念间关系的可视化。本体中的概念如类、实例等，以形式显示，概念之间的语义关系使用线的形式来显示。

第一步，从本体知识库中获取需要被可视化的数据，然后将类、实例的 URI 和名称数据存放到 Table 结构中，如：

```
Table nodes = GetData("SELECT C_URI,C_Name From ont_class");
```

将类与类的关系、类与实例的关系、实例与实例的关系作为边来连接节点，边的数据信息存放到 Table 结构中，如：

```
Table edges = GetData("SELECT x.C_URI,y.curi FROM ont_class as x,tmpclass as y where x.C_Name = y.cvalue″);
```

然后再将 nodes、edges 数据添加到 Graph 对象中。这样就将源数据转化为抽象数据。

第二步，创建 Visualization 对象，将 Graph 添加到 Visualization 中。设置渲染器，如设置其圆角：

```
LabelRenderer r = new LabelRenderer("name");
r.setRoundedCorner(8,8);
```

设置好后，就使用渲染器来创建渲染工厂，并将其作为整个可视化的渲染工厂。

第三步，设置可视化元素的属性（如结点、线的填充颜色，结点、线上的文本字体和颜色等），执行任务如过滤、布局颜色分配。

第四步，使用 Display 对象来显示 Visualization 对象，并且在 Display 对象添加一些事件监听器来处理交互操作。如果提供了相应的点击、输入、拖拽、滚动、缩放等事件监听器，当鼠标划过结点时，显示类或实例的详细信息；划过线，显示线两端结点的关系；双击结点时，展开子结点等等。

4.3.5　本体可视化应用系统的实现与应用

1. 系统环境搭建

为了实现本书提出的架构，将采用以下的开发环境：

Java 集成开发工具：Eclipse，采用的是 jdk1.7.0_25；

Web 服务器：使用 apache-tomcat-7.0.11 服务器作为应用系统的 Web 容器；

关系数据库：使用 MySQL 5.5 存储本体中概念及概念之间的语义关系以及语义标注信息；

Restlet 2.0、JAX-RS 来搭建系统开发框架；

语义解析推理工具：Jena-2.6.4；

可视化工具：prefuse-beta-20071021。

2. 系统功能实现的展示

1）数据准备

用户输入“计算机科学导论”课程的本体 OWL 文档 computer.owl，经过解析保存到相应的数据库中（调用“本体知识库管理系统”）。《计算机导论》课程本体片断 owl 文档片段如图 4.22 所示。

```
<!--
//////////////////////////////////////////////////////////////////////////////////////
//
// Classes
//
//////////////////////////////////////////////////////////////////////////////////////
 -->

<!-- http://www.semanticweb.org/ontologies/2013/6/Ontology1374543113296.owl#1级 -->

<owl:Class rdf:about="&Ontology13745431132963;级">
    <rdfs:subClassOf rdf:resource="http://www.semanticweb.org/ontologies/2013/6/Ontology1374543113296.owl#知识点级数类"/>
</owl:Class>

<!-- http://www.semanticweb.org/ontologies/2013/6/Ontology1374543113296.owl#2级 -->

<owl:Class rdf:about="&Ontology13745431132966;级">
    <rdfs:subClassOf rdf:resource="http://www.semanticweb.org/ontologies/2013/6/Ontology1374543113296.owl#知识点级数类"/>
</owl:Class>

<!-- http://www.semanticweb.org/ontologies/2013/6/Ontology1374543113296.owl#3级 -->

<owl:Class rdf:about="&Ontology13745431132964;级">
    <rdfs:subClassOf rdf:resource="http://www.semanticweb.org/ontologies/2013/6/Ontology1374543113296.owl#知识点级数类"/>
</owl:Class>

<!-- http://www.semanticweb.org/ontologies/2013/6/Ontology1374543113296.owl#4级 -->

<owl:Class rdf:about="&Ontology13745431132965;级">
    <rdfs:subClassOf rdf:resource="http://www.semanticweb.org/ontologies/2013/6/Ontology1374543113296.owl#知识点级数类"/>
</owl:Class>
```

图 4.22　“计算机科学导论”课程本体 owl 文档片断

2）解析存储后的数据

（1）课程本体的类信息。课程本体片段信息包括 10 个类：知识点级数类（1 级、2 级、3 级、4 级）、知识点类、多媒体资源类（图片类、多媒体类）、视频类、人物类及一个类描述 Subclass of，如图 4.23 所示。

C_URI	C_Name	C_Descript	C_DescriptVal
http://www.semanticweb.org/ontologies/2013/6/Ontology1374543113296.owl#1级	1级	subClassOf	知识点级数类
http://www.semanticweb.org/ontologies/2013/6/Ontology1374543113296.owl#2级	2级	subClassOf	知识点级数类
http://www.semanticweb.org/ontologies/2013/6/Ontology1374543113296.owl#3级	3级	subClassOf	知识点级数类
http://www.semanticweb.org/ontologies/2013/6/Ontology1374543113296.owl#4级	4级	subClassOf	知识点级数类
http://www.semanticweb.org/ontologies/2013/6/Ontology1374543113296.owl#人物类	人物类	(Null)	(Null)
http://www.semanticweb.org/ontologies/2013/6/Ontology1374543113296.owl#图片类	图片类	subClassOf	多媒体资源类
http://www.semanticweb.org/ontologies/2013/6/Ontology1374543113296.owl#多媒体资源类	多媒体资源类	(Null)	(Null)
http://www.semanticweb.org/ontologies/2013/6/Ontology1374543113296.owl#知识点类	知识点类	(Null)	(Null)
http://www.semanticweb.org/ontologies/2013/6/Ontology1374543113296.owl#知识点级数类	知识点级数类	(Null)	(Null)
http://www.semanticweb.org/ontologies/2013/6/Ontology1374543113296.owl#视频类	视频类	subClassOf	多媒体资源类

图 4.23 课程本体的类表

（2）课程本体的对象属性。课程本体片段的对象属性表如图 4.24 所示，对象属性包括：

Proty_URI	Proty_Name	Proty_Type	Proty_Domain	Proty_Range
http://www.ser	1级前驱	OP	1级	1级
http://www.ser	1级后驱	OP	1级	1级
http://www.ser	2级前驱	OP	2级	2级
http://www.ser	2级后驱	OP	2级	2级
http://www.ser	人物关联序号	OP	人物类	知识点类
http://www.ser	人物出处	DP	人物类	string
http://www.ser	人物名字	DP	人物类	string
http://www.ser	人物国籍	DP	人物类	string
http://www.ser	人物图片	DP	人物类	string
http://www.ser	关键点	DP	Thing	boolean
http://www.ser	内容	DP	Thing	string
http://www.ser	图片关联序号	OP	图片类	知识点类
http://www.ser	备注	DP	Thing	string
http://www.ser	多媒体资源名称	DP	多媒体资源类	string
http://www.ser	多媒体资源存储地	DP	多媒体资源类	string
http://www.ser	所属的上一级级数	OP	知识点级数类	知识点级数类
http://www.ser	知识点所属章节号	OP	知识点类	知识点级数类
http://www.ser	视频关联序号	OP	视频类	知识点类
http://www.ser	重点	DP	知识点类	boolean
http://www.ser	难度	DP	Thing	int

图 4.24 课程本体片段的属性表

①1 级前驱/后继表示：1 级节点的前驱/后继（如第 2 章的前驱是第一章、后继是第三章）；

②2 级前驱/后继表示：2 级节点的前驱/后继（如第 2.2 节的前驱是 2.1、后继是 2.3）；

③与人物相关的属性的一些属性：人物关联序号、人物出处人物名字、人物国籍、人物图片；

④2 级、3 级、4 级、知识点具有关键点、内容、备注、重点、难点等属性；

⑤多媒体资源具有多媒体资源名称、多媒体资源存储地址、图片关联序号、视频关联序号等属性；

⑥2 级、3 级、4 级节点具有所属的上一级级数属性（如 2.2 的所属的上一级级数为 2）；

⑦知识点还具有知识点所属章节号的属性（如 111_001K 知识点所属章节号为 111）。

（3）课程本体对象的实例信息。课程本体片段中定义了各种本体对象的实例，如图 4.25 的实例表。

Indiv_URI	Indiv_Name	Indiv_ClaURI	Indiv_PURI	Indiv_PVal
http://www.s	1	http://www.sem	http://www.semanticweb.org/ontologies/2013/6/Ontology1374543113296.owl#1级后驱	2
http://www.s	1	http://www.sem	http://www.semanticweb.org/ontologies/2013/6/Ontology1374543113296.owl#内容	信息处理的工具
http://www.s	11	http://www.sem	http://www.semanticweb.org/ontologies/2013/6/Ontology1374543113296.owl#关键点	T
http://www.s	11	http://www.sem	http://www.semanticweb.org/ontologies/2013/6/Ontology1374543113296.owl#内容	信息
http://www.s	11	http://www.sem	http://www.semanticweb.org/ontologies/2013/6/Ontology1374543113296.owl#所属的上一级级数	1
http://www.s	111	http://www.sem	http://www.semanticweb.org/ontologies/2013/6/Ontology1374543113296.owl#关键点	F
http://www.s	111	http://www.sem	http://www.semanticweb.org/ontologies/2013/6/Ontology1374543113296.owl#内容	信息定义
http://www.s	111	http://www.sem	http://www.semanticweb.org/ontologies/2013/6/Ontology1374543113296.owl#所属的上一级级数	11
http://www.s	111	http://www.sem	http://www.semanticweb.org/ontologies/2013/6/Ontology1374543113296.owl#难度	0
http://www.s	111_001K	http://www.sem	http://www.semanticweb.org/ontologies/2013/6/Ontology1374543113296.owl#关键点	F
http://www.s	111_001K	http://www.sem	http://www.semanticweb.org/ontologies/2013/6/Ontology1374543113296.owl#内容	维纳的信息定义
http://www.s	111_001K	http://www.sem	http://www.semanticweb.org/ontologies/2013/6/Ontology1374543113296.owl#知识点所属章节号	111
http://www.s	111_001K	http://www.sem	http://www.semanticweb.org/ontologies/2013/6/Ontology1374543113296.owl#重点	T
http://www.s	111_001K	http://www.sem	http://www.semanticweb.org/ontologies/2013/6/Ontology1374543113296.owl#难度	0
http://www.s	111_001L1TK	http://www.sem	http://www.semanticweb.org/ontologies/2013/6/Ontology1374543113296.owl#关键点	F
http://www.s	111_001L1TK	http://www.sem	http://www.semanticweb.org/ontologies/2013/6/Ontology1374543113296.owl#内容	1948年，美国数学家、控制论的奠基人Norbert Wiener在《

图 4.25　课程本体对象的实例表

系统通过对用户提交的电子商务本体文件（.owl）进行解析，分离出类、属性、属性特征、属性约束和实例，建立持久数据存储。当用户浏览和查询本体知识时，服务器对用户的请求进行分析，再组织相应的服务访问数据库组织相连的本体概念和语义信息数据响应。客户端收到结构数据后，以可视化的形式展示给用户。

3. 可视化效果展示

1）普通用户模式详细操作

（1）本体浏览功能。为了保持本体展示系统在不同操作系统和浏览器平台都能稳定的运行，我们设计了良好的多浏览器平台兼容，方便用户通过系统现有的浏览器访问系统。图 4.26 和图 4.27 是 360 与 IE 浏览器显示效果，本系统还支持其他主流浏览器。当用户拖动选中节点或单击节点时会根据窗口大小，动态调整存局。

（2）查询功能。当鼠标指向实例节点时显示它详细对象信息，当光标指向实例各节点时，通过提示框显示它们的名称、资源标识、对象性定义等信息分别如图 4.28～图 4.30 所示。

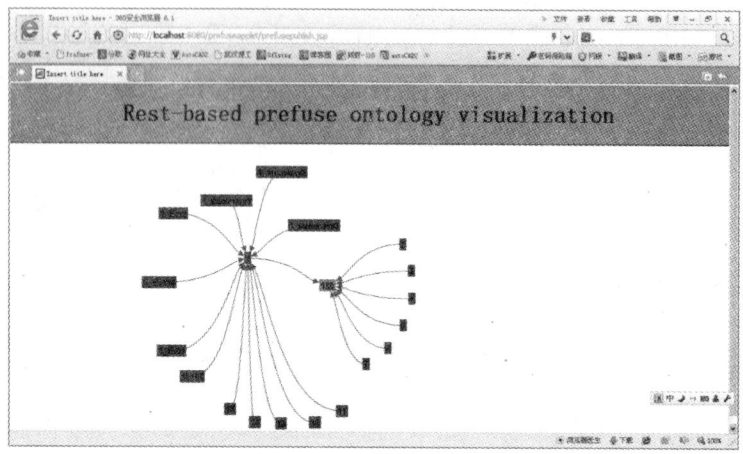

图 4.26　360 浏览器效果图

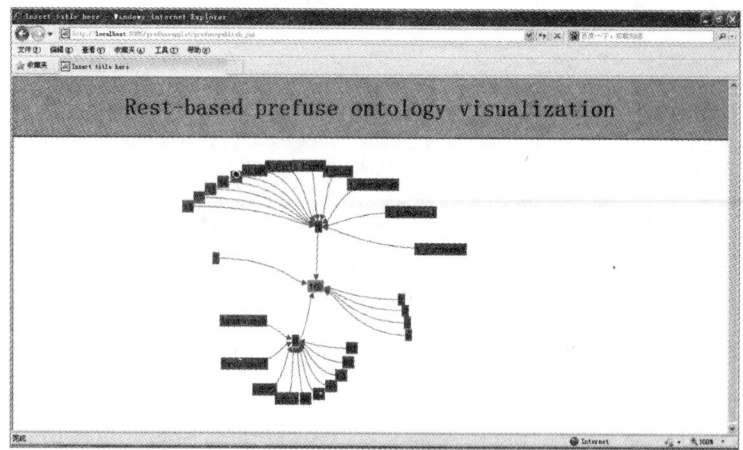

图 4.27　IE 浏览器效果图

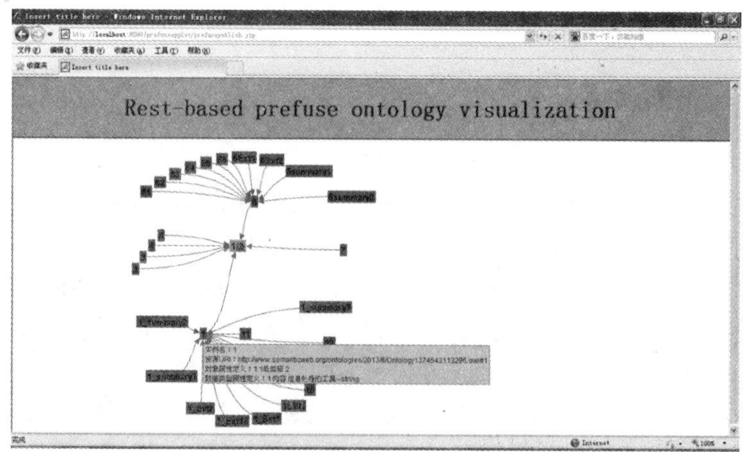

图 4.28　鼠标指向实例节点（1）的效果图

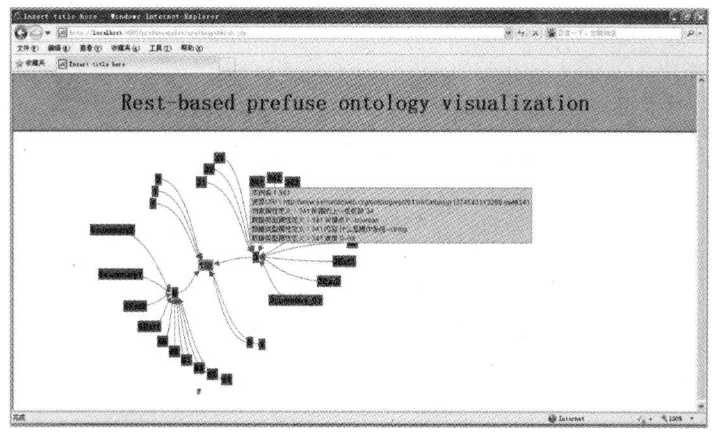

图 4.29　鼠标指向实例节点（3.4.1 节）的效果图

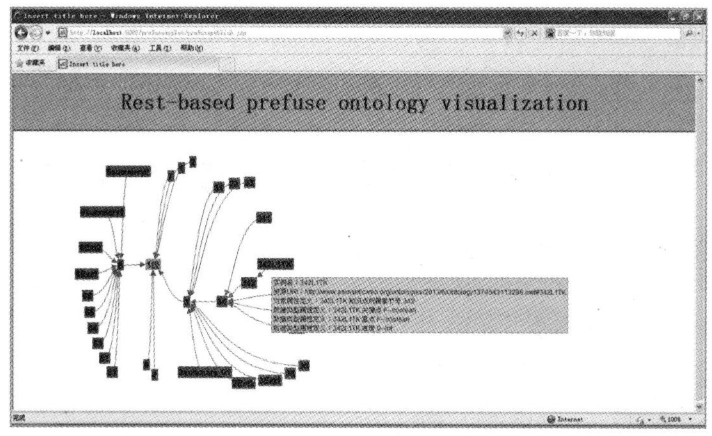

图 4.30　鼠标指向知识结点实例的效果图

（3）当鼠标指实例与实例间的连线，显示类与实例间的语义关系。光标移到“3---34”，“341---341_003K”上时，显示它们的对象属性约束关系分别如图 4.31 和图 4.32 所示。

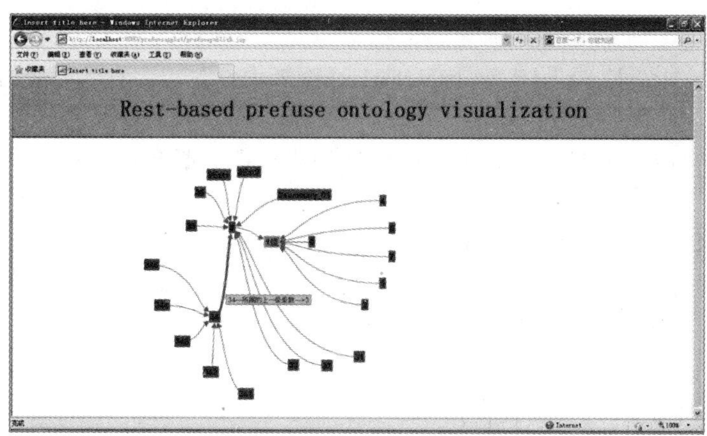

图 4.31　鼠标指向实例第 3 章和实例 3.3 节之间的连线（3---34）的效果图

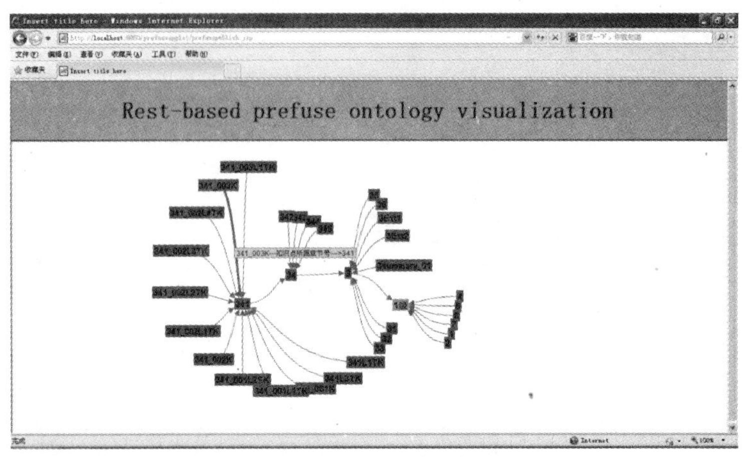

图 4.32　鼠标指向 003K 知识点之间的连线（341---341_003K）的效果图

（4）当鼠标单击实例时，显示视频、音频、图片等多媒体信息。单击 111_001L2TK 即 1.1.1 节下的 001L2TK 知识点时，如图 4.33 所示。

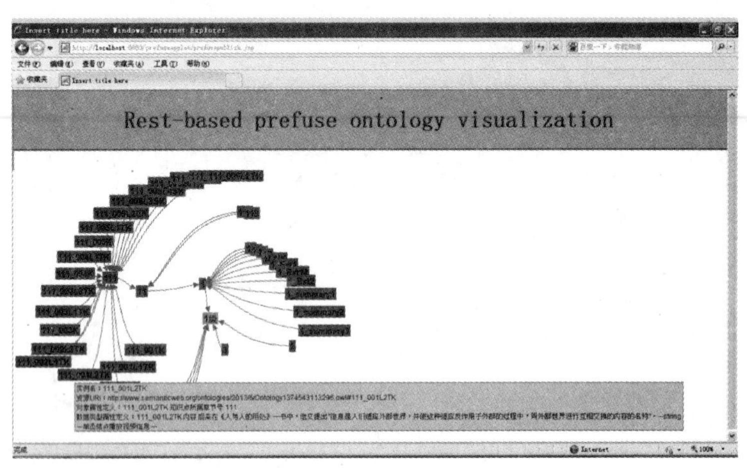

图 4.33　单击 111_001L2TK 知识点的效果图

单击 111_001L2TK 即 1.1.1 节下的 001L2TK 知识点时，会看到相关的图片信息，如图 4.34 所示。

单击 111_0012K 即 1.1.1 节下的 002K 知识点时，会听到播放相关的音频信息，如图 4.35 所示。

（5）当鼠标双击实例时，会出现结点收放动画效果

例如，双击实例“1”，展开显示第一章下面的所有 2 级节点信息，如图 4.36 所示；双击实例“1”，展开收起第一章下面的所有 2 级节点信息，如图 4.37 所示。

2）专家模式详细操作

专家模式本体浏览功能。在使用本系统之前，必须先进入本体可视化系统。打开如图 4.38 所示的界面，在浏览器上输入系统 URL 后，进入到专家模式界面。

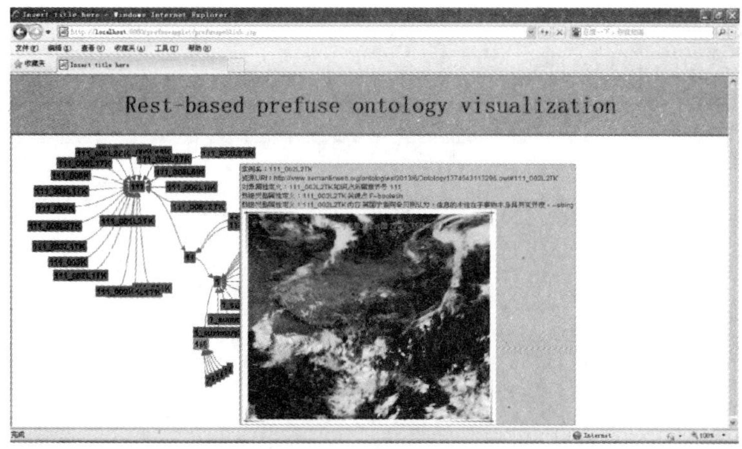

图 4.34　播放图片信息效果图

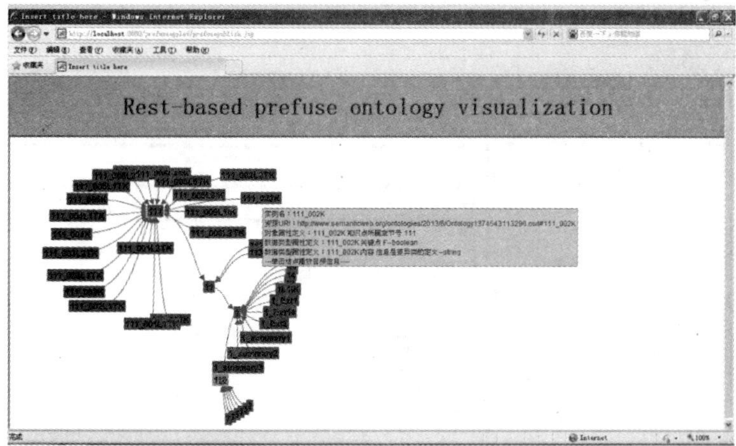

图 4.35　播放声音信息效果图

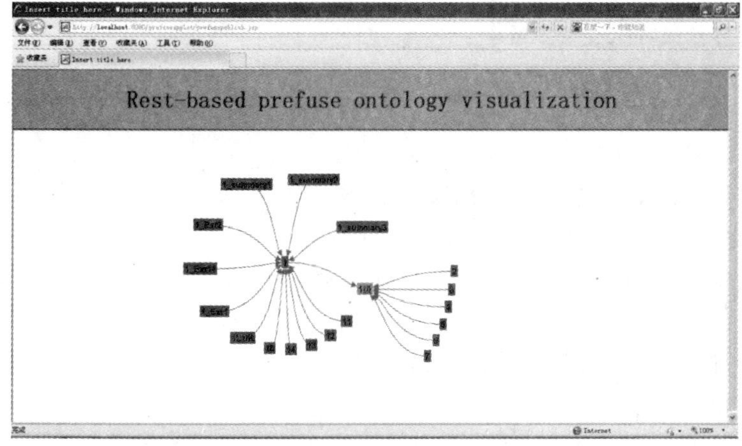

图 4.36　展开的动画呈现

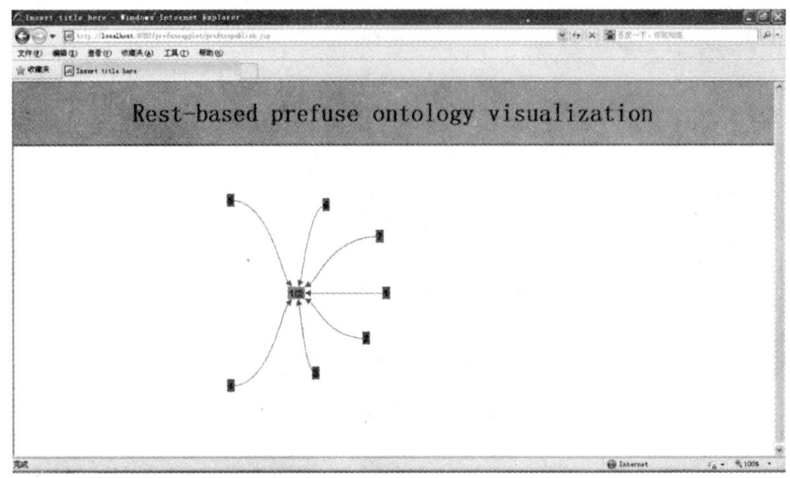

图 4.37　收起的动画呈现

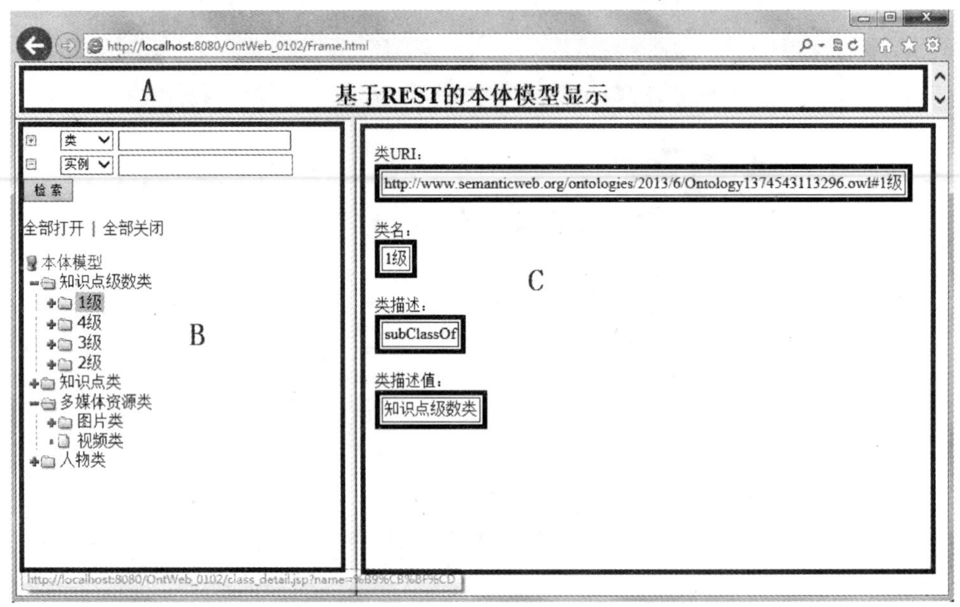

图 4.38　专家用户操作界面

分区信息如下：A 区域显示系统名称；B 区域提供类、实例查询功能，以及所有本体类、实例名称的树形列表；C 区域为显示信息的视图窗口。

树形列表中 表示本体类， 表示本体实例。

单击“全部打开”，即可查看到本体文件中所有的本体类、本体实例信息。

单击“全部关闭”，即可关闭树形列表。

当查询或单击本体类、实例时，其详细信息在 C 区域显示出来。

单击左侧树形列表的本体“1 级”类，右侧即可查看到相应本体类的详细信息：类 URI、类名、类描述、类描述值，如图 4.39 所示。

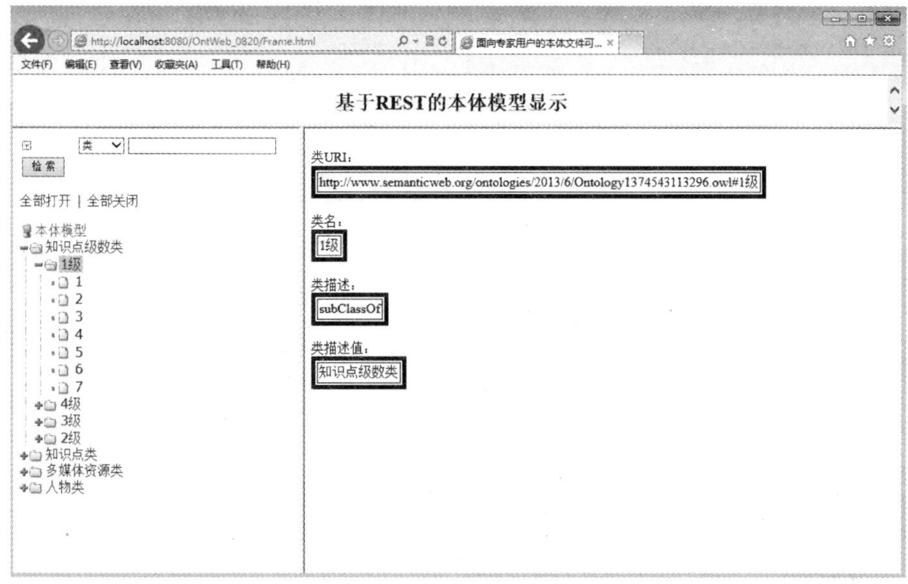

图 4.39　“1 级”类的详细信息

单击左侧树形列表中的“知识点类”，右侧显示“知识点类”的详细信息，如图 4.40 所示。

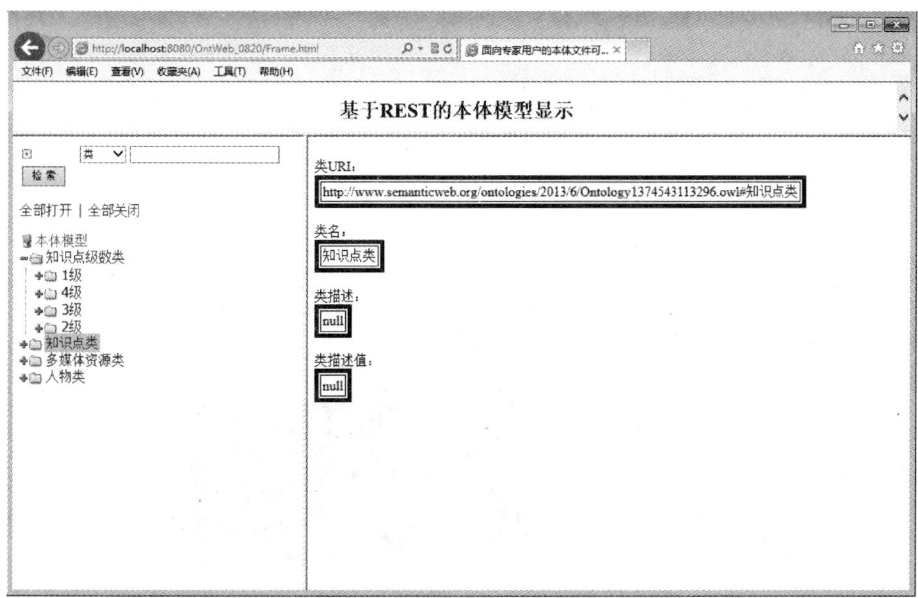

图 4.40　“知识点”类的详细信息

单击左侧树形列表的本体实例结点，右侧即可查看到相应本体实例的详细信息。例如单击左侧树形列表中“知识点类”下面的实例“111_001K”，右侧显示此知识点的详细信息，如图 4.41 所示。

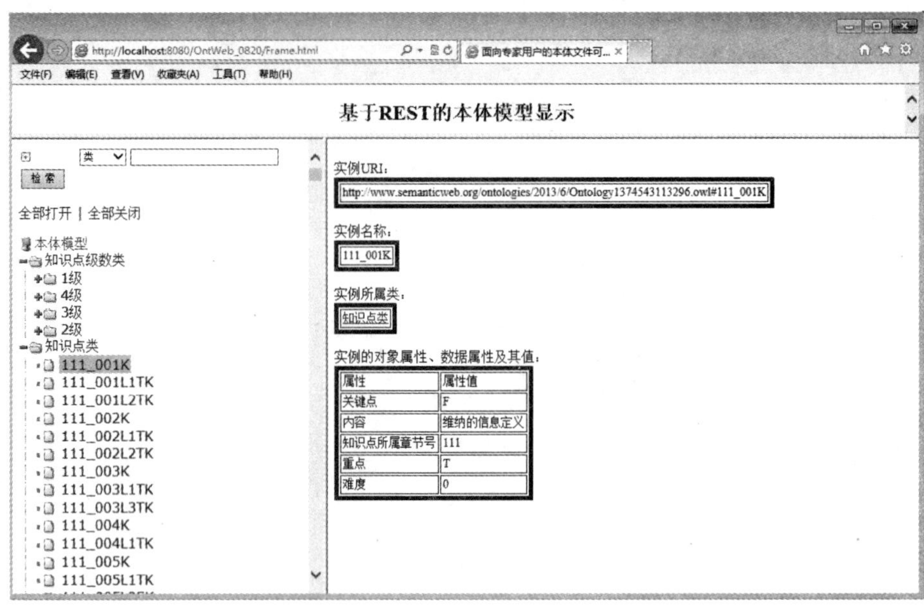

图 4.41　本体实例的示例

单击左侧树形列表中“知识点类”的实例“111_005L6IK”，右侧显示此知识点详细信息，如图 4.42 所示。

图 4.42　知识点实例的示例

单击左侧“知识点类”的“111_002K”实例，右侧显示此知识点的详细信息，其中包含了音频信息，如图 4.43 所示。单击左侧“知识点类”的“111_001L2TK”实例，右侧显示此知识点的详细信息，其中包含了视频信息，如图 4.44 所示。

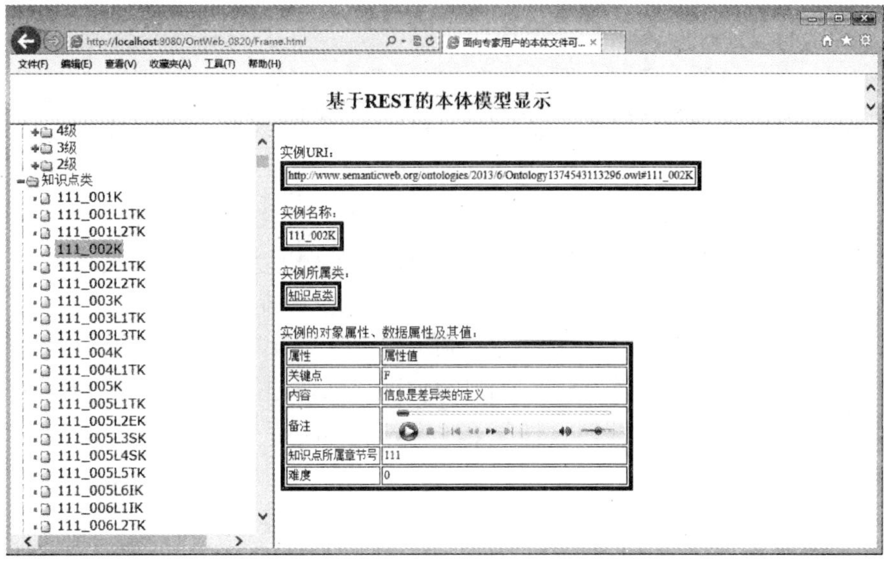

图 4.43　音频实例的示例

图 4.44　视频实例的示例

第 5 章　基于知识点-学习产出的题库系统的设计与实现

随着网络的发展以及教育制度的改革，越来越多的题库系统出现在大家的视线中，但很少有将基于学习产出教育模式与题库系统融合，因此，我们需要设计能够拥有知识点和学习产出的模块，让老师根据自己的需求，制定自己的学习产出矩阵，达到自己想要的教学效果的系统。基于知识点-学习产出的题库系统便应运而生。基于知识点-学习产出的题库系统可以节省老师和同学的时间，符合老师教学需求的同时也可以提供学生与老师信息交流的平台。

本章首先对题库系统进行数据分析和功能性需求分析，随后对其进行相应的功能模块划分和设计，对数据库表进行详细的分析与设计；系统使用 PHP 语言进行编程，使用 Apache 作为 web 服务器，同时采用 ThinkPHP 框架规范代码实现[73]。

5.1　国内外研究现状

随着生活节奏的加快和社会的进步，网络已成为大家生活的重要部分。网络传输的方便快捷为很多传统领域打开了新的市场。在这日新月异、瞬息万变的网络时代里，学生已经发展成一个庞大的群体，他们渴望从网络中看到变化万千的世界之美，也希望能通过网络来使他们与更多的人进行交流，让更多的人了解自己。通过教学活动，越来越多的老师也认识到一个问题：了解学生的观念能够让他们更好地知道学生的看法、知识盲点与不足。因此，他们希望能够有足够的时间和合适的方式来和同学及时交流，让学生反馈他们的学习情况[74]，了解在学生心中怎样的教学方式更加适合他们，并通过自己获得的信息，更好地辅导学生学习。

Kilfoil 提出了基于学习产出（outcomes-based education，OBE）的新教育模式[75]：老师会将学生期末评估的视线转移，更注重学生在学校学习过程中到底学到了什么和是否成功，而把怎么学习和什么时候学习放在其次[76]。在这种教育模式下，教师首先要确定自己希望学生达到怎样的能力和水平，然后在这个构想的基础之下，寻找并设计适合的教学结构，制定指标并确定相关联的知识点[77]，确保学生达到预期的效果[78]。因此，越来越多的老师希望能够在试卷中更加体现学生的实际能力而非“死读书”获得的试卷分数。无论是平时的练习还是结业检测，教师都要考虑到知识点及学习产出。

互联网技术的分布性、开放性和基于 web 服务器的强大的计算能力使得老师和学生的交流打破了时间和地点的局限。通过网络，老师可以方便快捷地实现和学生的交流。基于 PHP 的题库系统正成为人们的研究热点之一。与传统教师出题、手动制卷相比，基于知识点-学习产出的题库系统免去了教师选取试题、设计试卷、印刷试卷的烦恼，对减少老师的工作量，提高工作效率和教学质量，增加师生交流渠道，更好地了解学生需求及对知识的理解，更好地进行教学分析，完善知识网络有很大帮助，为实现高效化教学提供了途径。而且题库系统实现了无纸化绿色教学，非常符合时下流行的节能减排的理念。

在众多的在线试题管理和试卷生成系统中，都存在着试题的增、删、改、查及自动生成试卷的功能，但老师更希望题库系统能够有优良的知识点分级以及基于学习产出的教育模式的试题分类和组卷的设计，并能够实现学生提交自创试题的功能。因此需要针对此需求设计一个基于知识点-学习产出的题库系统。

目前国内外许多学者对题库系统进行了广泛的研究，提出了许多新的、快速的设计方案，在试题管理和自动组卷方面已经成熟。

意大利的 Nicola Asuni 在很多年前就制作了一款开源软件 TCExam，这个系统将出题、考试、管理、阅卷等常规过程一并囊括其中，不仅减少了老师出题、安排考场和监考的时间消耗，而且大大地提高了整个过程效率和考试结果的可信度和公平性。这个系统是采用 PHP 语言开发，基于 Affero 通用公共许可证（Affero general public licence，AGPL）授权。它还有很多其他的特性，如支持多语言，可以跨平台等等。李斌结合计算机专业技能考核需求，利用 PHP 语言[79]构建了一个计算机技能练习题库和考试系统[80]，并且通过两年的使用发现，老师可以对学生使用系统进行的测试和考试时的测试结果进行统计，经过对数据分析了解学生技能欠缺的部分，及时发现学生的知识掌握情况。但这样并不能完全了解学生的情况，有很多情况是学生并非记不住知识点，而是在理解上角度与出题者或老师不同。唐万福利用 Java 开发了一个中小学名校题库安卓系统[81]，能添加基础教育领域的试题、试卷，并能够进行相应的管理，系统服务器采用 ASP.NET 技术，能对海量试题扫描录入，提供富文本编辑技术等，是一个非常强的可实施性的系统。但是，在这个系统中，他仅仅只是对中小学生群体的学习便捷性、教学的差异化、体系化做出了改进，并没有考虑大范围的群体。

综上看来，目前存在的题库系统都忽略了老师对教学目标方面的需求，并没有一个比较合适的系统来实现当下基于学习产出指标的题库系统，也忽略了让学生出题的好的方式。

5.2　需求分析

基于知识点-学习产出的题库是老师可以在输入的试题中通过查找知识点或者学习产出来查询试题、生成试卷，学生也能够上传自创题和查看试卷的系统。这是一款高效实用的题库系统，可以用于老师平时习题的布置及各个阶段的考试。

5.2.1　功能性需求

本系统的用户有学生和老师，其中学生需要能够方便快捷地提交试题，并且不限时间和地点；老师需要题库的资源丰富，试卷设计灵活，方便管理，具体如下。

1. 功能需求

学生用户的功能包括。

（1）查看试卷。查看老师发布的试卷列表及详情。

（2）上传试题。将自己认为不错的题提交给老师审核。

教师用户的功能及优点包括：

（1）试题题库更全面。相比于传统考试，所有试卷都由老师设计，工作量大，效率不高。在线题库实现了对客观题的海量选择，老师只用提交少量新题，或审核学生提交的题目[82]。

（2）试卷设计更灵活。教师设计试卷时，可以从题库中选择不同类型的题目以及数量，使试卷构成更加灵活，出题更加方便。

（3）了解学生更方便。教师可以通过学生上传的题目从而了解学生对试题知识点的看法，更好地去选择适合学生的题目。

2. 数据分析

学生上传的课题数据和老师上传的试题，这些试题所涉及的数据包括知识点的分类（第几章第几节等，共 4 级）、试题难度、试题题目、试题答案、答案解析、时间、提供者姓名、试题选项等。其中试题知识点的等级编码可以由第一级 01～99、第二级 0101～9999、第三级 010101～999999、第四级 01010101～99999999 这种双位字符串相连的形式构成，并在数据库中建立子父辈关系，使章节有等级划分的同时又方便在试题等级搜索的时候可以顺利找出某一级及低于这一等级的所有试题。

在学习产出矩阵中，为了使学习产出指标与章节能紧密地联系在一起，通过搜索学习产出指标可以顺利查找出对应的章节，可以将指标对应所有章节下的试题搜索出来，可以将指标对应的章节保存为 01、02 等，这样仅通过数据库中的学习产出表所添加的数据就可以轻松达到搜索目的。

在试卷管理中涉及的数据操作，主要是在随机数产生后读取试题表中相关数据，然后再添加到试卷表中。随机数的产生主要与编码相关，在这里我们减少对它的分析。但这个模块比试题模块多了一个试卷表，即多了试卷的数据信息，如试卷标题、试卷状态（已发布或未发布）及试卷难度，其他的数据均与试题表相似。

3. 系统功能模块

1）登录页面

登录人员的身份不同，他们的权限也是不一样的。当用户输入 ID 和密码时，查询数据库，若用户名和密码正确，则进入相应的员工信息页面；若不正确，则提示用户名或密码错误，仍显示当前页面。

2）试题管理

该模块主要是老师对题库试题的管理，包括对试题的增删改查。在增加试题方面，老师输入题目，编辑题目所对应的知识点（一级、二级……）、前驱后继、学习产出矩阵、难度，系统自动记录题目提交时间。知识点的输入格式为第一级（01、02）、第二级（0101、0102）、第三级（010101）、第四级（01010203）。

试题管理模块的主要功能包括：

（1）题库试题的管理，包括试题题目、所属章节、所涉及的知识点、选项、难度、时间、答案、答案解析、备注、提供者等。

（2）批量导入。将 EXCEL 表格中的大量试题全部导入题库中。

3）学生出题

学生输入自己认为好的题目或创题，对应的授课老师可进行查看和编辑。审核时可对题目进行编辑，将信息补全后方可提交至正式题库。

学生出题模块的主要功能包括：

（1）学生提交题目。学生输入自己出的题目，包括题目描述、参考答案、对应知识点、自己确定的试题难度等完整信息；提交后老师审核题目。

（2）查看与编辑。老师审核题目，可对其进行修改也可以删除。

（3）上传。将查看的或修改的试题上传至题库。

4）教师出题

教师可根据知识点标签和学习产出标签两种模式来从题库中提取相应的题目(阶段测试→基于产出→平时测试→基于所选知识点）。也可以无任何条件从系统中随机抽取试题形成试卷，对未发布的试卷中的题目，老师可以进行二次编辑再发布，供学生练习或考核，但发布后不可修改。

教师出题模块的主要功能包括：

（1）添加试卷。添加空白试卷。

（2）随机生成。随机抽取试题，提高公平性。

（3）编辑发布。编辑试卷，发布试卷等。

5）学生查看试卷

学生登录网站后可以查看老师发布的试卷，并查看试卷详情。

5.2.2　非功能性需求

1. 技术需求

为了保证系统安全，需要用户登录、进行身份检验，且对密码进行加密处理，以确保系统的安全性、保密性。同时，不同的身份可以实现的功能不同，老师可以管理题库、通过链接进入学生可以进入的界面中，但学生仅能进入自己的页面。

2. 接口需求

url 地址采用“m = admin&c = login&a = index”形式，数据全部设置为 utf-8 的形式，数据内容通过 Ajax 技术传递给后台 controller 层，数据处理返回采用 JSON 格式。部分数据通过 ThinkPHP 中自带的<a href = “{url, 参数值}”>的方法传递给后台。

3. 质量需求

（1）可用性。在学生和老师使用过程中，需要功能布局清晰、系统简单易学易操作、系统提示友好。例如：当用户输入的数据不正确或不能为空的数据未填充时，会通过弹窗的形式进行提示，且不会跳转刷新界面，减少跳转界面不必要的时间；对于复杂的动作，例如批量导入、知识框选择的部分，都要设置好提示文字，避免用户在使用过程中出现小的问题得不到解决；搜索框会自动记住用户的搜索字段，登录的用户名也会在用户自己的本机记录，方便用户二次查找。

（2）可扩展性。该系统要具有可扩展性，老师可以根据具体情况来修改学习产出矩阵。

（3）可维护性。采用严格的 ThinkPHP 框架构造，使用编码标准，在编码部分进行合理易懂的备注，编码过程中要及时备份，防止因为硬件方面或者编程工具的问题影响维护进度。

5.3　系统设计

5.3.1　用例图和流程图设计

根据需求，系统的用例图和流程图设计如图 5.1 所示。

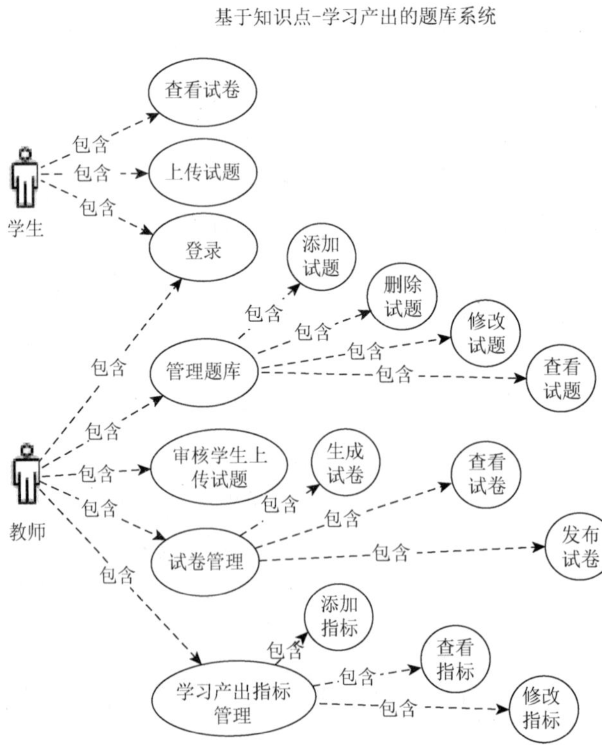

图 5.1　用例图和流程图设计

5.3.2 数据库设计

信息存储结构的设计在系统设计中至关重要，要考虑数据冗余、系统执行效率、信息控制及维护等方面的要求。信息的管理离不开数据库的支持，系统采用 MySQL 数据库语言，E-R 设计图及设计的数据库表如图 5.2 所示。

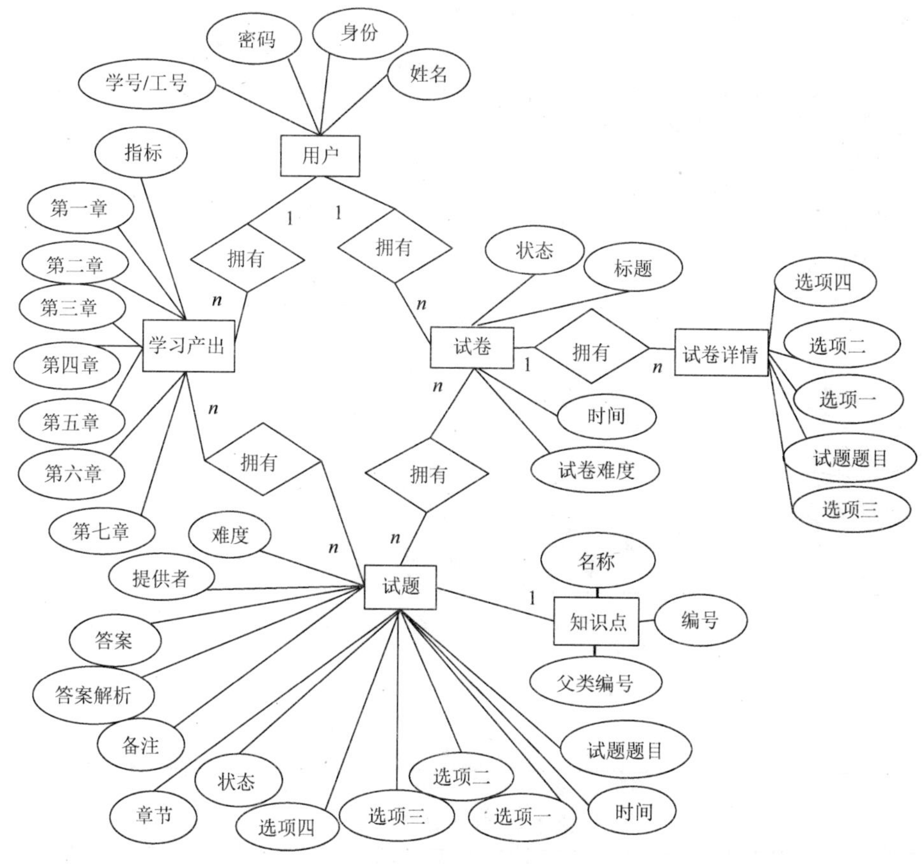

图 5.2　系统总体 E-R 图

鉴于篇幅，在此仅给出学习产出表和试卷表的结构，分别如表 5.1 和表 5.2 所示，知识点表、试题表、试卷详情表、用户表等不再列举。

表 5.1　学习产出表

列名	类型	说明	备注
id	int	id	主键
zb	varchar	指标	
yi	varchar	第 1 章	
er	varchar	第 2 章	

续表

列名	类型	说明	备注
san	varchar	第 3 章	
si	varchar	第 4 章	
wu	varchar	第 5 章	
liu	varchar	第 6 章	
qi	varchar	第 7 章	

表 5.2　试卷表

列名	类型	说明	备注
id	int	id	主键
title	varchar	题目	
time	datatime	时间	
state	int	状态	
pnd	int	试卷难度	

5.3.3　系统功能结构以及系统的界面设计

教师登录界面、登录功能及界面设计分别如表 5.3～表 5.5 所示；教师端首页功能及界面分别如表 5.6 和表 5.7 所示。

表 5.3　教师登录界面结构

名称	登录界面
功能描述	用户登录，验证
正常流程	打开界面之后，输入账号密码后点击登录，若成功则跳转到相关首页，错误则退出
扩展流程	无
优先级	低

表 5.4　教师登录功能

名称	教师端首页
功能描述	将试题录入、试卷查看、退出功能放在主页面，登录本系统后可以快速地看到这些功能并选择
正常流程	登录后，在首页展示主要信息，点击相应的模块就会打开相应的功能
扩展流程	无
优先级	低
补充说明	详细情况参考页面

表 5.5　教师登录界面设计

名称	说明
首页欢迎图	登录界面首页
试题录入	教师录入试题
试卷查看	教师查看录入的试卷
退出	退出界面

表 5.6　教师端首页功能

名称	教师端首页
功能描述	将试题管理，试卷管理，学习产出，试题审核，这些日常主要的功能放在主页面，登录本系统后可以快速地看到这些功能并处理
正常流程	当教师登录后，在首页展示主要信息，点击相应的模块就会打开相应的功能
扩展流程	无
优先级	低

表 5.7　教师端首页界面设计

我的首页	
试题管理	首页欢迎图＋简介
试卷管理	
试题审核	
学习产出	

教师端试题管理功能及添加试题功能分别如表 5.8 和表 5.9 所示。

表 5.8　教师端试题管理功能

名称	试题管理
功能描述	在界面中展示出添加单个试题、批量导入试题、查询等功能
正常流程	当点击试题管理后，在界面展示主要信息，然后点击相应的模块就会打开相应的功能
扩展流程	无
优先级	高
补充说明	详细情况参考页面

表 5.9　教师端添加试题功能

名称	添加试题
功能描述	在界面中展示添加单个试题功能需要输入的信息，以列表的格式显示出来
正常流程	当系统内部人员点击单个试题添加后，在界面展示试题需要输入的信息，然后点击相应的模块就会输入信息
扩展流程	无
优先级	中
补充说明	详细情况参考页面

教师端试题管理和添加试题的界面设计、批量导入功能及界面分别如表 5.10～表 5.13 所示。

表 5.10　教师端试题管理界面设计

名称	说明
试题管理	教师试题管理界面首页
添加单个试题	教师添加单个试师功能
批量导入试题	教师批量导入试题功能
查询	教师对已导入试题进行查询功能

表 5.11　教师端添加试题界面设计

名称	说明
添加试题	教师添加试题界面首面
知识点选择	试题知识表选择
试题题目	输入添加试题题目
试题难度	选择添加试题难度
选择一、选择二、选择三、选择四	分别对应四种难度
答案、答案解析	输入答案及解析过程
提供者	输入试题提供者
备注	输入备注
添加按钮	试题添加确认

表 5.12　教师端批量导入功能

名称	批量导入试题
功能描述	在界面中展示批量导入试题功能，界面出现需要添加的试题
正常流程	当点击批量导入后，在界面展示试题需要输入的文件，添加后点击提交就会输入信息
扩展流程	无
优先级	高
补充说明	详细情况参考页面

表 5.13　教师端批量导入界面设计

添加试题	操作
请选择 XLS 文件：选择文件	提交
请选择 csv 文件：选择文件	提交

教师端查询试题功能、界面设计、添加空白试卷功能、试卷管理功能及管理界面设计分别如表 5.14～表 5.18 所示。

表 5.14　教师端查询试题功能

名称	查询试题
功能描述	在界面中查询试题功能，可以根据字段、知识点、学习产出等快速查询试题，并对其进行修改、删除
正常流程	当系统内部人员查询后，在界面展示已经录入的试题，搜索框添加条件进行条件查询，展示的试题可以修改删除
扩展流程	无
优先级	高

表 5.15　教师端查询试题界面设计

查询试题			
查询条件搜索部分			
试题排序	所属章节	试题题目	基本操作
1	01	请选择以下正确的	修改 | 删除
2	02	信息的定义是	修改 | 删除

表 5.16　教师端添加空白试卷功能

名称	添加空白试卷
功能描述	添加空白试卷，并设置试卷难度
正常流程	点击按钮进入，输入信息点击添加
扩展流程	无
优先级	高
补充说明	详细设计图略

表 5.17　教师端试卷管理功能

名称	试卷管理
功能描述	在该界面可以实现添加试卷，随机生成试卷，添加试题，发布试卷，及其修改和删除功能
正常流程	点击操作菜单中的试卷管理便可进入界面，再点击相关按钮就能进行相关操作
扩展流程	无
优先级	高

表 5.18　教师端试卷管理界面设计

编号	试卷标题	添加时间	基本操作
1	经典习题		发布| 修改| 删除
2	期中测试		发布| 修改| 删除

教师端手动添加试卷功能及界面、随机生成试卷功能及界面、查看功能分别如表 5.19～表 5.23 所示。

表 5.19　教师端手动添加功能

名称	手动添加试卷
功能描述	选择试题添加到试卷中
正常流程	当进入这个界面后，在界面展示已经录入的试题，搜索框添加条件进行条件查询，选择试卷，然后选择试题点击添加
扩展流程	无
优先级	高

表 5.20　教师端手动添加界面设计

手动添加试题		
试题搜索框		
试卷选择		
所属章节	试题题目	基本操作
02	请选择正确的选择	查看详情
03	下列哪个选项是不正确的	查看详情

表 5.21　教师端随机生成试卷功能

名称	随机生成试卷
功能描述	通过选择试题数，随机生成试卷
正常流程	当进入界面后，在界面中输入试卷标题、试卷难度、试题难度、试题数及其他条件，点击生成，生成试卷
扩展流程	无
优先级	高

表 5.22　教师端随机生成试卷的界面设计

模块名称	说明
随机生成试卷	随机生成试卷界面首面
选择试题搜索分类	分类搜索试题
试卷标题	输入试卷标题
试卷难度	选择试卷难度
试题难度	选择试题难度
随机生成试题数	选择随机生成试题数量
添加按钮	添加试题

表 5.23　教师端查看已发布试卷界面结构

名称	查看已发布试卷
功能描述	点击进入查看已发布的试卷，并可点击查看详情
正常流程	当进入该界面后，界面展示已经发布的试卷，点击试卷标题展示的试卷详情可以删除
扩展流程	无
优先级	中

教师端学习产出管理功能及学习产出界面设计分别如表 5.24 和表 5.25 所示，查看已发布试卷界面设计如表 5.26 所示。

表 5.24　教师端学习产出管理界面结构

名称	学习产出
功能描述	点击查看学习产出矩阵，并可以实现添加，修改，删除
正常流程	当点击操作菜单中的学习产出后，界面展示学习产出指标，点击添加，可以添加新的学习产出指标，也可以对展示的指标进行修改删除
扩展流程	无
优先级	高

表 5.25　教师端学习产出界面设计

指标	第 1 章	第 2 章	第 3 章	第 4 章	第 5 章	第 6 章	第 7 章	操作
指标 1 内容								修改|删除
指标 1 内容								修改|删除

表 5.26　教师端查看已发布试卷界面设计

试卷标题	添加时间	基本操作
经典试卷	2017/5/2 17：46	删除
zheshiceshi	2017/5/1 21：43	删除

5.4　系统实现与主要界面展示

5.4.1　运行环境

该系统为 B/S 三层结构，它的运行环境分客户端、应用服务器端和数据库服务器端三部分。以下是系统的软件环境。

①客户端。操作系统：Windows 7 或更新版本；浏览器：IE6 以上或其他常见浏览器如 FireFox。

②应用服务器端。操作系统：Windows 7 或更新版本；应用服务器：Apache 2.4.9 或更新版本。

③数据库服务器端。操作系统：Windows 7 或更新版本；数据库系统：MySQL 5.6.17 或更新版本。

5.4.2　教师系统登录

图 5.3 是系统的教师登录的界面，输入账号密码就可以登录成功；如果用户名或密码空白会提示“用户名不能为空”或“密码不能为空”，如果密码是错的，会提示“密码错误”，登录失败，依旧停留在这个界面。

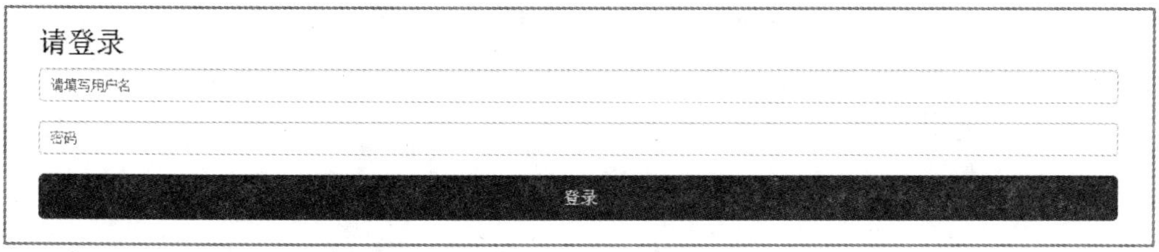

请登录

请填写用户名

密码

登录

图 5.3　教师登录界面

在这一部分，主要是通过 Ajax 中的 post()函数将 username、password 两个数据传递给 controller 层，进行判断处理后，将结果传递给 post()的相应函数，并反馈给界面。

5.4.3　后台管理

1. 后台管理首页

图 5.4 是教师登录成功后跳转进入的界面，从该图中我们可以看到左边的“操作菜单”，点击相应的功能按键，就可以进入。点击左上角的“我的题库”依旧在该页面。若在教师端的其他界面，点击“我的题库”会跳转到该界面。

2. 试题管理

点击图 5.4 的“试题管理”按钮就跳转到图 5.5 试题管理主界面。

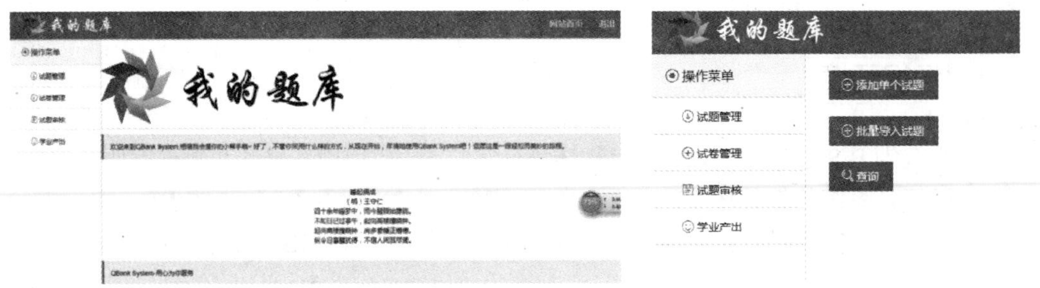

图 5.4　教师登录成功后的界面　　　　图 5.5　试题管理主界面

在图 5.6 中，我们可以看到添加试题界面知识点的选择是按阶梯状的，必须四项依次选取，将信息录入后，点击下方“添加”按钮可以成功添加试题。系统主要是通过 Js 获取数据后反馈给后台处理，并返回新的数据，再展示给前端界面。图 5.7 中的 XLS 文件添加框也可以添加 csv 文件，但下方的 csv 专用文件添加框在添加 csv 文件时效率更高。

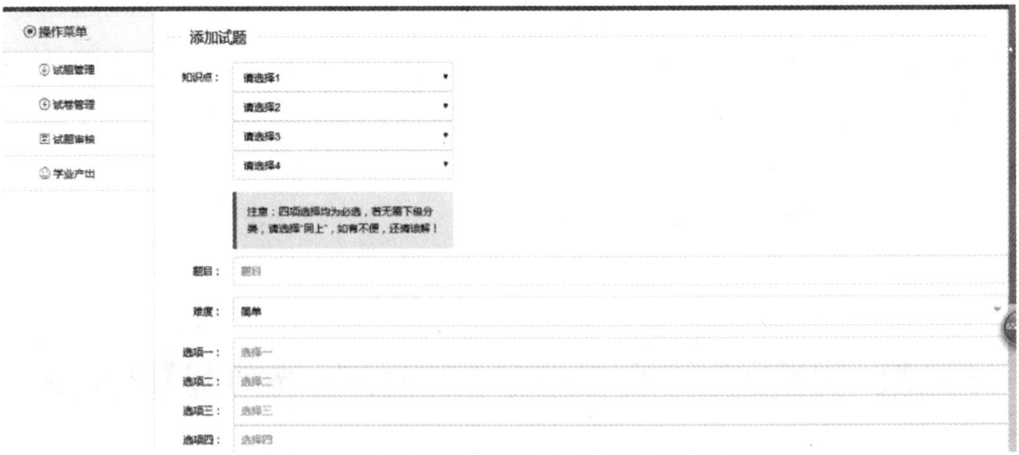

图 5.6　添加试题界面

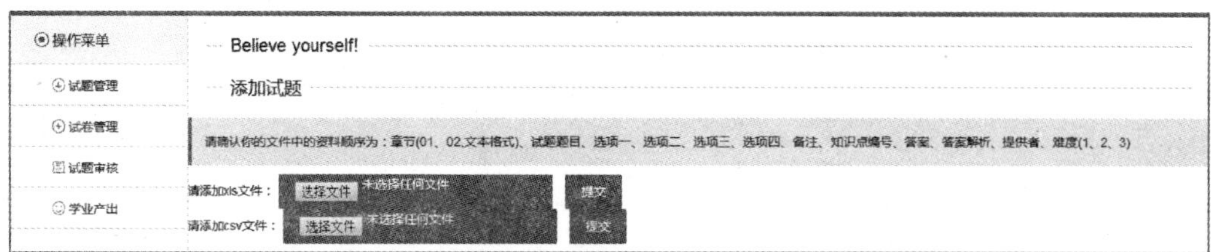

图 5.7　添加试题文件选择界面

图 5.8 中的查询搜索框是利用 Tab 进行了三种查询方式：一种是试题题目字段查询；一种是根据知识点查询，知识点查询可以查询一级至四级所有的阶梯等级；另外一种是根据学习产出指标查询试题。

操作菜单 | 试题管理 | 试卷管理 | 试题审核 | 学业产出

题目搜索　知识点查询　学业产出查询　查询

试题排序	所属章节	试题题目	基本操作
1	01	112234445	修改 |删除
2	01	324567890	修改 |删除
3	01	1000000	修改 |删除
4	01	1000000	修改 |删除
6	01	1000000	修改 |删除

图 5.8　试题查询与管理界面

3. 试卷管理

点击“试卷管理”出现图 5.9 界面。图 5.9 中通过按钮可以分别跳转到生成试卷、添加试卷中试题、查看已发布试卷的相关界面，其中试卷可以手动多选添加，也可以通过随机功能随机抽取符合要求的试题；未发布的试卷列表可以直观地呈现给老师有什么试卷未发布。点击试卷标题可以跳转到试卷中查看详情，也可以点击基本操作的相关按钮进行管理。添加空白试卷界面如图 5.10 所示；随机添加试题界面如图 5.11 所示；查看已发布试卷如图 5.12 所示。

操作菜单 | 试题管理 | 试卷管理 | 试题审核 | 学业产出

添加空白试卷　手动添加试题　随机生成试卷　查看已发布试卷

未发布试卷

	编号	试卷标题	添加时间	基本操作
	1	经典习题	2017-04-14 15:36:57	发布| 修改| 删除
	2	期中测试	2017-04-14 15:41:10	发布| 修改| 删除
	5	3456789	2017-04-18 21:58:38	发布| 修改| 删除
	6	23456	2017-04-18 21:59:30	发布| 修改| 删除

图 5.9　试卷管理界面

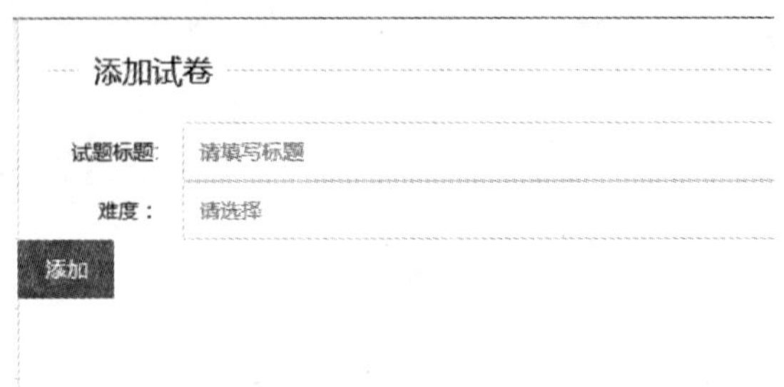

图 5.10　添加空白的试卷界面

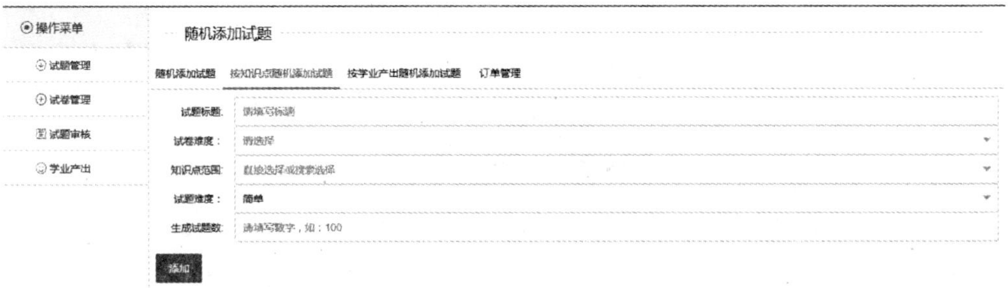

操作菜单
试题管理
试卷管理
试题审核
学业产出

随机添加试题

随机添加试题　按知识点题机添加试题　按学业产出随机添加试题　订单管理

试题标题:　请填写标题
试卷难度：　请选择
知识点范围:　默认选择/或搜索选择
试题难度：　简单
生成试题数:　请填写数字，如：100
添加

图 5.11　随机添加试题界面

操作菜单
试题管理
试卷管理
试题审核
学业产出

已发布试卷

	编号	试卷标题	添加时间	基本操作
	3	23456789	2017-05-02 17:46:23	删除
	4	zheshiceshi	2017-05-01 21:43:23	删除

删除选中　返回

图 5.12　已发布试卷界面

4. 试题审核

教师的试题审核界面与管理界面如图 5.13 所示。

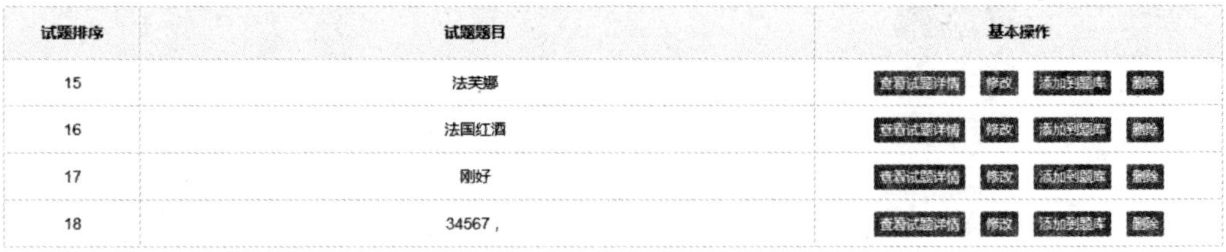

试题排序	试题题目	基本操作
15	法芙娜	查看试题详情　修改　添加到题库　删除
16	法国红酒	查看试题详情　修改　添加到题库　删除
17	刚好	查看试题详情　修改　添加到题库　删除
18	34567，	查看试题详情　修改　添加到题库　删除

图 5.13　教师对学生试题的审核与管理界面

5. 学习产出

学习产出指标界面如图 5.14 所示。点击“添加指标”可以添加新的指标：输入内容，选择章节，点击“添加”按钮即可添加成功，如图 5.15 所示。

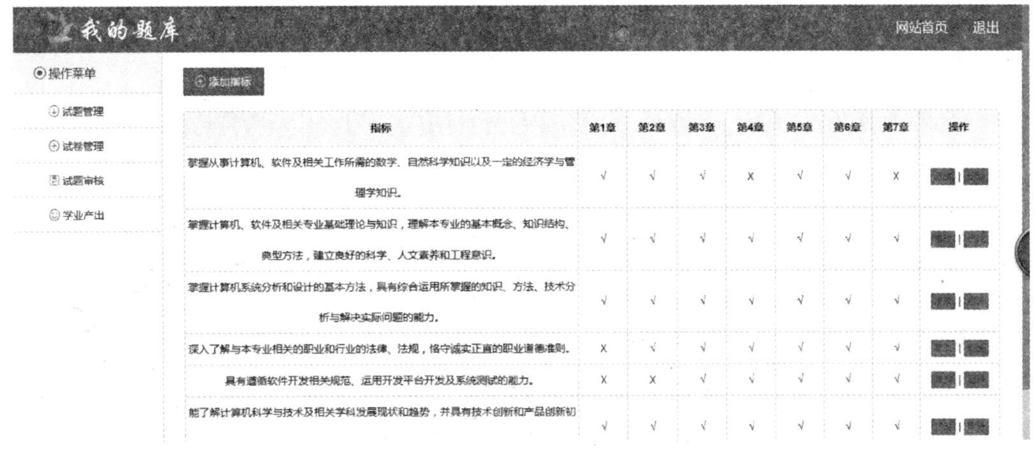

指标	第1章	第2章	第3章	第4章	第5章	第6章	第7章	操作
掌握从事计算机、软件及相关工作所需的数学、自然科学知识以及一定的经济学与管理学知识。	√	√	√	X	√	√	X	
掌握计算机、软件及相关专业基础理论与知识，理解本专业的基本概念、知识结构、典型方法，建立良好的科学、人文素养和工程意识。	√	√	√	√	√	√	√	
掌握计算机系统分析和设计的基本方法，具有综合运用所掌握的知识、方法、技术分析与解决实际问题的能力。	√	√	√	√	√	√	√	
深入了解与本专业相关的职业和行业的法律、法规，恪守诚实正直的职业道德准则。	X	√	√	√	√	√	√	
具有遵循软件开发相关规范、运用开发平台开发及系统测试的能力。	X	X	√	√	√	√	√	
能了解计算机科学与技术及相关学科发展现状和趋势，并具有技术创新和产品创新初	√	√	√	√	√	√	√	

图 5.14　学习产出指标界面

添加指标

指标：　这是一个新的指标

章节：　第一章　第二章 ✓　第三章　第四章　第五章 ✓　第六章　第七章 ✓

添加

图 5.15　添加指标界面

5.4.4　学生管理

图 5.16 是学生的登录界面，在该界面中，鼠标在移动的过程中出现动态的烟花渲染效果，使得界面充满了梦幻色彩，同时为简洁的界面增加了新鲜感和饱和感，鼠标右键可以改变以下状态：关闭烟花特效和开启烟花特效，改变界面背景为白色。这样的设计主要是为了增加系统的趣味性。学生登录系统后的界面如图 5.17 所示。

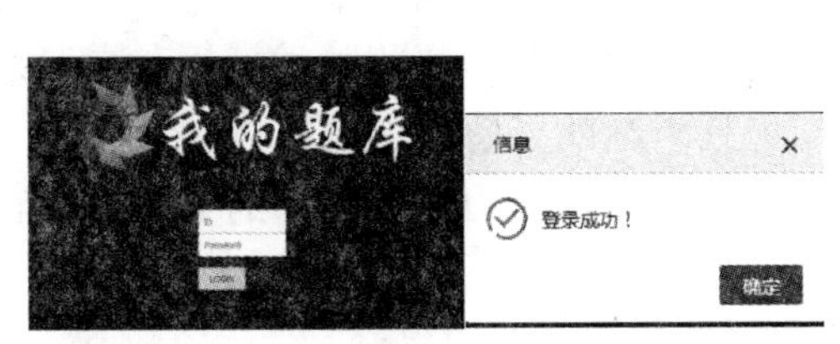

图 5.16　学生登录及登录成功提示界面

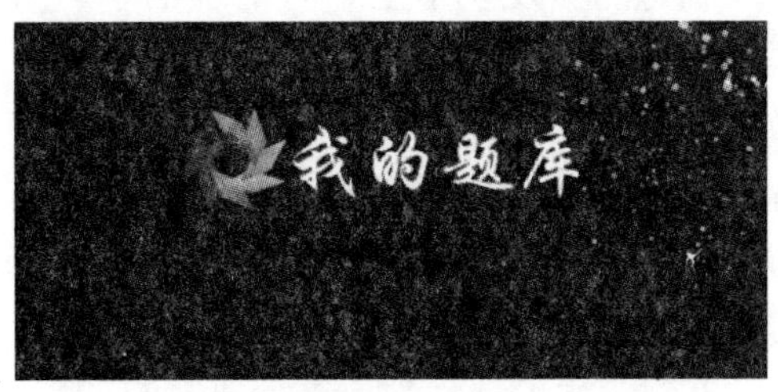

图 5.17　学生登录后的首页界面

第 6 章　基于 BP 神经网络的学习过程建模方法

考试成绩是衡量学生是否掌握课程知识的重要标准之一，而学生考试成绩又体现在学习过程中。如果学生在学习过程中获得合理的指导，对提高学生考试成绩有很大帮助。然而，每个学生的个性、习惯不同，他们都有自己的学习风格；如果学生能够获得与自身学习风格相匹配的指导，将有效提高学生的考试成绩。因此，本章以“计算机科学导论”课程的教学为例进行大量探索，希望找到一种能更好导引学生学习的方法，这种方法需要利用学生的学习过程信息，并结合学生各自的学习风格，对其学习过程进行指导[83]，以便更好地指导教学活动，提高教学质量。

6.1　国内外研究现状

学生的考试成绩反映了学生掌握课程内容的情况，传统情况下，我们是通过考试来判断学生掌握课程内容的情况。考试成绩与平时学习情况的曲线走势几乎是一致的，通过对平时学习情况的分析不仅可以研究学生学习的情况，还可以有针对性地对学生的学习进行监督和引导，从而达到教师教与学生学的理想目标。因此，对制定什么样的学习方法能够反映学生平时的学习情况进行研究，具有重要的意义。

传统情况下，老师是根据学生课上表现和功课完成情况了解学生的学习情况，然而了解的情况与真实情况往往有偏差，而当教师拿到学生的期中或期末考试成绩单时，再对学生进行监督和引导可能已经太晚。要想对所有学生学习情况有一个清晰的了解，并且对那些在学习上有所懈怠或存在其他问题的学生进行及时的监督和引导，采用“人工观察和记忆”的方法是很难做到全局性、及时性把控的，即便有教师做到了全局性和及时性的把控，所花费的精力也是巨大的，而且是低效的。

制定能够反映学生学习情况的学习方法，并根据考察这些学习方法的结果，经合理的方法处理后得到可以理解的结果，并展示给老师，老师通过该结果在下一阶段的教学中有针对性地对学生的学习进行监督和引导，进而达到理想的教学目标和学习目标。这不仅能使教师对学生的学习情况有个全局且清晰的了解，而且可以对学生的学习情况进行及时的监督和引导，同时减轻教师的教学工作压力，让教师的更多精力花费在课程教学上。

在对学生的课程学习进行研究的过程中，研究者发现学生学习风格对学生的学习行为在一定程度上起到决定作用。学习风格是个人学习特征的表现，如果学生使用了符合自身风格的学习策略，将会使学习变得更容易，也会提高学习效率和学习成绩[84]。学习风格是个人学习特点的反映，被许多研究者当作是影响教学过程的要素之一。如果教师了解学生的学习风格便能对学生有一个更加深入的了解，可以更有针对性地为学生提供指导，提高学生学习效率；而且，学生也可以依照自身情况调整学习方式[85]。

6.1.1　课程学习方法的研究现状

西方大学学习研究已经有将近 40 年的历史，其中对学习方法的研究是主要部分。Novermber 等将翻转课堂与同伴学习法相结合，在教学上取得了突出成果[86]。从空间维度上看，混合式学习通常是将小规模限制性在线课程（small private online course，SPOC）和传统课进行有机地组合，这便是通常所说的线上到线下模式，该模式受到了研究者的广泛认同[87]。Talbert 指出，学生应该在课前接受课程内容，而对知识的深化，应该安排在课堂之上[88]。刘健智等经过对 Robert Talbert 教学理论的研究，指出这种教学方法取得了良好的效果[89]。虽然上述的研究指出了学生学习的特点和新的学习方式，但是并没有给出具体的学习过程，而 Eric Mazur 虽然给出了具体的学习过程，但是通过看视频、文章或者使用已有的知识来思考问题取代老师课堂讲解，在我国还是很难普及的。

6.1.2　学习风格的研究现状

随着心理学和教育学两大学派不断地对人类学习过程认知规律进行深入研究，建构主义理论成为认知学习的理论重要分支在西方逐渐流行。从此，教育学家们开始重视对学习者的个别差异和学习者个体的研究，使其在学习过程中更好地发挥主观能动性。Witkin 曾把认知风格划分为场依存与场独立。Oxford 教授将学习风格分为五大类，每个类下都有不同的小类，这五类分别是感觉偏爱型、人格特质相关、信息加工方式相关、信息接受方式相关和思维方式相关；虽然 Oxford 的分类非常全面，但不利于对某种特定的分类进行研究。Hsieh 等[90]和 JCR Tseng 等在学习风格基础上开发了自适应系统。岳明将成人的学习风格划分成 7 种，并根据成人的学习风格为在线学习系统提供了功能设计[91]；但是他们只是对软件原型进行了建立并做了初步的系统界面设计。赵宏等分析了远程学习者的学习策略偏好，以此开发了具有学习风格测量功能和学习策略指导功能的系统[92]。在多研究中，Felder-Silverman 学习风格量模型[93]，被认为是最适合应用在自适应学习系统的。也有学者认为 Felder-Silverman 学习风格模型很适合当作测量个性特征的工具，适用于 E-Learning 系统。

6.1.3　学习效果评估方法的研究现状

学习效果是指学习者在完成所有要学的课程或者指定的培养方案之后，在知识和技能方面以及价值观上具备的能力。换句话说，学习效果评估就是对学习者达到这种学习目标的程度进行评价，使用评价结果来调整自身的学习活动。学习效果评估包括对学习者学习行为的调整，合适的评估技术和达到指定目标的标准[94]。

Goda 等提出让学生写出对自己的学习评价[95]。一些学者使用人工神经网络算法和相似性度量方法对学生的成绩进行了预测，取得很理想的预测结果[96-97]。虽然以上研究都取得了满意的结果，但是想要统计所有学生真实准确的自我评价和学习状态却不容易。

6.2　研究对象的来源及引出的问题

为更好地对教学过程建模，本章以“计算机科学导论”课程及选择该课程的学生为主要研究对象。根据我们拟定的学习过程，开发了计算机科学导论网站、相关的微信功能等，在 2015～2016 年度第 1 学期进行了尝试，并获得了相应数据。虽然这里以《计算机科学导论》课程的学习过程为例进行研究，但在模型的设计上，采用从特殊过渡到一般，利于以后扩充到其他课程。

6.2.1　计算机科学导论课程的教学过程

在对学习“计算机科学导论”课程的学生进行整个教学的过程中，教师和学生设计了如图 6.1 所示的教学过程。该过程具有如下三个特点：

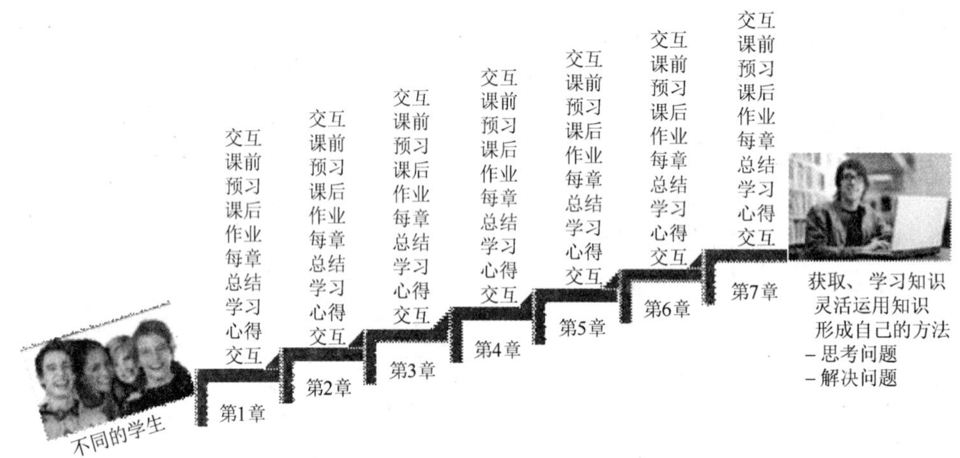

图 6.1　教学过程图

第一，该过程是面向大学一年级新生，因此，选择这门课程的学生都是本书的研究对象，每个学生有各自的特点，各不相同，且已掌握的关于计算机的知识参差不齐。

第二，计算机科学导论课程共包含 7 章内容，在学生学习该课程每一章内容的过程中，都要求学生严格完成课前预习、课后作业、每章总结、学习心得四个元素，并且，在完成这四个元素的过程中，老师都要设置学生完成每一个元素的起止时间，在每个元素之间都贯穿了师生之间的交互，方便老师及时了解学生学习情况和学生在学习过程中遇到的问题能够及时解决，同时也方便我们收集和获取学生的学习情况数据信息，达到以学习为中心对学生的学习进行导引的目的。

第三，学生在学习该课程的整个过程中，都有老师对每一个学生学习的监督和引导，使学生对知识的认知呈现逐渐提升的状态，最终达到获取知识、学习知识、灵活运用知识，并形成自己的一套思考问题、解决问题的方法的目的，在充分考虑学生实际学习能力，培养学生积极的学习态度的同时，因材施教。

6.2.2　计算机科学导论课程的教与学

教学活动是教师和学生有目的、有计划的活动。在“计算机科学导论”课程的教学过程中，教师以学生学习为中心，以引导学生学习为目的。同时，教师始终重点关注学生发现、分析和解决问题能力的提升，让学生能够掌握知识产生的过程，并在学习过程中体验到各种方法。下面分别从“计算机科学导论”课程的课前、课堂与课后来说明该课程的教与学。

1. 计算机科学导论在课前的教与学

学生在学习课程知识内容时，不仅可以通过看课本实现学生的“线下”学习，我们还将课本内容以网页形式展示给学生，实现学生的“线上”学习。学生只需拥有一个可以联网的终端和一个浏览器软件，便可以随时随地学习课程知识。图 6.2 分别是手机和平板上显示的课程目录。

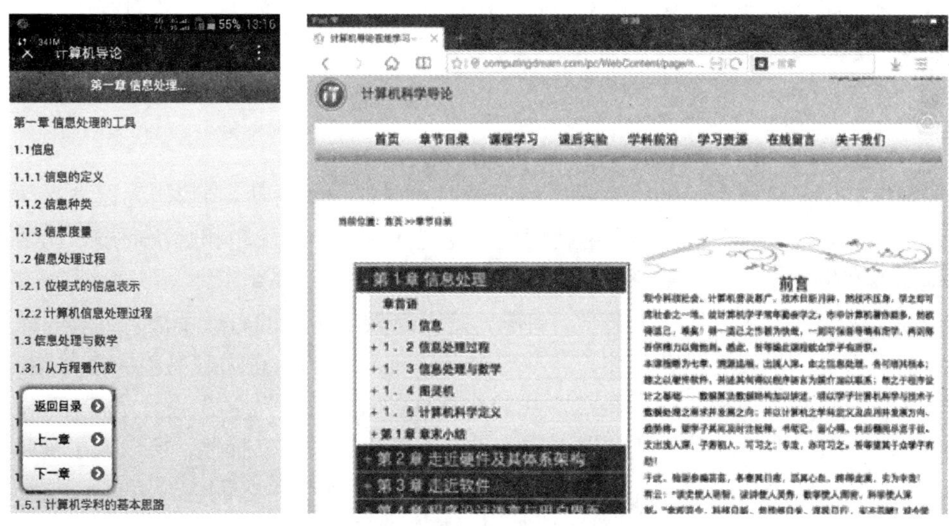

图 6.2　手机和平板上显示的课程目录

为了监督和引导学生的学习，同时确保学生课前预习工作的真实性，我们规定老师公布课前预习命令并设置提交课前预习的起止时间，学生要在指定的时间内完成预习任务，然后将预习学到的知识内容写在纸上，并拍照上传到计算机科学导论网站，否则成绩为零分。图 6.3 为学生身份的用户在手机端看到的网站菜单、预习上传和查看预习页面；学生在学习中碰到疑难点，可以通过网站提供的留言功能或其他途径告知老师。

图 6.3　学生用户手机端看到的菜单、上传预习和查看预习页面

无论什么样的教学方法，教学活动都是在教师和学生的交流互动中完成的，师生之间的交流互动是围绕问题展开的。因此，老师在评阅学生提交的文件时，汇总学生文件中存在的问题以及学生提出的问题，为下阶段课堂教学的课件及内容设计提供依据。

2. 计算机科学导论在课堂上的教与学

老师根据上一阶段汇总的学生提出的问题展开课堂教学活动。老师作为课堂活动的引导者、参与者与合作者，引导学生寻找问题、发现问题、分析问题和解决问题，让学生能够掌握知识产生的过程，并在学习过程中体验到各种方法。

提高学生学习兴趣，让学生愿学、肯学，是提高教学质量的有效手段。单调的课件或者全堂的语言文字描述容易让学生产生厌学情绪，而学生的注意力容易集中在色彩鲜艳、新颖、运动的事物上。根据这一特点，我们在课件的设计上，为学生设计了 PPT 和多媒体素材两种形式。在这两种形式的课件中，我们不仅添加了文字描述，还嵌入了视频、动画、音频和经过适当色彩渲染的文字图像等内容。为了使师生之间的交互能够在课堂上得以充分发挥，在播放 PPT 和多媒体课件时，如果遇到了重点和难点的知识内容，允许课件中间停顿、退出和循环播放，并且音频和视频等素材，设有开关按钮和音量自动调节控件。在课堂学习过程中，要求学生认真做好笔记，记住课堂讲解的重点内容，为下阶段的课后作业和每章总结提供参考。图 6.4 是我们制定的讲课课件内容的呈现形式，图 6.5 是供学生下载的课件等学习资源。

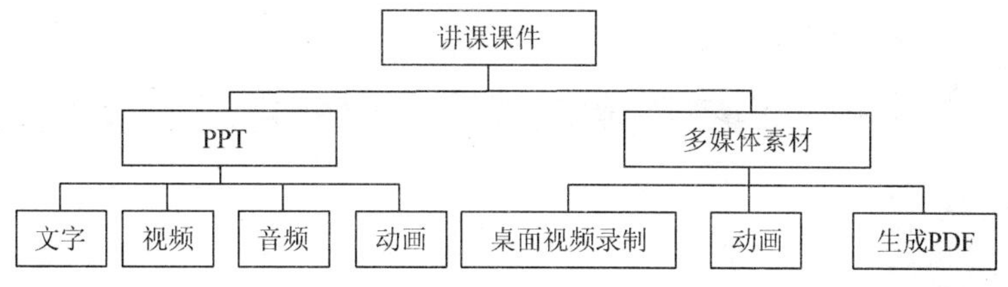

图 6.4　讲课课件内容的呈现形式

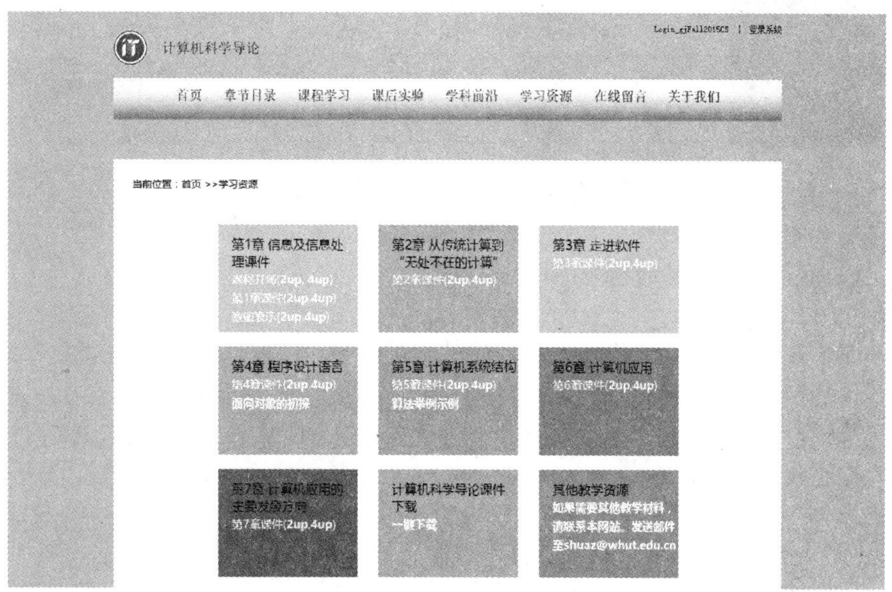

图 6.5　供学生下载的课件等学习资源

3. 计算机科学导论在课后的教与学

课后，老师将本章讲义及学习资料上传到计算机科学导论网站上供学生下载学习，同时还允许师生之间针对讲义或资料进行讨论交流，教师身份的用户看到的讲义功能页面如图 6.6 所示。为了让学生在课下能够及时梳理和巩固学到的内容，并掌握学生学习情况的数据，在计算机科学导论网站上，我们为学生提供了与课前预习具有相同功能的课后作业、每章总结和学习心得三个模块，从中获取学生的平时成绩并保存在数据库中。

学生对新知识和新内容的获取需要从课外学习中补给，为了丰富学生的课外知识，我们为学生提供了微信公众号服务，每天为学生推送有关本专业最新的科学前沿信息，使学生在课后能够拓宽眼界，增长知识，同时也可以逐渐培养学生的自学能力和阅读能力。

在学生的整个学习过程中，我们不仅在计算机科学导论网站上为学生提供了与老师交流探讨的入口，还为学生建立了 QQ 讨论组，使学生的疑问能够更快得到处理，从而实现以学习为中心，引导学生学习的目的。

图 6.6　教师身份的用户看到的讲义功能页面

6.2.3　获取的学习过程数据和引出的问题

在“计算机科学导论”课程一个学期的教学过程中，我们对学生学习的每一个元素的成绩和最终的期末考试成绩进行了收集、整理，并对这些成绩数据进行了分析。图 6.7 为收集学生学习过程数据的流程图，表 6.1 和表 6.2 分别是收集和整理的学生学习过程的成绩数据和期末考试成绩数据。

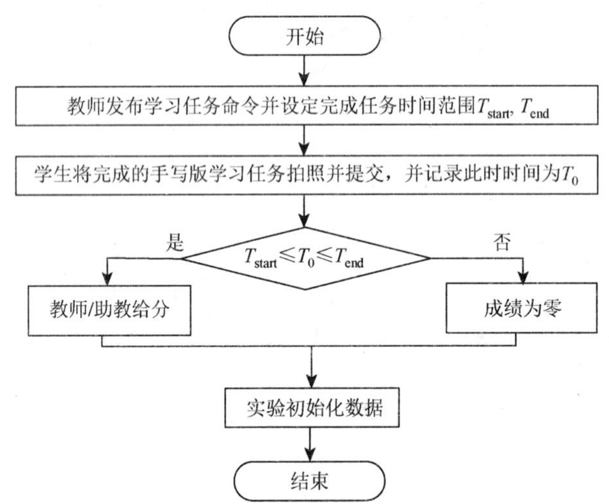

图 6.7　收集学生学习过程数据的流程图

表 6.1　学生学习过程的成绩数据

序号	章节	课前预习	课后作业	每章总结	学习心得
1	1	92	87	85	76
2	2	74	76	73	81
3	3	82	76	88	76

续表

序号	章节	课前预习	课后作业	每章总结	学习心得
4	4	85	77	84	76
5	5	94	89	96	77
6	6	87	88	79	75
7	7	83	85	82	79
8	1	82	87	76	77
9	2	96	90	92	94
10	3	96	85	79	87
11	4	86	97	98	91
12	5	96	84	83	88
13	6	85	84	87	93
14	7	82	87	76	77
⋮	⋮	⋮	⋮	⋮	⋮
1183	7	88	90	85	79

表 6.2　学生期末考试成绩数据

学生编号	1	2	3	4	5	6	7	8	…	169
期末成绩	87	75	79	90	83	92	68	83	…	81

在“计算机科学导论”的教学过程中和对获取到的成绩数据进行分析的过程中，我们发现以下三个问题。

第一，如果老师每次只看某学生一章中四个元素的成绩信息，其所了解的仅仅是该学生对本章知识内容掌握的情况，如果想要了解某学生从开始学习到现在的整体学习情况，就必须去分析获取到的所有已学章节的成绩数据。然而，对老师来说，这样做需要花费很大精力，而且效率很低，甚至分析的结果相对学生真实情况是有很大偏差的。所以，设计一种模型来分析某学生近一段时间的学习情况，然后将结果呈现给老师，为老师提供监督和引导学生学习的依据是很有意义的。

第二，如果直接根据当前阶段已经获取到的某学生所有的四个元素的成绩数据，去预测其在该阶段的考试成绩，这又是不严谨的。因为，考察的每一章中的知识点在试卷中占的比重是不同的，需要对这四个元素的成绩进行一定的处理才能更有效地进行预测。

第三，如果老师掌握了每个学生的学习风格特性，并在引导学生学习的过程中，根据学生的学习风格为其提供对应的学习内容和活动，而学生也可以获得与自己风格相对应的教学，这将会使教学工作变得更容易[98]。另外，在对学生成绩进行预测的过程中，加入学习风格后的数据对成绩预测的准确度更高，这将为学生成绩的预测提供很大帮助。

因此，下面我们对计算机科学导论课程的学习过程和存在的问题展开进一步的研究。

6.3 学习过程建模要素的确定

学生平时学习的情况直接影响学生的考试成绩，因此，对学生的学习过程进行划分，并对划分的学习过程要素进行考察、处理和分析，为下一阶段老师对学生的学习进行监督和引导提供理论依据，进而提高教学质量，具有重要的意义。

学生学习风格的差异对学生的学习行为起到一定的影响作用。研究并划分学生的学习风格特性，获取并分析学生的学习风格数据，同时，在教学过程中，老师为学生提供符合学生学习风格的学习资源，使学生能够选择与自身风格相匹配的学习方法，对提高教学质量和学习效率具有重要意义。本节根据具体的教学实践，确定学习过程建模的要素，这些建模要素的确定方法也可以用于其他课程。

6.3.1 学习过程的划分

1. 学习过程的定义

学习过程就是学习活动需要进行的一系列规则与流程，它规定了学习这个流程中的学习活动以及各个活动发生的时间次序和逻辑关系。

形象地说，就是将教学流程中的所有的学习活动按照时间的逻辑顺序连接，形成一个有向的过程，这个有向的过程就是一个学习过程。学习过程的执行过程实际上就是学习活动的开展过程。

2. 本书对学习过程元素的划分

学生的学习是有规律可循的，并且学习过程与学习效果的曲线走势几乎是一致的，同时，不同的学习效果又会影响学习过程。本书对学习过程进行了划分，包括课前预习、课后作业、每章总结、学习心得，在本书中分别用字母 Pre_i，Hom_i，Sum_i，Exp_i 表示，其中 i 表示课程的第 i 个单元。本书对学习过程元素的定义和元素的作用描述如下。

定义 1：课前预习是学生在课前进行的自主学习并提出问题的活动，该活动对学生课堂的学习起促进作用。在教学中，教师会给出评价，其中，是否能提出有效问题是评价的一个重要指标。

课前预习是学生学习最先要完成的环节，直接服务于学生的课堂学习，可以充分地培养学生的自学能力[99]。学生除了要听从教师的指导之外，更要承担起自主学习的责任，从而在学习中充分掌握主动权和自主权。老师在批改学生的课前预习时，重点关注学生提出的问题是否有深度，是否积极完成课前预习以及是否以认真的态度完成课前预习。

定义 2：课后作业指在学习结束后由学生按知识点设计不同类型考试题，并标记难点、重点，给出参考答案。

课后作业不仅是学习过程中不可或缺的一部分，而且是课堂教学的延伸和补充[101]。课后作业不仅能反映一节课的教学效果和教师是否达到了预期的教学目标，更重要的是通过该环节能够很好地反映学生是否真正地领悟了老师教授的知识。教师对课后作业的评语可以适时地鼓励和指出学生的不足，提高学生学习欲望和兴趣。此外，我们要求学生以考试题目的形式自己出题，这样能够进一步反映学生是否真正掌握、消化和吸收了课堂教学内容，加深学生对知识的运用能力，还能让学生逐渐了解考试命题人的出题策略，从而学会考前复习方法，提高考试成绩。

定义 3：每章总结是指学完一章内容后，学生对该章进行的总结，总结需要涵盖该章的所有知识点，标记重点内容及其前驱和后继知识点，并给出自己判定的知识点难易程度。

学生所学的知识内容在脑海里保存的时间会根据不同人的差异有不同的长度，但总归是暂存的记忆。如果暂存的记忆能够变长，就能提高我们下一步的学习效率。让学生做每章总结，可以使学生不断的回忆和思考，让记忆更加牢固，还可以回顾所学内容。

让学生做每章总结还有诸多益处，如可以提高学生的归纳总结能力，使学生对课程内容有全局的了解，构建知识体系，利于学生的理解与记忆；有助于学生在回顾所学内容的过程中提炼出知识的精华部分，总结出有规律的东西，提高解题能力，发展思维；有助于学生深化、简化和系统化所学的内容，并把知识转化为能力[100]；有助于学生扫除盲点，对重点知识进行再认识和再记忆。学生标记知识点的难易程度及其前驱和后继知识点将更有助于学生将来的复习，以及了解知识的前因后果或由来和发展。

定义 4：学习心得是指每章学习结束后学生对本段时间的学习情况、学习内容以及所学知识与实践结合后的反思与感受。

学习心得记载了学生参与学习活动后的思考、认识和经验教训，有助于促进学生养成良好的学习习惯；学生通过对知识的概念、结构、方法及原理进行系统的分类、概括、总结、推广和延伸，形成课程内容学习的经验和意识，有助于提高学生所学知识的理解及自身的思维能力。

6.3.2　学习风格模型的确定

不同学习者的学习风格不同[102]，选择一个测量准确并且可操作性强的学习风格模型，对掌握学习者的学习风格特点很重要。具有代表性的学习风格有 Dunn、Kolb 和 Felder-Silverman 的学习风格模型等[103]。

1. 常用的学习风格的划分

自学习风格这一概念被提出以来，几十种模型被相继提出，然而，研究者们研究的这些学习风格理论基本上都可以归类到 Curry[104]提出的“洋葱模型”中。“洋葱模型”把构成学习风格的要素划分成最外层、中间层和里面层三个层次。现根据三层的划分对具有代表性的学习风格理论做简要分析。

1）处于最外层的 Dunn 学习风格的划分

Dunn 学习风格将重点放在影响学习者学习活动的刺激因素上。这些因素包括学习者的心理因素、情绪因素、生理因素、学习环境和社会环境。Dunn 学习风格理论从这五大维度出发，将学习风格划分为 21 种要素。具体划分如图 6.8 所示。

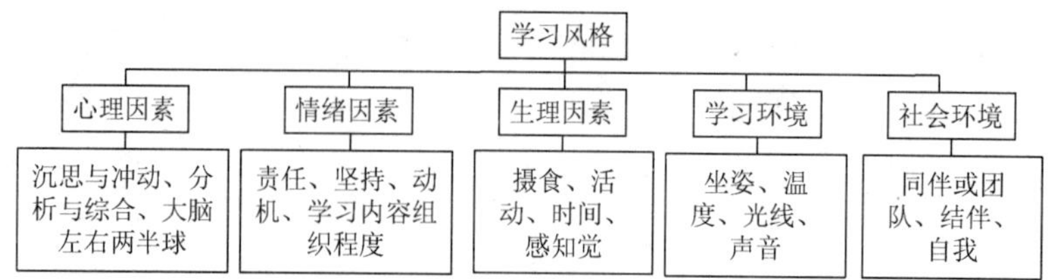

图 6.8　Dunn 学习风格的划分

2）处于中间层的 Kolb 学习风格的划分

Kolb 学习风格理论是许多处于中间层的学习风格理论中比较典型的一个，该理论关注的是学习者学习过程的周期[105-106]。他认为所有的学习过程都会包括四个相互关联的环节，而不同的学习者在不同环节的偏爱程度也不同。若 Kolb 的学习风格用 K_i 表示，那么这四个环节可以用如下数组表示，并且 K_1 与 K_2 对应，K_3 与 K_4 对应，如公式（6.1）所示。Kolb 划分的这四类学习风格分别是倾向于聚合型的积极主动实践和抽象概括、倾向于同化型的沉思观察和抽象概括、倾向于发散型的沉思观察和具体体验以及倾向于调节型的积极主动实践和具体体验，如图 6.9 所示[96]。

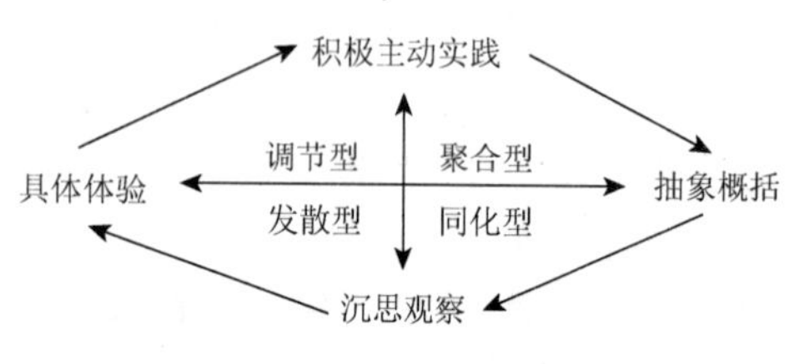

图 6.9　Kolb 学习风格的划分

$$K_i = \{沉思观察，积极主动实践，抽象概括，具体体验\} \quad (i = 1, 2, 3, 4) \qquad (6.1)$$

3）处于最里层的 Felder-Silverman 学习风格的划分

Felder-Silverman 学习风格重点关注的是信息加工和认知风格。1998 年，来自北卡罗莱纳州立大学和丹佛大学的 Felder 和 Silverman 提出了 Felder-Silverman 学习风格理论。Felder 和 Silverman 根据前人对学习风格模型理论的研究，从信息的处理（processing）、感知（perception）、输入（input）和理解（understanding）四个方面将其进行了划分。Felder-Silverman 学习风格的具体划分、学习风格模型的学习趋向和偏好如图表 6.3 所示[107]。

表 6.3　Felder-Silverman 学习风格模型的学习趋向和偏好

学习风格维度	学习风格	学习趋向和偏好特征
感知维度	感悟型	趋向具体和实际，面向事实和过程，常重复同一种方法
	直觉型	趋向概念与创新，面向理论和意义
输入维度	视觉型	趋向视觉表示，如图片、图标、流程图等多媒体形式
	言语型	趋向书面和口语解释，书写学习心得，通过解释加深理解
处理维度	活跃型	趋向边做边学，写作学习，通过活动，讨论交流
	沉思型	趋向独立思考，自主学习，思考一段进行总结
理解维度	综合型	趋向宏观蓝图，跳跃式学习，把握整体概念
	序列型	趋向明细步骤，渐进式学习，有顺序按逻辑进行

由于 Dunn 学习风格模型涉及的因素是不太稳定的，容易受到影响，而且 Dunn 学习

风格模型和 Kolb 学习风格模型都不容易被观察。而杨娟等在 Felder-Silverman 学习风格模型的基础上开发的所罗门学习风格量表，能够较准确地对学习者的学习风格进行测量[108]。相比于其他两种学习风格模型，Felder-Silverman 学习风格模型结合 Soloman 学习风格量表操作简单，对数据的收集很方便。此外，该模型也被众多学者认为更适合于信息教育，并且在教育领域也被广泛使用[109]，尤其是在自适应学习系统[110]。

2. Felder-Silverman 的学习风格模型理论

为了接下来方便统计和表示学生的学习风格信息，根据 Felder-Silverman 学习风格模型理论，在本章中，学习风格 LS 的八种类型可用下面的集合表示：

LS＝{感悟型，直觉型，视觉型，言语型，活跃型，沉思型，综合型，序列型}

为了方便后面的表示，可将八种类型分别用英文字母表示，如公式（6.2）所示。

$$LS = \{sen, int, vis, ver, act, ref, glo, seq\} \tag{6.2}$$

该 Felder-Silverman 学习风格的 4 个类型用 T_i 表示，如公式（6.3）所示，其中 $i\in[1, 4]$；学习风格趋向程度的模糊取值用 e_i 表示，其中 $e_i\in[0, 1]$。则可以将学生的学习风格用一个四元组进行表示。在本书中用 LS 来表示某学生的学习风格，则某学生的学习风格如公式（6.4）所示。

$$T_i \in \{<sen|int>, <vis|ver>, <act|ref>, <glo|seq>\}, \quad i \in [1, 4] \tag{6.3}$$

$$LS = [(T_1, e_1), (T_2, e_2), (T_3, e_3), (T_4, e_4)], \quad e_i \in [0, 1] \tag{6.4}$$

综上所述，本书的学习风格模型结构可如图 6.10 所示。

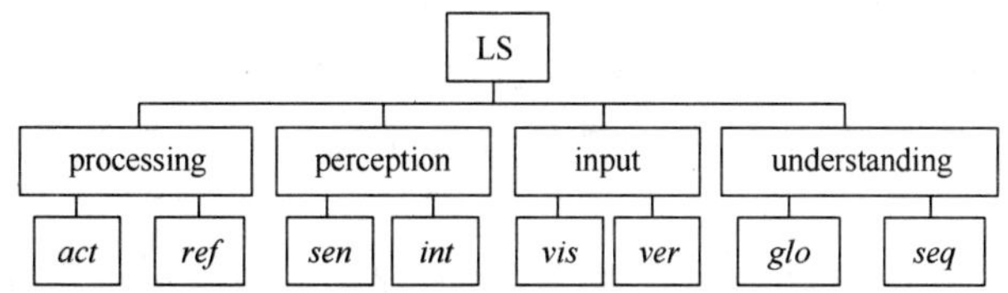

图 6.10　本书使用的学习风格模型结构图

6.3.3　学习过程建模中的要素

如果学生在学习中，采用适合自己学习风格的学习策略，则会使学习更容易，进而提高学习成绩。所以，在对学习过程建模的过程中，我们加入了学习风格特性。

本书的学习过程模型主要包含学习过程和学习风格两大要素，图 6.11 所示的学习过程模型的具体含义如下：

①本书面向的是具有不同学习风格的学生。

②不同的课程可能具有不同的章节，为了方便将模型扩充到其他课程，我们假设某课程 C 有 $Unit_n$ 个单元，如公式（6.5）所示：

$$C = \{Unit_1, Unit_2, \cdots, Unit_i, \cdots, Unit_n\}, \quad i = 1, 2, \cdots, n \tag{6.5}$$

其中 n 表示第 n 单元。课程教学为学生每章的学习过程都设有课前预习、每章总结、课后作业和学习心得四个要素，如公式（6.6）所示：

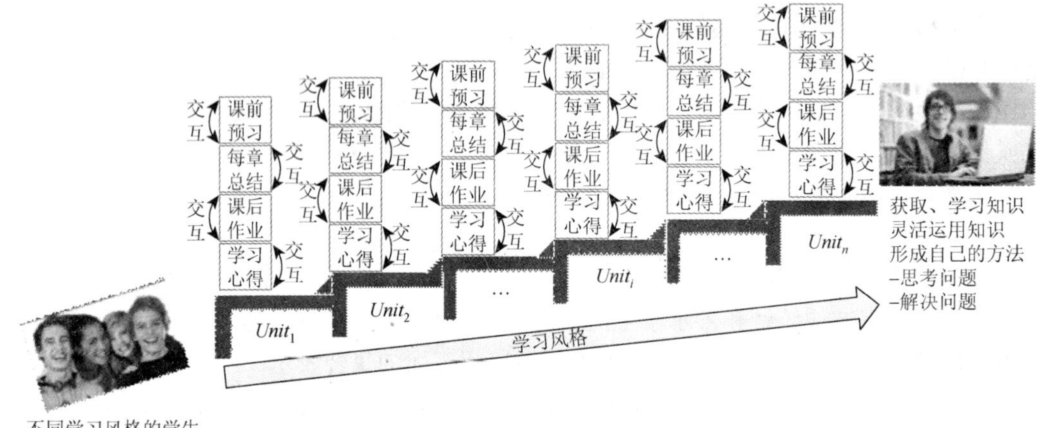

图 6.11　本书建立的学习过程模型

$$Unit_i = [Pre_i, Sum_i, Hom_i, Exp_i],\quad 0 < i \leqslant n \tag{6.6}$$

同时，在每个要素中都加入了师生之间的交互环节，以便能及时发现和解决学生学习过程中存在的问题。

③学生的学习风格贯穿于课程的整个教学过程中。老师对学生的指导是在掌握学生学习风格特性的基础上进行的，并为其提供对应的学习内容和活动，使学生在知识的学习上呈现逐渐提升的状态，最终达到获取知识、学习知识、灵活运用知识，并形成自己的一套思考问题、解决问题的方法。

由此，我们就可以通过一种算法，利用以上划分的学习过程和学习风格及获取的对应数据，对学生的考试成绩进行预测。老师根据预测得到的学生考试成绩，结合学生的学习风格特性，对学生的学习进行有针对性的监督和引导。

6.4　学习过程模型及 BP 学习过程建模方法

BP 神经网络算法能够很好地解决本书要实现的学生考试成绩的预测，所以我们将 BP 神经网络算法用于实现学习过程模型的成绩预测。

6.4.1　学习过程模型的建立

1. 学习过程建模的原则

传统的教学由于过于强调课程内容的接受和掌握，学生只是被动地接收或通过死记硬背来获取知识。这不仅不利于打开学生思路，而且还抑制了学生学习的兴趣。为了促进学生的学习，提高教学水平和学生成绩，必须让学生的学习由被动变主动，让学生愿意学习、乐意学习。因此，建立模型需要符合如下原则。

①充分发挥教师在教学过程中的主导作用。教师应当以指引者、参与者和配合者的身份存在。同时，教师应该让学生自主学习，提升学生的自学能力和发现并解决问题的能力，老师应该充当领路人的角色去激励、监督和引导学生的学习。

②让学生成为学习的主人。当今主流的学习方式是自主、探究和合作的学习方式，这也是目前学习研究的主体。兴趣是最好的老师，教育的效果也受学生的学习兴趣的影响。教师应该树立学生愿学、爱学和乐学的意识，使学生的学习由被动状态变为主动状态，逐渐培养并形成积极主动的学习态度。

总之，我们需要加强学生对学习的自律性与自主性，教师监督和指导学生在课前做好课程预习，让学生主动去探索知识和发现问题。学生在课堂上抓住主要内容和知识重点，课下进行知识的梳理和总结。学生通过总结、作业和心得对知识进行梳理、巩固和自我评估，找出其中存在的问题并有针对性地进行改进，这样才能提高学习质量与学习效率。

2. 学习过程模型

图 6.12 是课程的学习过程模型示意，分为 BP 神经网络的学习过程模型和监督引导模块两部分内容；其中 $i = 1, 2, \cdots, n$，表示学习单元。

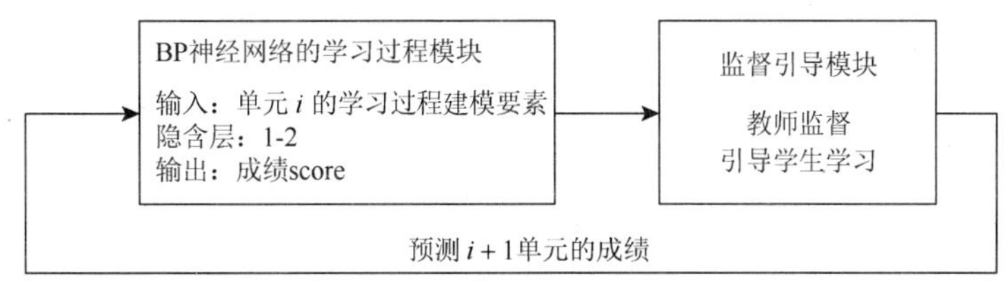

图 6.12　课程的学习过程模型示意图

1）BP 神经网络的学习过程模块

该模块的结构包含三部分，分别是输入层、隐含层和输出层。

输入层节点是第 i 单元的学习过程建模要素。当输入节点为课前预习、每章总结、课后作业和学习心得时，即输入节点为（Pre_i，Sum_i，Hom_i，Exp_i），该模块称为 LpM 模型；当输入节点为学习风格数据以及课前预习、每章总结、课后作业、学习心得的成绩时，即输入节点为（$<sen|int>$, $<vis|ver>$, $<act|ref>$, $<glo|seq>$, Pre_i, Sum_i, Hom_i, Exp_i），该模块称为 Lp-LsM 模型。

隐含层可以包含 1 层，即单隐含层；也可以包含 2 个，即双隐含层。

输出层为第 i 单元考试成绩。

同时，该模块定义了学习过程模型的数据模式（＜输入数据＞，＜输出数据＞）。当模型选择不同的建模方法时，建模方法可以不同，但数据模式必须相同。

2）监督引导模块

该模块将上一模块预测得到的学生考试成绩呈现给老师和对应的学生，然后老师根据该预测结果对学生下一单元的学习进行监督和引导。学生也可以根据成绩的反馈，合理调整自己的课程学习。此模块现在是由老师人工完成。

第 i 单元的数据输入后，根据 BP 神经网络学习过程模型输出成绩。上述模块依次完成后，由于此时模型又收集了一个单元的数据，所以，模型进入新一阶段的成绩预测，直到学完所有单元为止。当所有 n 个单元的神经网络模型建立完成后，老师可以根据模型预测的成绩对学生进行更有针对性的导引。

该模型是一个通用的模型，也适用于其他课程的教学，只要获取了学生前单元的学习过程的成绩和第 i 单元考试成绩以及每个单元在试卷中占的比重，就可以对 BP 神经网络进行建模，并最终将模型应用于教学工作中。

6.4.2 确定 BP 神经网络的学习过程模型参数的方法

BP 神经网络是一种反向传播的神经网络，不仅可以用于解决线性函数问题，还可以用于解决非线性函数问题。神经网络各层之间的权重通过误差反传函数计算得到，然后模型经过学习并掌握输入、输出间的映射关系后，便可以根据给定的输入对输出作出预测[110]。

1. 学习过程建模的神经网络结构的确定方法

1）输入层和输出层节点数量的确定方法

确定网络结构的依据是我们获取的数据和想要实现的功能，要确定通过哪些因素来得到我们的期望，即确定网络的输入和输出[111]。由于我们想要通过学生的学习过程的成绩，或者是该学习过程的成绩与对应学生的学习风格数据的组合来预测学生的考试成绩，BP 神经网络的输入层为学生的学习过程四个元素的成绩或该四个元素的成绩与对应学生的学习风格数据的组合，而输出层为学生的考试成绩。

2）隐含层层数的确定方法

Ntcht-Nielsen 曾证明，当网络中的节点有不同的阀值时，可以用一个隐含层逼近所有在闭区间上连续的函数[112]。从这一层面上讲，一个单隐含层的神经网络便可以完成 i 到 j 维的映射。虽然如此，但需要考虑的是，并非单隐含层的神经网络就是最好的。有相关文献证明，在某种情况下，多隐含层的神经网络在更少网络节点情况下比单隐含层效果更好。所以，在研究中具体使用单隐含层还是多隐含层的网络结构，还需要通过具体实验来证明。由于我们的数据量较少，本书中我们首先使用一个隐含层进行实验，如果不能得到理想的结果，再考虑使用多隐含层的网络结构。

3）神经网络隐含层节点数量的确定方法

隐含层节点个数很难确定，目前为止还没有一个较好的算法可以精确地确定其个数。如果隐含层节点个数过少，BP 神经网络将很难正确反映复杂的输入和输出之间的规律，导致误差很大。但是如果节点个数设置过多，会增加网络复杂程度，使学习时间变长，甚至“过拟合”。很多时候依靠研究者的经验加上反复实验来找出确定隐含层节点的个数。人们通常使用“试凑法”来确定合适的隐含层节点的个数。经过人们的不断研究尝试，总结了一些可供参考的经验公式，在实验中，先通过公式算出一个大致范围，然后通过试凑法找到合适的隐含层神经元数目。常用的经验[113-115]如公式（6.7）～公式（6.9）所示。

$$m = \sqrt{nl} \tag{6.7}$$

$$m = \log_2 n \tag{6.8}$$

$$m = \sqrt{n+l} + a \tag{6.9}$$

其中，n, l, m 分别为输入、输出以及隐含层节点个数，a 为[1, 10]的常量。再结合实验，在实验中保持其他参数和样本不变，只改变隐含层节点数，进而选择最佳的隐含层节点数。

2. 神经网络参数的确定方法

在使用 MATLAB 建立神经网络的过程中，需要确定神经网络的参数。因为合适的参数，能够提高网络的训练性能，并且减少预测误差。由于神经网络的训练参数很多，我们仅对常用的参数进行说明。表 6.4 是训练速率、初始权值、允许误差、迭代次数、训练函数的确定方法。

表 6.4　神经网络常用参数的确定方法

参数	确定方法
训练速率	大的训练速率会使权重变化加快，进而加快网络的收敛速度。对训练速率的确定，原则上是越大越好，但是前提是不导致网络震荡
初始权值	权值一般由经验确定，但一般不将一组值设为完全相等
允许误差	误差设置通常是[0.001，0.000001]。在对神经网络进行训练过程中，当误差达到设定值时，训练结束，并给出运算结果
迭代次数	由于神经网络不能保证最终一定收敛，设定该参数的目的是在网络迭代次数达到该值时，停止训练。默认值为 10
训练函数	常用的训练函数有梯度下降法（traingd），自适应 lr 动量梯度下降法（traindx），Levenberg-Marquardt（trainlm），有动量的梯度下降法（traingdm）等，这些训练参数一般根据实际情况和训练结果，再通过试凑法进行确定

6.4.3　LpM 模型的建立

1. 输入层数据的处理方法

根据第 2 章介绍的获取学习过程数据的流程和方法，我们可以获取学生的学习过程数据。为了实现课程每个单元学完之后，都能对学生的考试成绩做预测，必须将学习过程数据进行一定处理才能作为模型的输入。同时，为了让模型在其他课程的教学过程中也能使用，还应考虑模型的可扩展性。学习过程数据的具体处理步骤如下。

第一，根据第 3 章中划分的学习过程，假设某学生已经学到第 n 单元，则此时我们获取到的该学生的学习过程的成绩矩阵为 $\boldsymbol{S}_n$，如公式（6.10）所示；其中，n 表示第 n 单元，Pre_j，Hom_j，Sum_j，Exp_j 分别表示该学生在第 j 单元的课前预习、课后作业、每章总结和学习心得的成绩。

$$\boldsymbol{S}_n=\begin{bmatrix} Pre_1 & Pre_2 & \cdots & Pre_j & \cdots & Pre_n \\ Hom_1 & Hom_2 & \cdots & Hom_j & \cdots & Hom_n \\ Sum_1 & Sum_2 & \cdots & Sum_j & \cdots & Sum_n \\ Exp_1 & Exp_2 & \cdots & Exp_j & \cdots & Exp_n \end{bmatrix} \quad (1 \leqslant j \leqslant n) \tag{6.10}$$

第二，为了达到模型可扩展性的目的，我们要求老师在模型中输入每章在考试试卷中所占的比重，得到考试试卷中每单元内容所占的比重矩阵 $\boldsymbol{W}$ 如公式（6.11）所示。

$$\boldsymbol{W}=[\omega_1, \omega_2, \cdots, \omega_j, \cdots, \omega_n]^{\mathrm{T}} \quad (1 \leqslant j \leqslant n) \tag{6.11}$$

其中，ω_j 表示第 j 单元在试卷中所占的比重，默认为零分，且 ω_j 满足公式（6.12）的条件。

$$\sum_{j=1}^{n}\omega_j = 1 \tag{6.12}$$

第三，设某学生平时成绩加权后的成绩 $\boldsymbol{S} = [Pre, Hom, Sum, Exp]^{\mathrm{T}}$，其中 Pre，Hom，Sum，Exp 分别表示加权后得到的课前预习、课后作业、每章总结、学习心得的成绩，则根据公式（6.10）和式（6.11），我们可以得到公式（6.13）。

$$\boldsymbol{S} = \boldsymbol{S}_n\boldsymbol{W} = \begin{bmatrix} Pre_1 & Pre_2 & \cdots & Pre_j & \cdots & Pre_n \\ Hom_1 & Hom_2 & \cdots & Hom_j & \cdots & Hom_n \\ Sum_1 & Sum_2 & \cdots & Sum_j & \cdots & Sum_n \\ Exp_1 & Exp_2 & \cdots & Exp_j & \cdots & Exp_n \end{bmatrix} \begin{bmatrix} \omega_1 \\ \omega_2 \\ \vdots \\ \omega_j \\ \vdots \\ \omega_n \end{bmatrix} = \begin{bmatrix} Pre \\ Hom \\ Sum \\ Exp \end{bmatrix} \tag{6.13}$$

经预处理后的成绩 $\boldsymbol{S}$ 与前 n 个单元知识点的考试成绩一一对应，可分别作为 BP 神经网络模型的输入和输出进行训练。

2. 单隐含层神经网络下 LpM1 模型实验结果

本书使用单隐含层对样本数据进行训练：输入节点 4 个（Pre，Hom，Sum，Exp），隐含节点 22 个，输出节点 1 个：$score$。我们对 LpM1 模型的样本数据进行了大量的重复试验和对隐含层节点数、传递函数以及训练函数等参数的调整，最后从中选出了一组相对较好的结果。实验过程中，网络经过 51s 达到收敛，图 6.13 是 LpM1 模型的 MSE 图。从图中可以看出，在 624 次迭代后 MSE 达到了 10^{-6}。

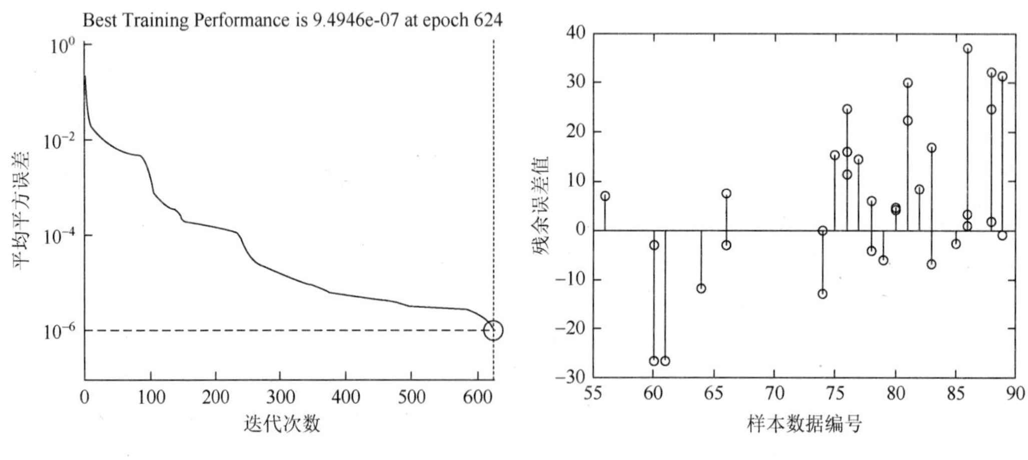

图 6.13　LpM1 模型的 MSE 曲线图　　　图 6.14　LpM1 模型残差图

我们假设预测值与实际值之差在[−10，10]时，预测结果是正确的。LpM1 模型预测的残差结果如图 6.14 所示，纵坐标表示残差值，横坐标表示样本数据的编号。图 6.14 显示，预测得到的结果并不理想。因为，根据误差范围在[−10，10]计算，此时预测结果的正确率只有 51.52%。表 6.5 表示隐含层节点个数分别为 20，21，22，23，24 时，预测结果的正确率。

表 6.5　LpM1 模型预测的正确率

模型	输入层节点数	隐含层节点数	测试数据量	正确率/%
LpM1	4	20	33	39.39
	4	21	33	45.45
	4	22	33	51.52
	4	23	33	39.39
	4	24	33	39.39

根据上述结果，使用单隐含层的 BP 神经网络最终得到的结果并不理想，所以我们选择使用双隐含层 BP 神经网络进行训练和预测。

3. *双隐含层神经网络下 LpM2 模型的建立*

BP 神经网络分为三层[116]，其隐含层可以是单隐含层和多隐含层。多隐含层的泛化能力相对于单隐含层要强一些，预测的准确性相对高一些，然而所需的数据处理时间可能也就相对长一些[117]。BP 神经网络结构的复杂程度取决于隐含层的层数和隐含层节点的个数。如果在预设的误差区间内，网络结构的复杂程度相对简单，网络训练相较于其他结构更快的话，则说明该结构相对较好。

LpM2 模型包含三部分，分别是输入层、隐含层和输出层。输入层节点分别是经加权处理后的课前预习、每章总结、课后作业和学习心得的成绩。隐含层包含两层，根据获取到的数据和 6.4.2 节中介绍的神经网络结构的确定方法，并经过大量的实验，我们最终确定第一层和第二层隐含层节点个数在 18 和 5 的时候，BP 神经网络达到相对最佳性能。输出层为学生考试成绩。

6.4.4　Lp-LsM 模型的建立

1. *输入层数据的处理方法*

Lp-LsM 模型是考虑学生的学习风格特性后建立的模型，除了要对学习过程数据进行处理外，还要对学习风格数据进行处理。根据前面提到的 Soloman 学习风格量表，我们可以较好地获取并测量学生学习风格。Soloman 学习风格量表总共设计 44 个题目[118]，而且每个题目的设计都是针对不同学习风格维度的学习者。学习风格量表共划分为 4 个维度 11 个问题，每一个问题设计两个答案。基于 Soloman 量化表很强的可操作性，我们根据本书的需要提出了使用基于 Soloman 量化表的学习风格生成方法。获取和预处理学生的学习风格数据的步骤如下。

第一步，打印 Soloman 学习风格量表题目和答题卡，让学生严格根据要求填写属于自己的真实答案，最后将学生的答案收集起来对学生的学习风格进行统计。

第二步，根据获取到的表格数据，按列计算出选项的总数，并用 α 表示，按照|a 的个数–b 的个数| + 较大数字母的原则，计算出 4 个维度上的分值，并用公式（6.14）和（6.15）表示。

$$\alpha = 2k-1 \qquad (i = 1, 2, 3, 4, 5, 6) \tag{6.14}$$

$$h_i = \alpha\mu \qquad (i = 1, 2, 3, 4) \tag{6.15}$$

其中，h_i 表示学习风格维度 i 上的值，$\mu = a$ 或 $\mu = b$。

下面以某学生的学习风格数据为例进行说明，表 6.6 是获取的该学生的学习风格数据。

表 6.6　获取的某学生的学习风格示例

活跃型	沉思型			感悟型	直觉型			视觉型	言语型			综合型	序列型		
问题	a	b	问题	a	b	问题	a	b	问题	a	b
1	√		2	√		3	√		4		√
5		√	6	√		7	√		8	√	
9	√		10	√		11	√		12	√	
13	√		14	√		15	√		16		√
17	√		18	√		19		√	20		√
21		√	22	√		23	√		24		√
25	√		26		√	27	√		28		√
29	√		30	√		31	√		32		√
33	√		34		√	35	√		36	√	
37	√		38	√		39	√		40	√	
41		√	42		√	43	√		44		√
总计	8	3	总计	8	3	总计	10	1	总计	4	7
	5a			5a			9a			3b	

根据该表显示的学习风格数据，我们得到

$$h_1 = 5\mathrm{a}，h_2 = 9\mathrm{a}，h_3 = 5\mathrm{a}，h_4 = 3\mathrm{b} \tag{6.16}$$

当 h_i 的值变量前的系数较大时，说明该风格趋向程度较强，否则较弱。

第三步，当 $\alpha \in \{1, 3\}$时，表示趋向该学习风格程度较弱；当 $\alpha \in \{5, 7\}$时，表示趋向该学习风格程度一般；当 $\alpha \in \{9, 11\}$时，表示趋向该学习风格程度较强。因此，我们得到学习风格的模糊取值如公式（6.17）所示。

$$e_i \begin{cases} \alpha_1 \in \{1,3\} \\ \alpha_2 \in \{5,7\} \\ \alpha_3 \in \{9,11\} \end{cases} \tag{6.17}$$

第四步，为了能够更清楚地表示学生学习风格的趋向程度，也为了方便计算和推理，我们分别用 0.3，0.6 和 0.9 来表示学生学习风格趋向程度较弱、一般和较强，将学习风格的趋向程度量化到[0.3, 0.9]。则此时表 6.6 中所示的该学生的学习风格 LS 的计算过程如下。

根据式（6.15）～式（6.17）和前面的描述，此时可令系数如公式（6.18）所示：

$$\alpha_1 = 0.3,\quad \alpha_2 = 0.6,\quad \alpha_3 = 0.9 \tag{6.18}$$

即

$$e_1 = 0.6,\quad e_2 = 0.9,\quad e_3 = 0.6,\quad e_4 = 0.3 \tag{6.19}$$

由公式（6.4）可得该学生的学习风格为 LS = [(act, 0.6), (vis, 0.9), (sen, 0.6), (seq, 0.3)]，结果说明，该学生的 vis（视觉型）风格趋向较强，act（活跃型）和 sen（感悟型）趋向程度一般，而 seq（序列型）风格趋向较弱。

2. 单隐含层神经网络下 Lp-LsM1 模型实验结果

Lp-LsM1 模型的输入为经加权处理后的学习过程中的四个要素和经处理后的学生的学习风格要素，分别是 *act*|*ref*、*sen*|*int*、*vis*|*ver*、*seq*|*glo*、*Pre*、*Sum*、*Hom* 和 *Exp*，共 8 个要素；隐含层层数为 1；输出为 score，如图 6.15 所示。本书首先通过实验确定隐含层节点数。表 6.7 是隐含层节点数分别为 21，22，23，24，25 时，预测结果的正确率。

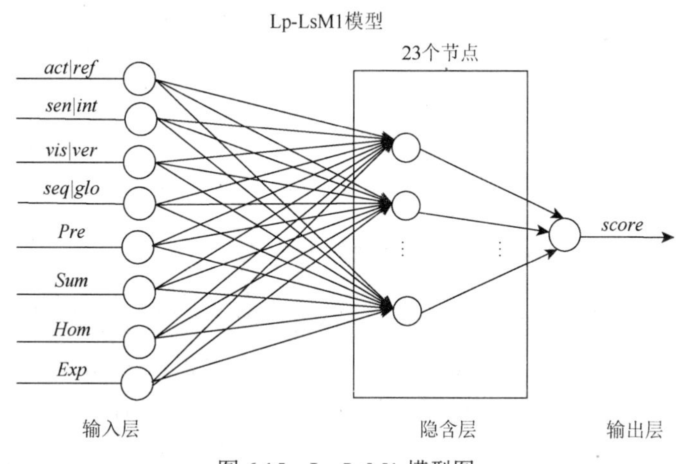

图 6.15　Lp-LsM1 模型图

表 6.7　Lp-LsM1 模型预测的正确率

模型	输入层节点数	隐含层节点数	测试数据量	正确率/%
Lp-LsM1	8	21	33	不收敛
	8	22	33	51.52
	8	23	33	60.61
	8	24	33	57.58
	8	25	33	54.55

在使用单隐含层的 BP 神经网络对 Lp-LsM1 模型的样本数据进行训练的过程中，我们进行了大量的重复试验和对隐含层节点数、传递函数以及训练函数等参数的调整，最后从中选出了一组相对较好的结果。图 6.16 是 Lp-LsM1 模型的 MSE 图。实验过程中，网络经过 3s 后达到收敛，从图 6.16 可以看出，在 70 次迭代后 MSE 达到 10^{-6}。

我们假设预测值与实际值之差在[−10，10]时，预测结果是正确的。Lp-LsM1 模型的残差结果如图 6.17 所示，纵坐标表示残差值，横坐标表示样本数据的编号。根据我们规定的误差范围[−10，10]，此时预测结果正确率为 60.61%。

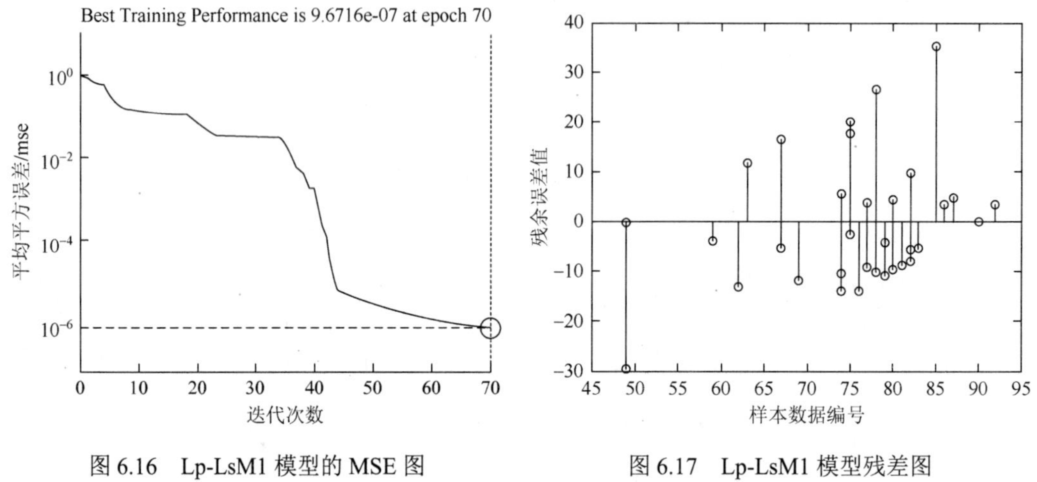

图 6.16　Lp-LsM1 模型的 MSE 图　　　图 6.17　Lp-LsM1 模型残差图

根据上述结果，使用单隐含层的BP神经网络Lp-LsM1模型最终得到的结果并不理想，所以我们选择使用双隐含层 BP 神经网络进行训练和预测。

3. 双隐含层 BP 神经网络下 Lp-LsM2 模型的建立

Lp-LsM2 模型的输入为经加权处理后的学习过程中的四个要素和经处理后的学生的学习风格要素，分别是 *act|ref*、*sen|int*、*vis|ver*、*glo|seq*、*Pre*、*Sum*、*Hom* 和 *Exp*，共 8 个要素；隐含层层数为 2，第一个隐含层有 18 个节点，第二个隐含层有 6 个节点；输出为 *score*，如图 6.18 所示。

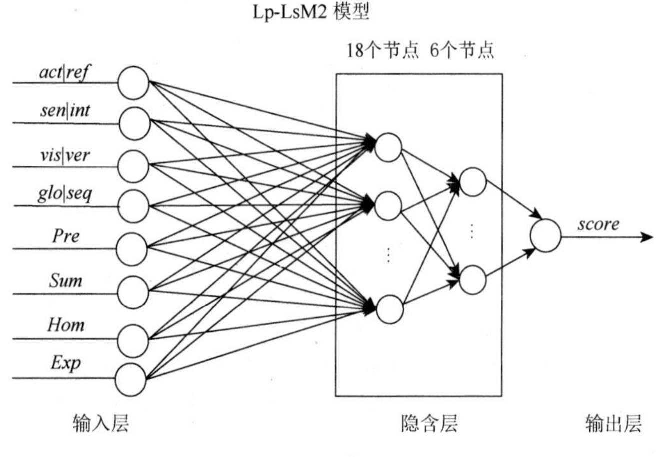

图 6.18　Lp-LsM2 模型图

6.5　数据的预处理和实验结果的对比分析与验证

6.5.1　学习过程与学习风格数据的预处理

1. 对获取到的数据的分析

在采集数据的过程中，我们发现学习过程数据和学习风格数据中都存在一些比较特殊的情况，为了方便找出这些特殊数据，我们设计了数据的图形展示程序，下面我们从这些比较特殊的数据中选出部分进行说明。

本节分别从采集到的学习过程和学习风格数据中各选出两组特殊数据进行分析。图 6.19-1 和图 6.19-2 分别是学习过程中的特殊数据，包括 a，b，c，d 四张图，图 6.19-3 是学习风格中的两组特殊数据，包括 e，f 两张图。各图所表示的含义如下。

（1）a、b 和 c、d 四张图形分别是两位学生的学习过程数据呈现的柱状图和曲线图；e、f 分别是两位学生的学习风格呈现的饼状图。

（2）a、c 两图的横坐标表示计算机科学导论课程的 7 个章节，纵坐标表示该学生取得的成绩，从 0 到 100 分。

（3）e、f 两张饼状图各部分分别是 *sen*|*int*、*vis*|*ver*、*act*|*ref*、*glo*|*seq* 四个维度中的一种学习风格，各部分所占的比例表示学习风格趋向的强弱对比。

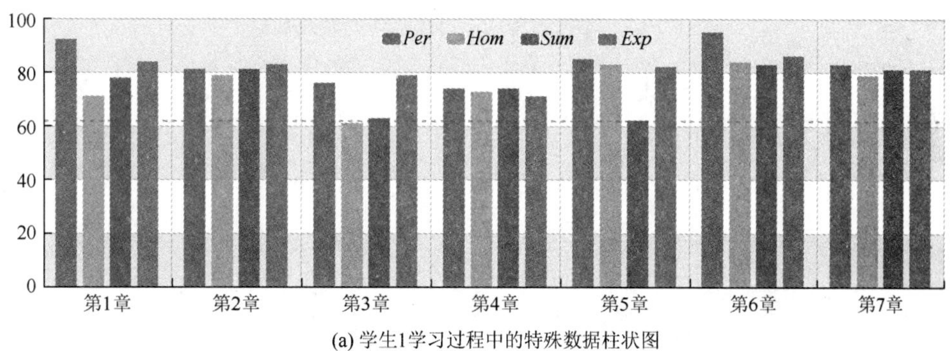

(a) 学生1学习过程中的特殊数据柱状图

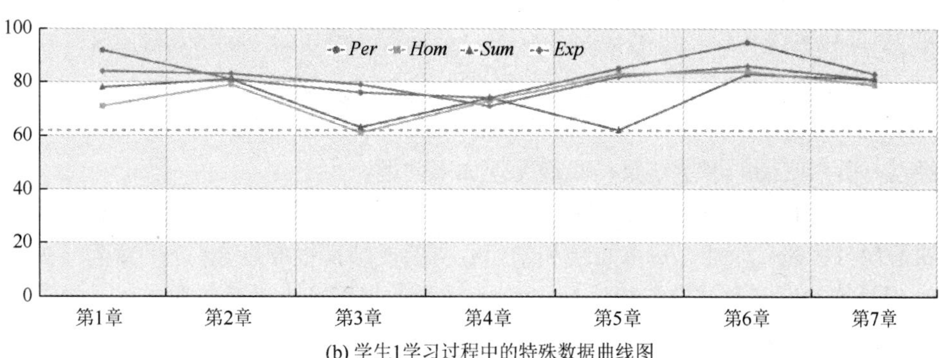

(b) 学生1学习过程中的特殊数据曲线图

图 6.19-1　学习过程和学习风格中的特殊数据

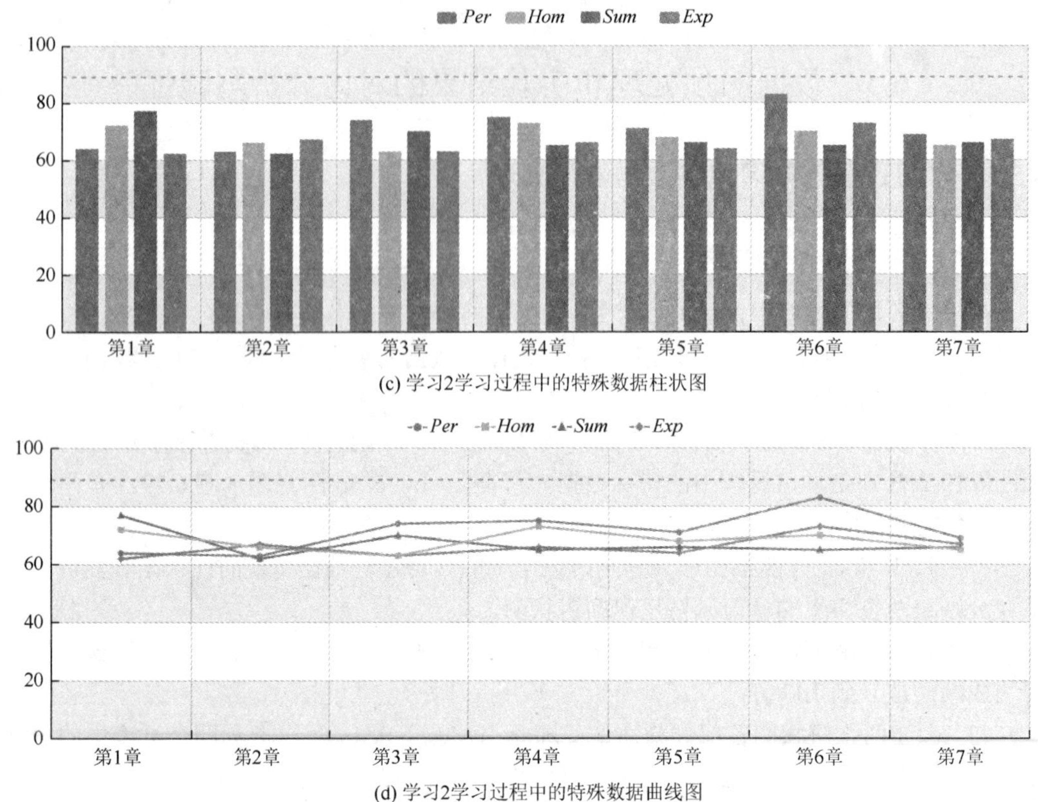

(c) 学习2学习过程中的特殊数据柱状图

(d) 学习2学习过程中的特殊数据曲线图

图 6.19-2　学习过程和学习风格中的特殊数据

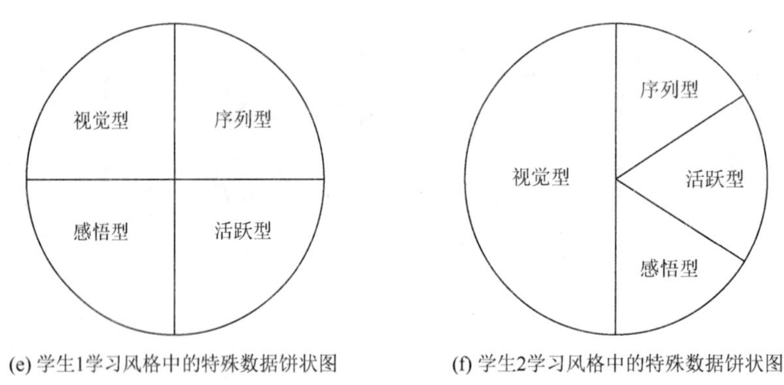

(e) 学生1学习风格中的特殊数据饼状图　　(f) 学生2学习风格中的特殊数据饼状图

图 6.19-3　学习过程和学习风格中的特殊数据

经过分析六张图的展示结果，我们发现如下问题：

（1）如图 6.19-1（a）所示，该学生在学习《计算机科学导论》课程 7 章内容的过程中，课前预习、课后作业、每章总结和学习心得的成绩都很靠近 80 分，甚至有 2 次超过 90 分。但是他的期末考试成绩却只有 62 分。这种结果可能由多种情况导致，如学生考试过程中发挥失常等。

（2）如图 6.19-1（b）所示，该学生在进行第 3 章的学习之前，成绩有所下降，之后成绩又有所提高。这是因为在学完第 3 章内容之后进行了一次小测验，并对学生的学习进行了分析和有针对性的监督、引导，提高了学生的学习意识和积极性。

（3）如图 6.19-2（c）和图 6.19-2（d）所示，该学生在学习《计算机科学导论》课程 7 章内容的过程中，课前预习、课后作业、每章总结和学习心得的成绩，只有第 6 章的课前预习超过了 80 分，然而期末考试成绩却将近 90 分。这两张图说明该学生可能在考试时超常发挥等原因，使得考试成绩很高。然而从所有数据中我们发现，大多学生的平时成绩直接反映了期末考试成绩，因此，制定本书所设计的模型还是很有必要的。

（4）如图 6.19-3（e）和图 6.19-3（f）所示，其中，图 e 显示该学生的感悟型（*sen*）、视觉型（*vis*）、活跃型（*act*）、序列型（*seq*）学习风格所占的比例相等，在四个维度中，没有特别倾向于某个维度。而图 f 显示的该学生的学习风格在四个维度中有明显的倾向性，*vis*（视觉型）所在维度的倾向性很强，*sen*（感悟型）、*act*（活跃型）、*seq*（序列型）所在维度的倾向相对较弱。

在对数据的预处理过程中，图 a 和图 b 这种类型的数据可能会对模型的预测造成干扰，在实验的过程中，我们适当地排除了这类噪音数据。然而如图 e 这种在四个维度中倾向性相同，这种情况是很正常的，所以我们将这种类型的学生也考虑在内，并参与考试成绩的预测。

2. 学习过程数据的预处理

根据第 2 章中描述的收集学习过程数据的流程和方法，我们获取了 1183 条学习过程数据，同时在期末考试中获取 169 名学生的期末考试成绩。再根据前面的学习过程数据的处理方法得知，学习过程数据与学生的考试成绩数据不是简单的一对一关系，需要根据试卷中每章内容所占的比重，对学生的学习过程数据做加权处理后才能与学生的考试成绩一一对应。本书研究的“计算机科学导论”课程期末考试卷中，每章内容在纸卷中占的比重 $\boldsymbol{W} = [0.28, 0.33, 0.11, 0.06, 0.13, 0.04, 0.05]^{\mathrm{T}}$。经去除噪音数据和加权处理后的学习过程的成绩和对应的期末考试成绩如表 6.8 所示。

表 6.8　加权后的学习过程的成绩和对应的期末考试成绩

学生序号	课前预习	课后作业	每章总结	学习心得	期末成绩
1	72.326	86.063	87.21	90.716	84
2	76.895	74.853	76.432	79.326	77
3	85.169	77.6	73.706	79.853	79
4	85.62	88.357	73.737	89.084	83
5	86.063	89.126	74.726	85.305	83
6	86.663	74.421	76	75.231	77
7	85.021	83.632	77.285	84.853	81
8	86.968	84.074	75.528	67.443	78
⋮	⋮	⋮	⋮	⋮	⋮
161	88.126	75.726	78.146	86.936	88

3. 学习风格数据的预处理

通过 Soloman 学习风格量表获取到的学生的学习风格数据不能直接参与模型的预测，还需要对这些数据做进一步处理。在 4.4.1 节我们介绍，为了能够更清楚地表示学生学习风格的趋向程度，也为了方便计算和推理，我们分别用 0.3，0.6 和 0.9 来表示学生学习风格趋向程度较弱、一般和较强，将学习风格的趋向程度量化到[0.3，0.9]。根据 6.4.4.1 中的学习风格数据处理方法，我们得到学生的学习风格数据如表 6.9 所示。

表 6.9　经处理后的学生的学习风格数据

学生序号	活跃型 | 沉思型	感悟型 | 直觉型	视觉型 | 言语型	序列型 | 综合型
1	0.6	0.6	0.9	0.3
2	0.3	0.3	0.3	0.6
3	0.3	0.6	0.6	0.3
4	0.6	0.3	0.6	0.3
5	0.6	0.3	0.9	0.3
6	0.6	0.6	0.9	0.3
7	0.9	0.9	0.9	0.9
8	0.3	0.3	0.3	0.6
⋮	⋮	⋮	⋮	⋮
161	0.9	0.6	0.3	0.3

4. 数据的归一化处理

归一化处理的目的是将数据经过一定的算法运算后都映射到同一个区间[119]，大多数归一化方法都是将数据归一到如[−1，1]、[0，1]或[0.1，0.9][120, 121]，然而，激活函数在靠近 0 或 1 时，变化率很小。为了提高收敛速度，本书将数据归一化到[0.1，0.9][122]。通常在进行网络训练前对样本数据进行归一化处理主要原因有以下几点：

第一，使样本数据在同一个数量级上，防止奇异数据的存在。如果数据中存在奇异数据，这有可能致使网络陷入漫长的训练过程，甚至无法收敛。归一化后各分量的值在同一区间，在网络学习中对权值的调节能力在相同级别，可以加快网络的训练。

第二，以 S 型函数为激活函数的网络，其具有非线性饱和的特点，为防止本书建立的模型在实际应用中神经元的输入值过大，使其输出值趋于饱和，致使权值的调整会陷入误差曲面的平坦区，学习速度会因为权值改变不明显而趋于缓慢。在进行网络学习之前，归一化处理是很有必要的。

第三，对期望输出数据做归一化，有利于避开总误差中所占比例小的输出分量误差较大的难题[123-124]。将样本数据根据公式（6.20）进行处理，即输入输出数据变换到[0.1，0.9]，并在区间上均匀分布。

$$A_i = \frac{A_i - A_{\min}}{A_{\max} - A_{\min}} 0.8 + 0.1 \tag{6.20}$$

其中，A_i 为输入或输出数据，$A_{\max}$ 为样本中的最大值，$A_{\min}$ 为样本中的最小值。

6.5.2 实验结果的对比

我们针对不加入学生的学习风格数据与加入学生的学习风格数据两种情况，建立了 LpM2 和 Lp-LsM2 两个模型，但实验过程中，我们发现这两个模型的训练结果和预测结果是有差别的。下面针对两个模型的训练结果、收敛过程及预测准确率进行对比。两个模型的参数如表 6.10 所示。

表 6.10　LpM2 模型与 Lp-LsM2 模型参数设置

模型	输入层节点数	输出层节点数	第一层隐含层节点数	第二层隐含层节点数	目标误差精度	动量因子	学习率
LpM2	4	1	18	5	10-6	0.9	0.05
Lp-LsM2	8	1	18	6	10-6	0.9	0.05

1. LpM2 模型与 Lp-LsM2 模型的训练结果对比

在对样本数据训练的过程中，我们经过反复大量的实验，得到 LpM2 模型与 Lp-LsM2 模型的训练结果图，如图 6.20 和图 6.21 所示。两图中的横坐标 Epochs 表示实验迭代次数，而纵坐标表示均方误差。从图中可以看出，网络在学习过程中，LpM2 模型经过 217 次的迭代后才收敛，其均方误差达到 7.5061e-07，而 Lp-LsM2 模型经过约 99 次的迭代后，其均方差达到 1.9019e-07，比 LpM2 模型达到的目标均方差更小。这说明 LpM2 模型的训练效果不如 Lp-LsM2 模型，也就是说，样本数据中加入学习风格后，模型迭代次数减少，收敛速度加快。

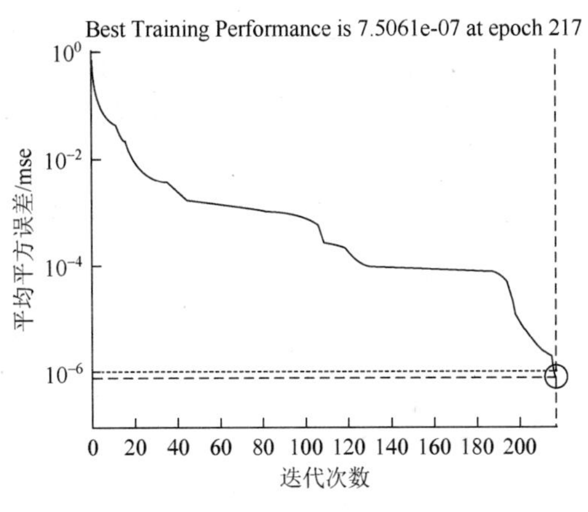

图 6.20　LpM2 模型的训练结果图

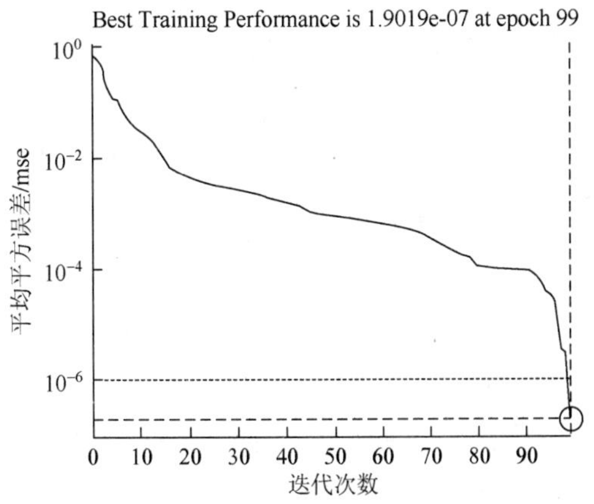

图 6.21　Lp-LsM2 模型的训练结果图

2. LpM2 模型与 Lp-LsM2 模型的收敛过程的对比

在对样本数据训练的过程中，我们得到 LpM2 模型与 Lp-LsM2 模型在收敛过程中 mu 的变化曲线图。在学习中，随着迭代次数的增加，如果误差增加，mu 也会增加，一直到误差不再增加或误差太大为止。即 mu 的变化趋势可以反映误差的变化趋势。图 6.22 和图 6.23 分别为 LpM2 模型和 Lp-LsM2 模型的 mu 变化趋势。通过对比这两张图，我们很容易看出，LpM2 模型和 Lp-LsM2 模型在收敛过程中总趋势都是逐渐降低的。但是，LpM2 模型在最初的收敛过程中存在大量的明显的反弹现象，而 Lp-LsM2 模型虽然在刚开始的时候有些许反弹现象，但是之后几乎一直保持稳定的状态，即模型在收敛过程中，误差也是很稳定的。与 LpM2 模型的收敛过程相比，Lp-LsM2 模型的收敛过程更好。因此，根据两个模型的收敛过程图，我们发现加入学习风格后的 Lp-LsM2 模型样本数据要比不加入学习风格的 LpM2 模型的样本数据更好。

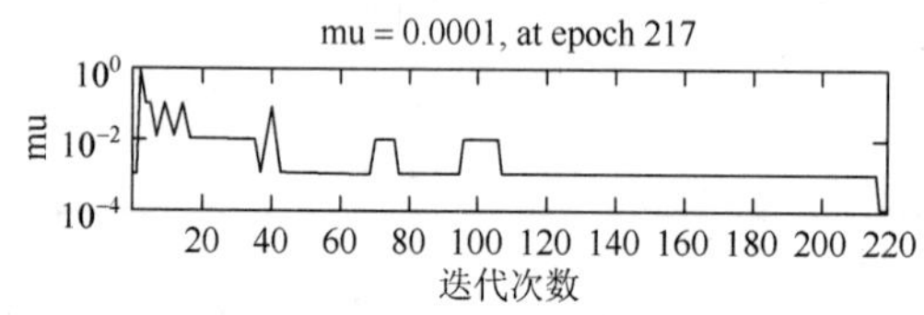

图 6.22　LpM2 模型的 mu 变化趋势图

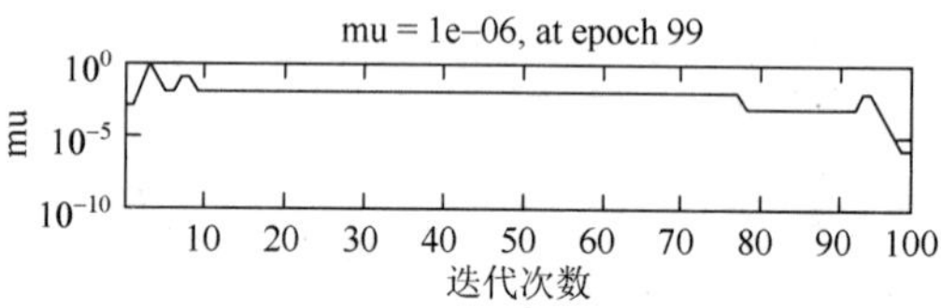

图 6.23　Lp-LsM2 模型的 mu 变化图

3. LpM2 模型与 Lp-LsM2 模型的预测准确度对比

如果学生实际考试得到的成绩与预测的考试成绩之差在合理的范围内，我们则认为预测是准确的。本书中我们假设学生实际考试得到的成绩与预测得到的期末考试成绩之差的绝对值不超过 10 分，即误差不超过 10，则认为预测是准确的。如果用残差图来表示，图上大多圆点的圆心应落在[−10，10]。图 6.24 和图 6.25 分别是 LpM2 模型和 Lp-LsM2 模型预测结果的残差图，纵坐标表示残余误差值，横坐标表示样本数据的编号。根

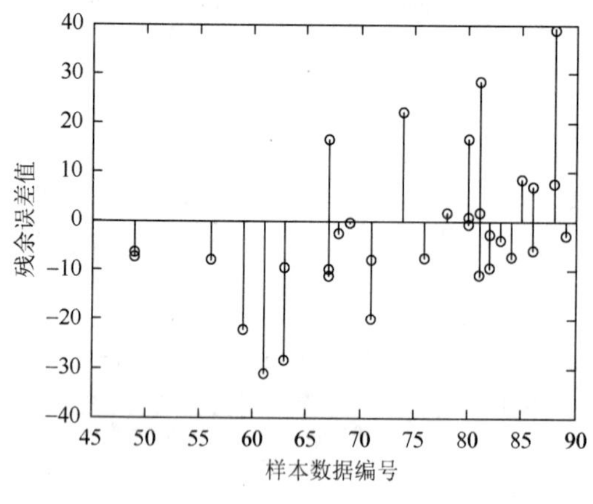

图 6.24　LpM2 模型的残差图

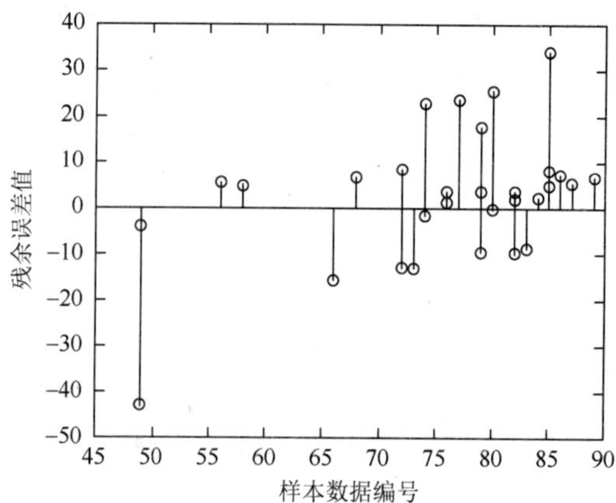

图 6.25　Lp-LsM2 模型的残差图

据图中点的分布，我们计算出，LpM2 模型对考试成绩预测的精确度为 66.67%，而 Lp-LsM2 模型对期末考试成绩预测的精确度为 72.73%。这说明，加入学习风格数据后，提高了考试成绩的预测精确度。

表 6.11 展示了实验过程中，模型使用的训练样本数据量、测试样本数据量、误差范围以及正确率。

表 6.11　模型使用的训练样本量、测试样本量、训练时间、误差范围以及正确率

模型	训练样本量	测试样本量	训练时间/s	误差范围	正确率/%
LpM2	128	33	9	[−10, 10]	66.67
Lp-LsM2	128	33	4	[−10, 10]	72.73

6.5.3　SVR 对学习过程模型 LpM 与 Lp-LsM 的数据模式验证

由于我们获取的样本数据量不多，而支持向量回归机制可以在现有样本数据量有限的情况下，仍能得到现有信息下的最优解。因此，为了对学习过程模型做进一步的研究，同时证明本书提出的学习过程模型的有效性、可行性以及 BP 神经网络对学生成绩预测结果的准确性，本章使用支持向量回归（support vector regression，SVR）对现有样本数据进行回归预测实验分析。

1. *SVR 参数寻优*

LIBSVM 是由 Lin Chih-Jen 教授设计开发的一个简单、易用并且快速有效，支持向量回归和模式识别的软件包，可以很好地解决回归问题、分类问题以及分布估计等问题。我们使用 LIBSVM 软件包并通过 Python 和 Gnuplot 两个工具实现参数寻优，从而帮助我们使用 SVR 得到相对较理想的预测结果。

支持向量回归模型中最重要的是惩罚因子 c 和核函数参数 g 的选取。本书在对参数 c 和 g 寻优的过程中，将 ε-SVR 和 v-SVR 分别与线性核函数、多项式核函数、RBF 核函数、Sigmoid 核函数进行组合并进行实验，得到 LpM 模型和 Lp-LsM 模型在不同组合下参数 c，g 的寻优结果和寻优过程中所用的时间。表 6.12 是不同的 SVR 和不同核函数组合下，参数 c，g 的寻优结果和所用时间 t。

表 6.12　参数 c，g 的寻优结果和所用时间

数据模式	SVR 类型	核函数	c	g	t/s
LpM 的输入输出数据	ε-SVR	线性核函数	0.25	1.0	1821
		多项式核函数	1.0	1.0	2392
		RBF 核函数	1024	0.0313	1160
		Sigmoid 核函数	64.0	0.0078	1088

续表

数据模式	SVR 类型	核函数	c	g	t/s
LpM 的输入输出数据	v-SVR	线性核函数	0.25	1.0	1307
		多项式核函数	1.0	1.0	2282
		RBF 核函数	64.0	0.125	1626
		Sigmoid 核函数	256.0	0.0098	1091
Lp-LsM 的输入输出数据	ε-SVR	线性核函数	0.25	1.0	1562
		多项式核函数	1.0	1.0	2181
		RBF 核函数	4.0	0.25	1205
		Sigmoid 核函数	64.0	0.0039	1081
	v-SVR	线性核函数	0.5	1.0	2134
		多项式核函数	1.0	1.0	1942
		RBF 核函数	8.0	0.25	1478
		Sigmoid 核函数	1.0	1.0	1305

2. SVR 实验结果对学习过程模型的数据模式验证

根据上节中得到的最优参数 c，g 分别对 LpM 模型和 Lp-LsM 模型的数据进行训练和仿真预测，我们最终得到 LpM 和 Lp-LsM 的数据模式在最优参数下相对较好的预测结果。LpM 和 Lp-LsM 的数据在训练和仿真过程中使用的核函数、迭代次数、边界上的支持向量个数、支持向量总个数以及预测准确率如表 6.13 所示，图 6.26 和图 6.27 分别是 LpM 的数据模式和 Lp-LsM 的数据模式对应结果的残差图。其中，横坐标表示数据编号，纵坐标表示残余误差值。

表 6.13　SVR 的分析结果（SVR 选择 v-SVR 类型、RBF 核函数）

数据模式	迭代次数	支持向量个数 nBSV	支持向量总个数	准确率/%
LpM 的输入与输出	518	58	72	75.76
Lp-LsM 的输入与输出	151	57	76	75.76

根据以上实验结果可以说明，使用 SVR 分别利用 LpM 模型和 Lp-LsM 模型的输入与输出数据进行预测，进行验证的过程中，在训练样本、测试样本与使用 BP 神经网络时相同的条件下，得到的 LpM 模型和 Lp-LsM 模型的误差在[−10，10]，预测结果的准确率为 75.76%。这一结果证明本书提出的学习过程模型中的数据模式的有效性和可行性；同时也证明了使用 BP 神经网络对学生成绩预测的结果是准确可信的。

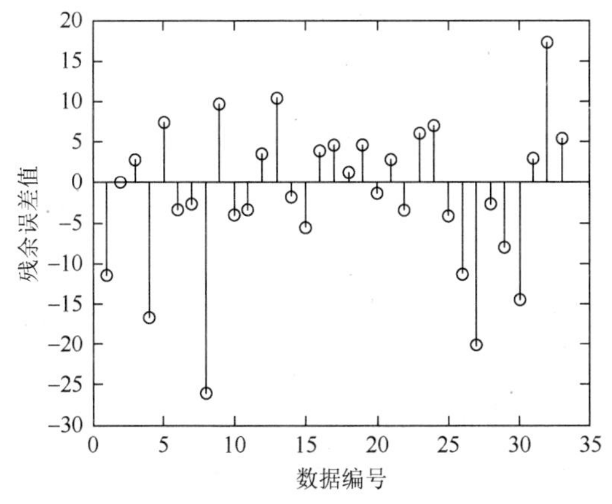

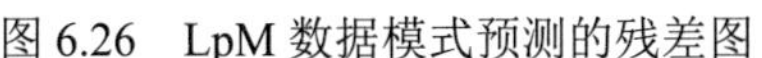
图 6.26　LpM 数据模式预测的残差图

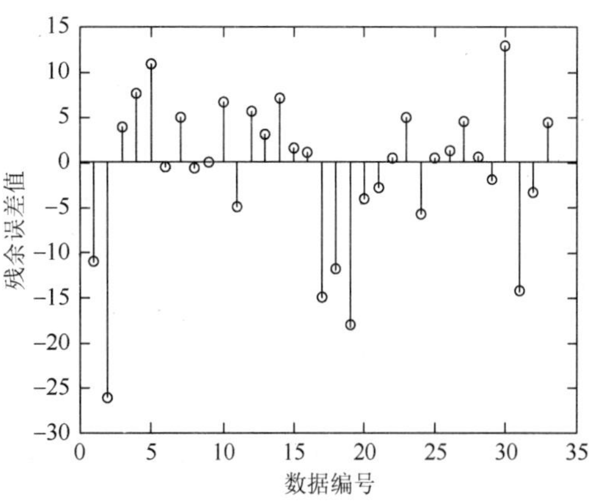

图 6.27　Lp-LsM 数据模式预测的残差图

6.5.4　实验结果分析

根据上面的实验结果我们发现，加入学习风格数据后的 Lp-LsM2 模型的输入维度变大，在相同数量的训练样本下，虽然 Lp-LsM2 模型在第二层隐含层节点上比 LpM2 模型多一个。但是，Lp-LsM2 模型在训练过程中，经过 99 次的迭代后，模型收敛，比不加入学习风格数据的 LpM2 模型的 217 次迭代减少 118 次。在训练时间上，加入学习风格数据的 Lp-LsM2 模型经过 4s 的训练后模型收敛，相比不加入学习风格数据的 LpM2 模型 9s 的训练时间减少了 5s。而且，在相同误差范围内和相同数量的测试数据条件下，加入学习风格数据后的 Lp-LsM2 模型预测的准确率为 72.73%，相比不加入学习风格数据的 LpM2 模型的 66.67%提高了 6.06%。这说明无论在样本数据的训练上，还是对样本数据的预测上，加入学习风格数据后，模型的性能都有所提高。

根据 SVR 的实验结果可以证明，本书建立的学习过程模型是有效可行的，其实验所得的预测结果与 Lp-LsM2 模型使用 BP 神经网络得到的预测结果相近，这说明使用 BP 神经网络得到学生考试成绩的预测结果也是准确的。因此，本书提出的 Lp-LsM2 模型不仅是有意义的，而且是有一定的实用价值的。如果将该模型应用于教学过程中，教师根据模型的预测结果，然后结合学生的学习风格信息，可以有针对性地为学生提供适合其风格特性的引导。相比传统的“观察记忆”的方法了解学生的学习情况，Lp-LsM2 模型不仅提高了教师的教学效率，而且还提高了学生的学习效率；不仅减少了教师不必要的精力浪费，还为教师在教学过程中监督和引导学生的学习提供了重要的依据和帮助。

本章提出的模型与方法可以推广到其他课程，即本书成果可以结合其他课程的特点，在确定学习过程模型的数据模式后，得到推广与应用。

第 7 章　基于结构方程模型的知识点考核策略

学生考核是教学过程中必不可少的环节，考核内容取决于考核的策略，而考核内容直接影响考核质量，所以考核策略的选择非常关键。目前考核策略主要集中在组卷算法的研究上，但这种方式只是机械地从特定知识库中选择满足条件的知识点，没有考虑到整个知识体系的关联性，而且对考核内容进行调整时往往需要重新挑选全部考核内容，缺乏灵活性。

结构方程模型是一种多元统计分析技术，因其不仅能分析自变量和因变量的关系，还能表示因变量之间的内在联系，被广泛应用于社会科学领域。本章以“计算机科学导论”课程为切入点，分析其知识体系构成，确定知识点对学生成绩的影响因素。这些因素之间的相互关系以及这些因素对学生成绩的影响正是结构方程模型与考核策略的契合点，从这个契合点出发，建立这些因素之间的关系模型[125]。

为构建知识点考核策略模型，本章主要的研究内容和技术点包括以下几方面。

第一，以“计算机科学导论”课程的知识体系与考试数据为基础，定义知识点的属性并给出形式化表示，对研究的问题进行数学抽象，给出本章求解模型的建模框架，针对不同课程可对框架进行调整。

第二，深入研究 SEM 的构成、建模步骤和优势，找到 SEM 和知识点考核策略的结合点，并结合本章研究数据的小样本、非正态、理论相对缺少的特点选定能够较好解决这些问题的 PLS-SEM 建模方法。

第三，选定了 PLS 为建模方法后，从统计学原理的角度，深入探讨和详细推导 PLS-SEM 的算法原理，并从两个潜变量的算法计算步骤，推导出多个潜变量的算法计算步骤。从计算过程中发现在实际应用中存在潜变量没有测量指标的问题导致 PLS-SEM 无法进行计算，并针对该问题给出用低阶潜变量的主成分因子填补的解决方案。

第四，结合收集的实验数据和结构方程模型的建模步骤，建立模型的指标体系，在实验过程中利用模型评价的指标及时对模型进行调整和修正，最终得到和数据拟合理想的知识点考核策略结构方程模型，然后从模型中量化测量指标和潜变量以及各潜变量之间的关系，为指导实际知识点考核提供理论依据。

7.1　国内外研究现状

目前，考核已经遍布我们生活的各个领域，包括各种人才选拔考试、专业等级考试、出国留学考试等，由此可见，考核是社会中评定一个人能力大小不可或缺的手段之一。其中，学生成绩考核是最常见、最普遍的。学生成绩考核既是对教师教学质量的一种评价手段，也是对学生学习知识掌握情况的一种检验方式。试卷作为学生考核的主要手段，它的好坏直接影响到考试的质量。课程考核的知识点的选取过程需要考虑知识点的难度、知识点覆盖率、章节分值的比例、试卷的不同题型、题型的数量分值等方面的约束条件。在这些约束条件里面，知识点的选取是组卷的核心部分，不论使用什么题型、题型的分值如何，其目的都在于考核学生是否对重要的知识点熟练掌握。我们希望通过合理的方法，结合学生的能力等因素，考核的知识点能够分布均匀、重点突出，难度适中，而且能够针对不同的课程和考试调整考核的策略，如选拔考试能够调整考核策略，使得知识点的选取能够区分出被考核人的能力，平常的期中、期末考核能够检验学生的知识掌握程度等。

传统组卷主要通过人工选取知识点，然后形成试题，这样做不仅消耗大量的人力物力，还影响出题的效率，有可能由于人工的一些条件限制造成出题的各种问题，如考核的知识点难度过高或者知识点的选取重点不明确等，传统的考试方式已经无法适应现代的教学要求。随着计算机技术的发展，计算机技术结合教育学衍生出来的计算机辅助教学得到了突飞猛进的发展。计算机辅助教育是计算机技术在教育领域中的重要应用，也是当今教育现代化的一个重要标志。利用信息技术来解决试卷标准化、规范化及实施教考分离也成了各学校关注的焦点。计算机化考核方式的试题可观性强，试卷准确率高，对考试成绩数据分析结果明确，且能够提高检验的质量和效率。因此，传统的人工知识点的选取策略将被取代。

利用合理的算法与信息化手段来选取考核的知识点，可提高教师的工作效率、考试的质量和效率，具有非常重要的实际应用价值。

7.1.1　考核策略的研究现状

考核策略其实就是对考核的内容进行选取的方法。我们通过查阅资料发现关于考核策略的研究比较稀少，目前对策略的研究主要集中在组卷策略的选择上，组卷策略实质是一个多条件约束下的优化问题，目前主要策略有以下几种[126]。

随机抽取策略。该策略就是在知识点中进行随机选取，直至寻找到符合条件的解或者已经达到无法再进行选取的地步[127]。该策略的优点是简单、易实现，但是重复率较高、效率较低，常由于约束条件的局部不满足而导致整个试题选取的失败[128]。

回溯试探策略。该策略是对随机抽取策略的一种改进，属于有条件的深度优先算法。该策略在知识点较少和约束集维数较小的情况下，效率较高，但是当知识点较多时，这种策略内存占用量大，且由于缺乏随机项，效率较低，难以满足所有的约束条件[129]。

基于遗传算法的策略。Holland 模拟生物在自然环境中的遗传和进化过程提出了遗传算法，该算法是一种动态自适应全局优化概率搜索算法，优点是稳健性、并行性、全局优化性好，很多学者将其和试题选取的研究相结合，取得了很多成果，但该方法也存在“早熟”、后期搜索效率低的缺点[130-132]。

误差补偿策略。在知识点的选取过程中，当不满足约束条件、不能求出解时，将在误差允许的前提下适当放宽某些约束条件后继续求解。该策略可以减少重复或多余的搜索次数，提高求解效率；然而，由于约束条件间的相互影响与制约、搜索空间的容量限制等，容易让求解陷入死循环[129, 133]。

基于粒子群算法的策略。该策略在单目标优化方面的性能较好，通过适应度来评价解的品质，比遗传算法更加简单。但该算法在多目标问题上不能直接使用，如果使用，要将多目标问题转化为单目标问题然后再进行计算[134-137]。

除组卷算法外，鲁萍等针对目前知识点选取策略难以满足均匀分布与重点突出的问题，提出分级带权重知识点选取策略和多约束分级寻优结合预测计算的策略等，较好地解决了知识点分布不均的问题，但对知识点的难度等没有涉及[138-141]。

可以看出前人对从特定知识库选取试题组成整套试卷的研究已经比较充分，但是这些策略都是单方面从知识点的某些属性出发，然后按照多方面的约束条件对知识点进行筛选，往往忽略了学生、课程本身等实际因素的影响，其次这些方法对知识点选取的把控很难，考核的内容完全取决于算法的结果，所以本章希望寻找到一种合适的方法解决这些问题。

7.1.2 结构方程模型的研究现状

结构方程模型（structural equation modeling，SEM）最初是在 20 世纪 70 年代，Jöreskog 整合路径分析、多项联立方程以及验证性因子分析最终形成的模型，它在多元统计方面有着独特优势[142]。根据其参数估计的方法不同可以分为基于协方差的结构方程模型（covariance-based SEM，CB-SEM），又被称为线性结构关系（linear structural relationship，LISREL）和基于偏最小二乘结构方程模型（partial least squares SEM，PLS-SEM）。

LISREL 已经被应用于多个领域内，并取得了一定的研究成果。在理论研究方面，Jarvis 等指出研究者容易混淆 SEM 中的反映型测量模型和形成型测量模型，并归纳了两种类型的各自特点[143]。Kline 指出如果一个潜变量的测量指标太少将会导致参数估计错误或者和实际模型相差甚远，建议研究者选取潜变量的指标时最好数量在 3 个以上[144]。Bagozzi 等建议为了保证研究结果的可靠性和合理性，样本数至少为 100，样本数太少会增加样本非正态性的风险[145]。在应用方面，很多学者使用 SEM 在评价指标体系、竞争力、影响因素分析中都取得了研究成果，对各领域的发展起到了良好的促进作用[146-149]。LISREL 虽然发展比较成熟，但是也存在如下局限性：第一，模型需要理论支持；第二，数据需要服从正态分布且相互独立；第三，样本容量较大[150]。

针对以上问题，Wold 提出了 PLS-SEM 模型[151]。由于 PLS-SEM 在处理数据非正态与小样本问题时有着更好的表现，近年来用此建模方法的研究越来越多[152]。在理论研究方面，Astracha 等使用同一个样本分别利用基于协方差的 CB-SEM 方法和基于方差的 PLS-SEM 研究家庭稳定性，通过实证对比分析说明在理论探索发展阶段和数据低正态分布的情况下使用 PLS-SEM 更加合适[153]。童乔凌等对现有的 PLS 建模方法进行了改进，在模长约束和路径分析思路下找到 PLS 算法的最佳迭代初值，然后结合配方回归给出了结构方程模型的确定性算法，改进的算法能够提高 PLS-SEM 的收敛速度，并把算法拓展到多层结构方程模型[154]。在实践应用方面，PLS-SEM 在顾客满意度指数模型、战略管理、市场学、管理信息系统等方面都有着广泛的应用[155-158]。

SEM 这一技术在不同领域都取得了良好的成果，对同时处理多个因变量的问题有着现有其他统计方法没有的优势。本章希望通过 SEM 找到知识点考核中的各个影响因素之间的关系，建立适当的模型来指导考核的策略。

7.2　研究的数据及其分析

在对课程的知识点进行考核之前，需要掌握课程的知识体系构成，为使本章研究的内容更加具体化，我们选取“计算机科学导论”课程的知识体系为研究对象，以该课程两个年度的考卷以及考核成绩为实验数据，通过对这两方面的数据进行详细分析，提取出本章待研究的问题及难点。

7.2.1　课程知识体系

本章的研究对象是“计算机科学导论”课程，该课程按照内容划分成 7 个章节：信息处理、走进硬件及其体系架构、走进软件、程序设计语言与用户界面、数据结构与算法、计算机应用、主要应用的发展方向。

7.2.2　考卷和学生成绩分析

1. 考卷和学生成绩描述性分析

本章研究的数据是大学本科的“计算机科学与导论”课程 2014 年和 2015 的期末测试试题以及学生的测试成绩，共有 300 多个样本，其中 2014 年度样本用来作为探索性实验数据，2015 年度样本数据用来对模型的复核效度进行检验。

2. 考卷描述性分析

图 7.1 和图 7.2 是两个年度试卷考题各个章节知识点的分布情况。

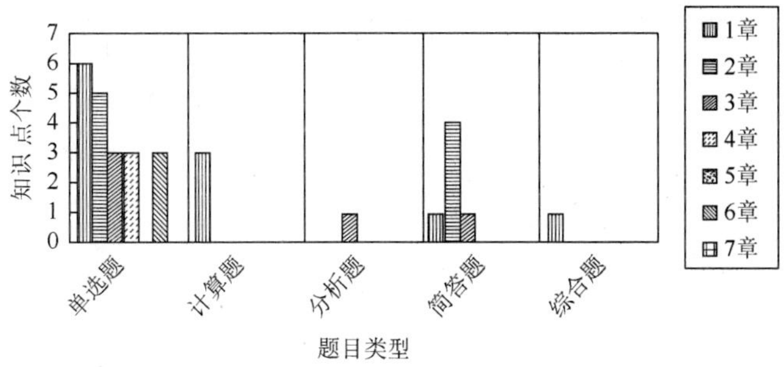

图 7.1　2014 年考题知识点分布情况

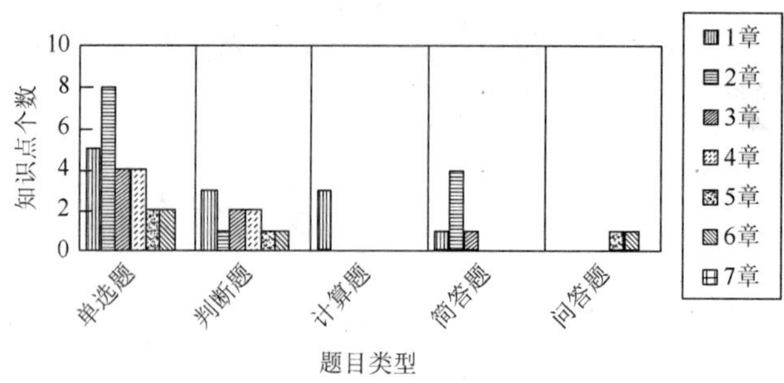

图 7.2　2015 年考题知识点分布情况

从图 7.1 可以看到，2014 年对知识点的考核主要集中在 1 章、2 章和 3 章，单项选择题各个章节的知识点都有涉及，计算题主要考核第 2 章知识点，分析题主要考核第 3 章知识点，简答题主要考核 1 到 3 章知识点，综合题主要考核第 1 章知识点。图 7.2 显示，2015 年对知识点的考核主要集中在 1 到 4 章，每个大题考核的知识点章节分布和 2014 年接近。从整体上看，2015 年考核知识点的分布要比 2014 年更加均匀。

3. 学生成绩描述性分析

5 个班级 2014 和 2015 年的成绩描述性统计信息如表 7.1 和表 7.2 所示。

表 7.1　2014 年成绩描述性统计信息

统计信息	1 班	2 班	3 班	4 班	5 班
总人数	36	34	34	35	35
缺失数	0	0	0	0	0
平均分	73.11	69.79	68.31	72.14	74.07
最高成绩	87	85	87	86	90.5
最低成绩	47	55	34	18	26
标准差	9.19	8.31	12.82	14.99	12.12

表 7.2　2015 年成绩描述性统计信息

统计信息	1 班	2 班	3 班	4 班	5 班
总人数	32	33	32	32	32
缺失数	0	0	0	0	0
平均分	73.45	73.45	74.94	73.69	76.51
最高成绩	94	90	88	89	90
最低成绩	49	48	38	55	49
标准差	9.83	10.98	9.92	9.24	10.36

在成绩统计分析时，我们发现有极少数学生的学生成绩非常低，严重影响了整个班级的标准差，而本次研究重点是普通学生的一般情况，所以综合考虑下可以把这些极低的成

绩当作异常值来处理，直接删除，删除这些数据基本不影响研究的信度和效度。

图 7.3 显示，2014 年度 5 个班级的整体平均分起伏较大，说明各个班级的整体水平差异较大，而 2015 年平均分曲线比较平缓。从图 7.4 可以看出，2014 年 3、4、5 班的成绩方差值较大，说明这 3 个班级成绩的离散程度较大，而 2015 年各个班级的情况整体比较平稳。

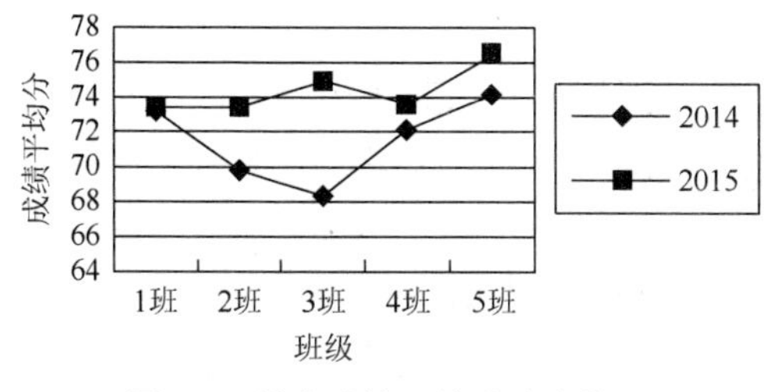

图 7.3　学生成绩平均分分布情况

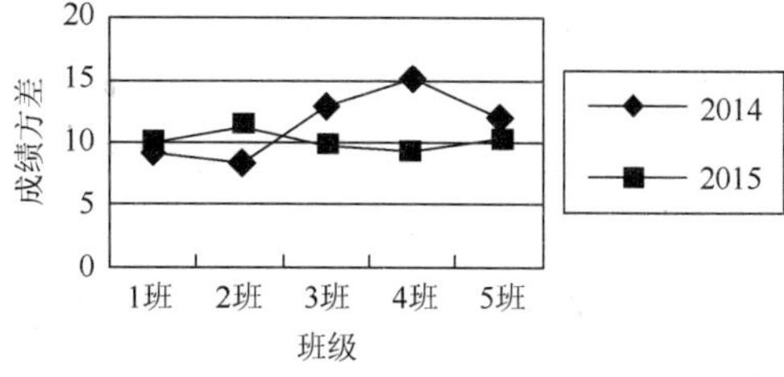

图 7.4　学生成绩方差分布情况

图 7.5 和图 7.6 显示，2014 年度第 3 章知识点学生的得分率最低，第 4 章知识点得分率最高，而在 2015 年，第 5 章知识点得分率最低，第 4 章知识点得分率最高，但是整体来说，2015 年度各章知识点的得分率都高于 2014 年，说明 2015 年度对各章知识点考核的难度是低于 2014 年的。

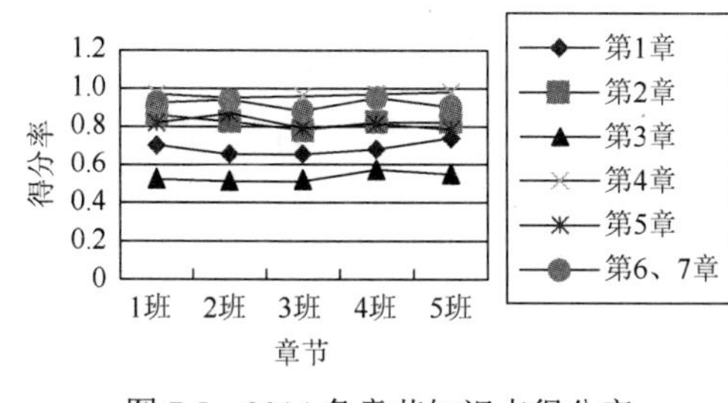

图 7.5　2014 各章节知识点得分率

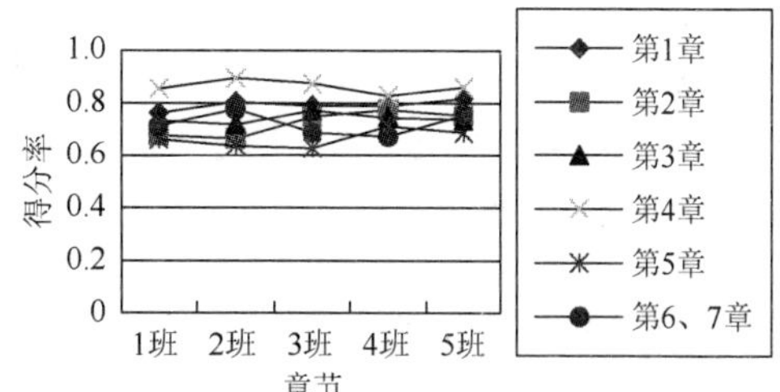

图 7.6　2015 各章节知识点得分率

利用 SPSS 软件的 Statistics 功能，计算 2014 年度试卷的学生得分的偏度和峰度的结果如表 7.3 所示。

表 7.3　2014 年各变量的偏度值和峰度值

变量	偏度值	峰度值	变量	偏度值	峰度值	变量	偏度值	峰度值	变量	偏度值	峰度值
*V*1	0.588	1.676	*V*9	3.107	7.748	*V*17	−1.099	−0.801	*V*25	−7.737	1.029
*V*2	0.795	1.385	*V*10	1.175	0.627	*V*18	2.487	4.238	*V*26	−0.674	−1.565
*V*3	0.958	1.097	*V*11	2.060	2.274	*V*19	1.574	0.484	*V*27	−0.164	−1.998
*V*4	0.163	0.434	*V*12	−0.187	0.270	*V*20	2.689	6.231	*V*28	3.663	11.559
*V*5	0.616	1.641	*V*13	1.989	1.982	*V*21	4.932	22.605	*V*29	2.215	2.944
*V*6	1.255	0.430	*V*14	3.454	10.056	*V*22	0.689	7.231	*V*30	2.826	6.060
*V*7	0.687	1.720	*V*15	0.423	1.844	*V*23	4.519	18.657	*V*31	−1.175	−0.627
*V*8	2.826	6.060	*V*16	3.454	10.056	*V*24	−7.187	50.270			

当数据的偏度值和峰度值都趋近于 0 时，说明数据呈现正态分布。从表 7.3 可以看出，2014 年度样本数据的偏度值和峰度值的绝对值都大于 0，说明本书研究的数据是非正态的。通过分析，2015 年数据也是呈非正态性，这里不再赘述。所以数据的非正态性也是本书需要处理的一个问题。

7.2.3　引出的问题及难点

从上文对课程知识构成的分析可以看到，不论是课程的知识跨度还是知识点的复杂程度都是比较大的，如何从这些丰富的知识点中合理地选取考核的知识点，即采用何种考核策略，既能体现教师授课内容符合教学计划的要求，也能反映学生对课程知识的掌握情况和学生的整体学习状态，是本章需要解决的问题。所以我们想通过本章的研究，找到一种合适的方法或算法，并能够同时考虑到知识点本身属性、试卷组成的原则、教师教学要求及学生能力要求和样本数据分布约束等因素。

建立这些因素相互影响的模型，为知识选取提供决策策略，这既是本章研究的意义所在，也是难点所在。

7.3　知识点考核策略模型的建模框架研究

在完成对“计算机科学导论”课程这一具体实例的知识体系分析、考卷和学生成绩描述性分析之后，本节对具体问题进行抽象，对知识点的属性进行定义和表示，提炼出这类研究问题的抽象模型，并对其进行数学描述。然后给出知识点考核策略模型的整体建模框架，得出普遍性结论。这一框架不仅适用于该课程，还能够根据实际情况进行扩充以适用于其他课程。

7.3.1　研究问题抽象

1. 知识点及其属性定义与表示

在本书中，知识点是课程的基础知识中能够独立进行考核的基本单元，它是单独的一项知识，根据这一定义，任何单独的字、词、概念、定义、定理、公式、规律等都可以称为知识点，一门课程的知识点可以用 $c=\{k_1, k_2, \cdots, k_n\}$ 表示，其中 c 表示课程知识点的集合，k_n 表示单独的知识点。

从“计算机科学导论”课程的知识体系分析，我们可以提取出一般课程知识点都具有的属性，也是模型的组成成分，目前暂时考虑如下知识点的 6 个属性，如表 7.4 所示。更多的属性可以根据实际情况的不同而进行特定的扩充。

表 7.4　知识点属性描述

知识点属性符号	知识点属性名称	知识点属性符号	知识点属性名称
distr	分布性	cogn	认知程度
relat	知识点间的联系	discr	区分度
diff	难易度	imp	重点
…（可扩充）	…（可扩充）		

我们给出各属性和成绩的定义及表示如下。

1）知识点分布性定义及表示

分布性是指考核的知识点在整个课程章节的分布位置，用 *distr* 表示，$distr \in \{ch_1, ch_2, \cdots, ch_n\}$，其中 n 表示课程总章节数，ch_n 表示该知识点所在的章节，且 $n>0$，表示知识点分布性不能为空。

2）知识点联系定义及表示

课程的知识体系是知识点及知识点间相互关系的有机结合，用 *relat* 表示知识点之间的关系。如果知识点 k_i 是学习知识点 k_j 的基础或前提，则知识点 i 是知识点 j 的前驱，知识点 j 是知识点 i 的后继，如公式（7.1）所示，即

$$relat(k_i, k_j) \in \{pre, next\} \tag{7.1}$$

其中，*relat* 表示两个知识点之间的关系，其取值为前驱关系 pre，后继关系 *next*。若 $relat(k_i, k_j) = pre$，则表示 k_i 是 k_j 的前驱，同理，若 $relat(ki, kj) = next$，则表示 k_i 是 k_j 的后继。

3）知识点难易度定义及表示

难易度指某个知识点的难度，用 *diff* 表示，$diff \in \{lv_1, lv_2, \cdots, lv_j\}$，其中 lv_j 表示该知识点 j 的难度系数。

若知识点 j 在试卷中的总分为 T_j，学生的平均得分为 A_j，则 lv_j 的计算如公式（7.2）所定义。

$$lv_j = \frac{A_j}{T_j} \tag{7.2}$$

4）知识点认知程度定义及表示

认知程度表示该知识点对学生的能力要求，用 *cogn* 表示，$cogn \in \{c_1, c_2, \cdots, c_i\}$，其中 i 表示对学生能力层次划分的等级数，c_i 表示能力层次。根据目前对学生普遍的能力要求，一般划分为识记、理解、运用、分析 4 个层次，对知识点的认知程度的确定需要人工参与。

5）知识点区分度定义及表示

区分度指的是某个知识点对学生的鉴别能力，用 *discr* 表示，$discr \in \{dr_1, dr_2, \cdots, dr_t\}$，其中 dr_t 表示区分系数，其计算如公式（7.3）所示，h_a 表示对学生成绩排序后，前 $a\%$学生成绩的平均分，l_a 则表示后 $a\%$学生成绩的平均分，T 表示总分。

$$dr_t = \frac{2(h_a - l_a)}{T} \tag{7.3}$$

6）知识点重点定义及表示

重点表示该知识点是学生必须掌握的要点，用 *imp* 表示，从该角度出发可分为重点知识和非重点知识，如公式（7.4）定义，imp_0 表示该知识点是非重点，imp_1 表示该知识点是重点。一般可定义 imp_0 数值为 0，imp_1 数值为 1。

$$imp_i \in \{imp_0, imp_1\} \tag{7.4}$$

7）成绩定义及表示

本书想要研究的就是上述这些影响因素对学生成绩的效应，所以也需要对成绩加以形式表示才能在模型中呈现出来。

这里的成绩不是指学生考试的得分，而是对学生的一个综合评价值，用 *achiv* 表示，

achiv 的形式化描述是不确定的，需要根据对学生评价方式的不同而发生相应的变化。常见的评价方式是考试成绩和非考试成绩的线性组合的方式，如公式（7.5）定义，*F*g 表示考试成绩，*t* 表示考试成绩所占比重，*R*g 表示非考试成绩，1−*t* 表示非考试成绩所占比重。

$$achiv = t \cdot F\mathrm{g} + (1-t) \cdot R\mathrm{g} \tag{7.5}$$

2. 考核原则

结合对课程内容的分析和之前对考核策略的研究，本书提出以下 5 点考核原则：

（1）覆盖课程内容，知识点分布均匀。考核内容覆盖面要广，考核的内容要包含整个课程的所有章节，这时需要考虑不同章节内容的分布，也要考虑对同一章节考核内容的合理性。

（2）综合体现学生各项能力。要求考核既能检测出学生实际运用知识的能力层次、水平和潜力，又能体现学生所学内容的深度。

（3）符合教学要求，重点突出。从整体来看，考核内容和教学计划相融合，重点内容、次重点内容、一般掌握内容按比例体现。

（4）考核内容正常，难度适中。考核的难度系数要根据情况进行控制，不能出现偏题、怪题。

（5）具有一定区分度。两极分化的考核内容，即难度太大或者难度太小都会导致区分度过低，无法测试出学生的真实水平，合理的区分度才能对学生的情况加以区分。

3. 问题数学抽象

确定了知识点的属性及表示之后，就可以对整个试卷的各项属性进行表示。假设整个试卷的构成表示如公式（7.6），其中，Q_n 表示试卷的题目，n 表示总题量。

$$paper = \{Q_1, Q_2, \cdots, Q_n\} \tag{7.6}$$

整个试卷各项属性可以表示成：

（1）*paperDistr*（*PDt*）：试卷知识点的分布性，$\mathrm{ch_i}$ 表示第 i 章，S_n 表示 Q_n 的分值，共有 k_i 道题属于第 i 章，则其定义如公式（7.7）。

$$PDt(ch_i) = \sum_{i=1}^{k} S_n \tag{7.7}$$

（2）*paperCogn*（*PC*）：试卷对学生认知程度要求，$cogn_i$ 表示认知程度的第 i 个层次，QC_n 表示 Q_n 的认知程度划分值，$cogn_i$ 共有 k_i 个题目，则其定义如公式（7.8）。

$$PC(cogn_i) = \sum_{i=1}^{k_i} QC_n \tag{7.8}$$

（3）*paperDiscr*（PDc）：试卷的整体区分度，S_n 表示 Q_n 的分值，T 表示试卷总分值，$discr_{\mathrm{n}}$ 表示 Q_n 的区分度值，则其定义如公式（7.9）。

$$PDc = \sum_{i=1}^{n} \frac{S_n}{T} discr_n \tag{7.9}$$

（4）*paperDiff*（*PDf*）：试卷的整体难度值，S_n 表示 Q_n 的分值，T 表示试卷总分值，$diff_n$ 表示 Q_n 的难度，则其定义如公式（7.10）。

$$PDf = \sum_{i=1}^{n} \frac{S_n}{T} diff_n \tag{7.10}$$

（5）*paperImp*（*PI*）：试卷重点知识比例，$imp_n \in \{0, 1\}$表示 Q_n 是否是重点，S_n 表示 Q_n 的分值，T 表示试卷总分值，则其定义如公式（7.11）。

$$PI = \sum_{i=1}^{n} \frac{S_n}{T} imp_n \tag{7.11}$$

假设各项属性都是存在误差的，则

$$PDt \in [pdt_{\text{exp}}(1 - pdt_{\text{err}}), pdt_{\text{exp}}(1 + pdt_{\text{err}})]$$

其中，pdt_{exp} 为期望值，pdt_{err} 表示允许的误差值。

同理可得：

$$PC \in [pc_{\text{exp}}(1 - pc_{\text{err}}), pc_{\text{exp}}(1 + pc_{\text{err}})]$$

$$PDc \in [pdc_{\text{exp}}(1 - pdc_{\text{err}}), pdc_{\text{exp}}(1 + pdc_{\text{err}})]$$

$$PDf \in [pdf_{\text{exp}}(1 - pdf_{\text{err}}), \overline{pdf}(1 + pdf_{\text{err}})]$$

$$PI \in [pi_{\text{exp}}(1 - pi_{\text{err}}), pi_{\text{exp}}(1 + pi_{\text{err}})]$$

其中，pc_{exp}、pdc_{exp}、pdf_{exp} 和 pi_{exp} 表示期望值，pc_{err}、pdc_{err}、pdf_{err} 和 pi_{err} 表示误差值。

结合本书研究存在的问题和难点，上述对知识点属性的定义和整个试卷的各种属性的定义都是对知识点本身属性的考虑，我们通过调整体试卷的知识点分布性（*PDt*）、区分度（*PDc*）、难度值（*PDf*）、重点知识比例（*PI*）这些属性值的大小来满足各项考核原则。同时，试卷属性中的认知程度（*PC*）是描述知识点对学生不同层次的认知能力（包括识记、理解、运用、分析）的要求程度，这一项体现了试卷对学生的能力要求。

由此本书待研究的问题的数学抽象可以表示如公式（7.12）。

$$achiv = \omega_1 PDt + \omega_2 PC + \omega_3 PDc + \omega_4 PDf + \omega_5 PI \tag{7.12}$$

其中，ω_i 表示知识点属性对成绩影响的权重值，也可以成为对成绩影响的效应值。

若模型含有更多的知识点属性，则问题的数学抽象表示为公式（7.13）。

$$achiv = \omega_1 Pro_1 + \omega_2 Pro_2 + \cdots + \omega_n Pro_n \tag{7.13}$$

其中，ω_n 表示知识点属性对成绩影响的权重值，Pro_n 表示知识点的 n 个属性值，可以进行扩充。

7.3.2　知识点考核策略模型的建模框架

本节从“计算机科学导论”课程的具体实际出发，归纳出构建知识点考核策略模型的整体框架，这一框架具有通用性，对于其他课程只需要根据实际对模型构成进行修正后就同样适用，如图 7.7 所示。

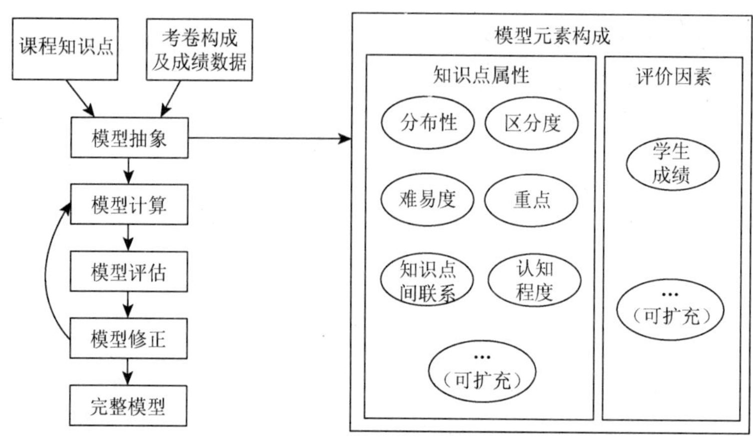

图 7.7　知识点考核策略模型的建模框架

该整体建模框架的具体含义如下：

①数据到模型的抽象。从一个具体的课程着手，根据需要考虑的知识点属性、考卷组成要求、学生成绩数据，完成对该课程的考核策略模型的抽象描述。这一抽象过程需要对某门课程的知识体系有一定的了解，而且对要考核的内容有整体的把握，这样抽象的模型才是合理的模型。

②抽象模型构成。抽象的模型包括两部分内容：一部分是知识点的属性，本书目前提出的属性有分布性、难易度、区分度、知识点间的联系、认知程度、重点，还可以根据实际情况进行扩充，如要控制知识点出现的频率就可以增加知识点曝光度等；另一部分是通过这些属性对学生的综合成绩、各方面的能力进行评估，这一部分的内容同样可以进行扩充。本书着重分析学生成绩这一因素，其他因素暂不考虑。

③模型计算。在得到一个新的模型后（新模型可以是新建立的模型，也可以是经过修正的模型），我们就要将实际数据输入模型，设法求出模型的解，主要是模型中包含的参数，也就是上述提到的知识点属性对成绩影响的权重值 ω_n 和属性之间的相互关系 α_n。根据建模方法的不同，模型计算的算法也不同，在下一节我们将讨论适合解决这类问题的建模方法和其核心算法，这里不再赘述。

④模型评估。在对一个新建立的或者修正的模型进行评估时，我们需要检查得到模型的解是否合适，包括模型的迭代是否收敛、模型的各参数估计值是否符合实际，是否在合理的范围之内，同时还需要考虑因素之间的相互关系和模型设定的关系是否一致。同时还需要警惕模型过拟合，防止出现模型对于已知的数据拟合很好，但是对于未知的数据预测效果很差的情况。模型评估是一个复杂的过程，需要根据具体模型具体讨论。

⑤模型修正后得到完整模型。模型的修正就是根据对模型评估的结果对模型的因素的数量，或者因素之间的相互关系进行调整。一般而言，在对模型进行修正时是逐步修改一个需要调整的地方，然后再对模型进行评估，再根据结果来进行修正。模型的修正是一个迭代的过程，经过修正的模型就成了一个新的理论模型，需要重复②③④步骤，最后才能得到完整的模型。

综上所述，本章提出的建模框架相比于现有的知识考核策略，不仅考虑了课程知识点本身属性对学生成绩的影响，还综合考虑了学生自身能力的影响，同时该模型框架构成要素是课程知识点的属性，在研究中我们可以根据课程的实际情况，对知识点的属性灵活进行扩充，这使得该框架具有良好的可扩展性，由此可见本章提出的是一个综合且可扩展的建模框架。

7.4　SEM 及 PLS-SEM 算法研究

本节先对结构方程模型的基本构成、建模步骤进行研究，尤其详细分析其测量模型和结构模型；然后通过对比传统的统计分析技术，指出结构方程模型的优点，而这些优点是解决本节研究的问题的关键。通过结合本书数据的特性，选取 PLS-SEM 为本节的建模方法，并从统计学的角度研究 PLS-SEM 算法的内在工作机制。

7.4.1　SEM 基本原理

在利用结构方程模型建立理论模型之前，我们先通过和传统统计分析技术进行对比，展示出 SEM 的优势，深入了解该模型的构成及建模原理，为模型指标体系的建立奠定基础。

1. 基本构成

1）变量的分类

不论是基于协方差的结构方程模型，还是基于偏最小二乘结构方程模型，按照变量类型，模型中的变量都分为三种基本形态：测量变量（measurement variable，MV）、潜在变量（latent variable，LV）和误差变量（unique variable，UV）[159]。

测量变量，也称观察变量（observed variable，OB），就是能够通过直接测量、观察得到变量的值的变量。例如身高、年龄等，这些变量构成的数据是真正被 SEM 用来分析与计算的基本元素。一般测量变量在路径图中用矩形表示，如图 7.8 中的“一级”“二级”。

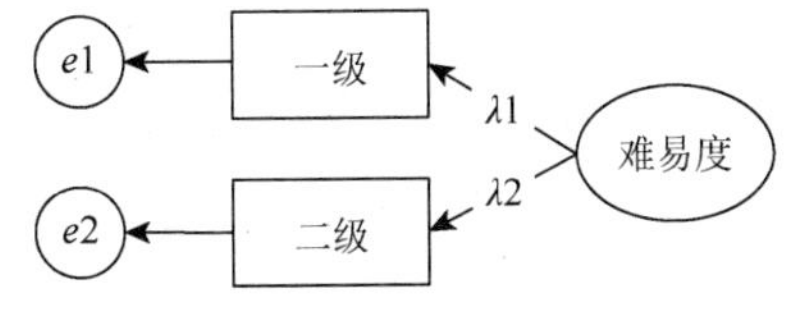

图 7.8　潜变量、测量变量和误差变量关系图

潜在变量是在研究中涉及的，不能准确、直接地进行测量的变量，又称潜变量。例如智力、动机等，是由测量变量间接地估计出来的变量。一般潜变量在路径图中用椭圆表示，如图 7.8 中的“难易度”。

在 SEM 中，误差变量也是无法进行直接测量的变量，且每个测量指标都认为存在误差，所以在路径图中测量指标都带有一个误差变量。一般误差变量在路径图中用圆形表示，如图 7.8 中“e_1，e_2”。

对于结构方程模型，按照变量之间的影响，可以分为外源变量和内生变量：外源变量，是模型中不受任何其他变量影响的变量，即路径图中该变量有箭头指向其他变量，但是不存在其他变量的箭头指向该变量；内生变量，是指模型中会被其他变量影响的变量，在路径图中会被其他变量的箭头指向的变量。

2）测量模型和结构模型

一个完整的 SEM 模型包含测量模型（measurement model）和结构模型（structure model）两部分[132]。测量变量和对应的潜变量的关系用测量模型表示，各潜变量之间的关系用结构模型表示，这正是 SEM 相比传统统计分析更有优势的地方。完整的 SEM 模型如图 7.9 所示。

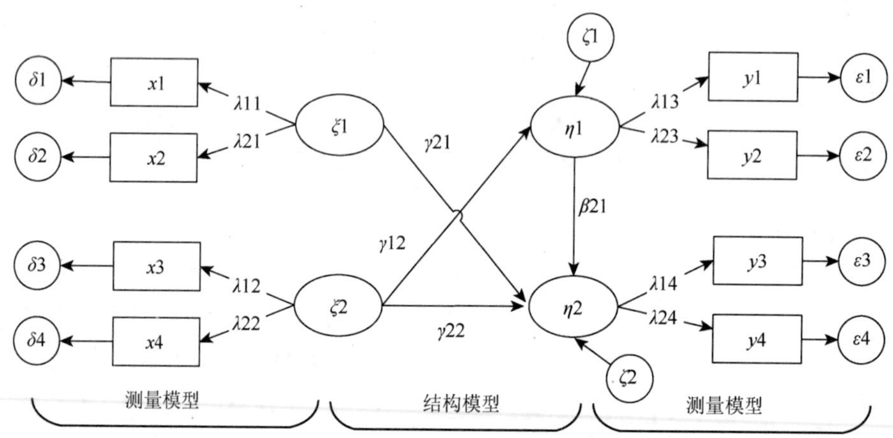

图 7.9　完整的结构方程模型参考图

图 7.9 中测量模型各参数和变量的关系，写成方程的形式表示如式（7.14）和式（7.15）所示：

$$x = \Lambda_x \xi + \delta \tag{7.14}$$

$$y = \Lambda_y \eta + \varepsilon \tag{7.15}$$

其中的测量模型参数符号及含义见表 7.5。

表 7.5　测量模型参数符号及含义

参数符号	含义
ξ	表示外源潜变量
η	表示内生潜变量
x	表示由外源测量变量组成的向量
y	表示由内生测量变量组成的向量
Λ_x	表示外源测量变量与外源潜变量之间的关系，是外源指标在外源潜变量上的因子负荷矩阵
Λ_y	表示内生测量变量与内生潜变量之间的关系，是内生指标在内生潜变量上的因子负荷矩阵
δ	表示外源测量变量 x 的误差项
ε	表示内生测量变量 y 的误差项

另外，SEM 的测量方程可以分为形成型测量模型（formative measurement model）和反映型测量模型（relective measurement model）两种类型[152]，如图 7.10 所示。本节研究的理论模型中假设测量指标和潜变量都是反映型关系。

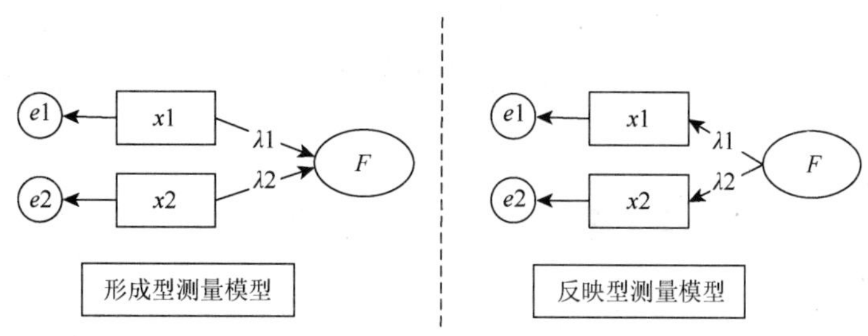

图 7.10　形成型和反映型测量模型

将表 7.5 中结构模型各潜变量的相关关系，写成方程的形式，如公式（7.16），各符号含义如表 7.6 所示。

$$\eta = B\eta + \Gamma\xi + \zeta \tag{7.16}$$

表 7.6　结构模型参数符号及含义

参数符号	含义
ξ	表示外源潜变量
η	表示内生潜变量
B	表示内生潜变量之间的关系，即内生潜变量对内生潜变量解释的回归矩阵
Γ	表示外源潜变量对内生潜变量的影响，即外源潜变量对内生潜变量解释的回归矩阵
ζ	表示结构方程中内生潜变量的残差项，反映了 η 在方程中未能被解释的部分

2. SEM 建模过程和优势分析

现有的知识考核方式是按照特定的算法从试题库中选取然后组成试卷，这种方法缺乏灵活性，下面对 SEM 的建模过程和优势进行详细分析，找到知识点考核和 SEM 相契合的地方。

1）SEM 建模过程

通常来说，结构方程模型建模的过程[160]可以分为以下 4 个步骤，如图 7.11 所示：

Step1：模型设定。用路径图描述要构建的模型以及潜变量和测量变量的关系、潜变量之间的关系。

Step2：模型拟合。设法得到模型的解，得到模型各参数的估计值。

Step3：模型评价。利用各评价指标对模型和数据的拟合程度、模型的信度和效度进行检验。

Step4：模型修正。通过评价指标结果对模型的指标或路径进行调整。

模型修正之后，再完成从 Step2 到 Step4 的过程，直到模型符合要求为止。

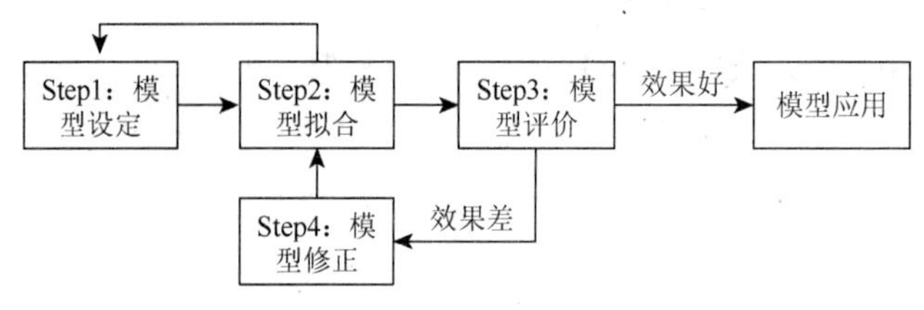

图 7.11 SEM 建模过程

2）SEM 的优势分析

SEM 被称为“第二代”处理多元变量的统计分析技术，相比于传统的统计分析方法，SEM 具有以下五点优势。

第一，SEM 能对多个因变量共同进行计算。SEM 在对模型中的参数进行计算时，多个因变量同时进行计算，而不是像传统统计分析技术一样单独考虑一个因变量[161]。

第二，SEM 允许测量指标和潜变量都含测量误差。在 SEM 中的潜变量通常都是一些无法直接观测的变量，如心理、情感、动机等，而且 SEM 在计算时允许这些潜变量（即自变量）存在误差[161]。

第三，SEM 同时估计因子结构和因子关系（测量模型和结构模型）[162]。在 SEM 中这两步同时进行，即同时计算潜变量和测量变量的负载系数及潜变量之间的路径系数。

第四，SEM 的测量模型更加自由。SEM 的一个测量变量可以同时从属于多个潜变量，传统的因子分析难以处理这种关系[161]。

第五，SEM 能够对模型的整体拟合度进行评价。SEM 可以设定多个理论模型，然后用同一个样本的数据进行模型拟合，然后从中选择和数据拟合最佳的以及具有实际意义的模型[161]。

本节研究的内容就是希望探索出对学生考核中哪些因素决定着知识点考核的效果，以及这些因素之间的相互关系，但是这些因素又不同于以往的测量变量可以通过直接观测而得到，需要通过试题的属性以及学生的考试情况间接反映出来，而 SEM 刚好满足解决这些问题的要求。我们结合课程知识体系结构和 SEM 的建模原理，确认了本节的方案是可行的。

7.4.2 核心建模方法 PLS-SEM 的确定

1. 核心算法的选取

目前，SEM 主要存在两种建模技术。一种是基于协方差矩阵的建模方法，统称为上文提到的 CB-SEM，又被称为 LISREL 建模方法，LISREL 有两种含义：一是 SEM 提出者为其设计的一款软件的名称，二是指 SEM 的线性结构关系。第二种是以方差为基础的建模方法，统称为 PLS-SEM，又被称为偏最小二乘路径建模方法，PLS 是一种新型的多元统计分析技术，近年来发展非常迅速，各种软件（如 Smart PLS，Visual PLS 等）的相继出现和很多学者发表的各种实践指导文献，促进了该方法的传播[163]。这两种技术既存在相似之处，又有着较大的差异。

两种方法的相似之处主要体现在 3 个方面：

①内部关系（路径关系）的表达形式是没有区别的，即

$$\eta = B\eta + \Gamma\xi + \zeta$$

②在测量模型中，测量变量与潜变量、测量变量与误差项都是线性关系，即

$$x = \Lambda_x \xi + \delta$$

$$y = \Lambda_y \eta + \varepsilon$$

③都用内部关系（路径关系）中的解释潜变量来表示测量变量，即

$$y = \Lambda_y (B\eta + \Gamma\xi) + \Lambda_y \zeta + \varepsilon$$

同时，由于 LISREL 建模方法与 PLS 建模方法各自的内在工作机制和算法原理的不同[164]，它们的主要差异如表 7.7 所示。

表 7.7　LISREL 和 PLS 的主要差异

差异项	LISREL	PLS
目标	参数估计	预测
建模基础	协方差	方差
数据要求	数据需服从多元正态分布且相互独立	满足一般线性回归分析的要求
样本容量	较大，至少 100 个，建议 300～500 个	较小，30～100 个
模型复杂度	小或中度复杂，通常不超过 100 个 MVs	可以很复杂
模型识别	一般需要 3 个以上 MVs	只要是路径就可以
显著性检验	所有估计参数均有	Jackknife 或 Bootstrapping 检验
理论要求	要求有成熟的理论基础	理论基础稀缺的情况适用
潜变量	潜变量估计时使用所有的测量变量	每个潜变量都是测量变量的线性组合

第一，理论基础是 LISREL 和 PLS 的最大差异。前者以协方差矩阵为基础，目标是使理论模型隐含的协方差矩阵接近样本的协方差矩阵，并使二者之间距离最小；后者以方差为基础，目标是在限制条件下使所有参数的估计都收敛，且所有预测关系中的残差方差最小。

第二，理论要求不同。LISREL 要求有成熟、丰厚的理论基础，一般适用于验证性的研究；而 PLS 在理论基础不足或缺失的时候尤为适用，一般用作探索性研究。

第三，对数据的限制不同。LISREL 要求实验的样本数据符合多元正态分布且相互独立；而 PLS 对样本数据没有严格的要求，满足一般线性回归分析的要求即可。

第四，外部模型的可选形式不同。LISREL 建模方法只能使用反映型测量模型；而 PLS 方法形成型和反映型测量模型都可使用。

第五，样本容量不同。一般认为，LISREL 建模方法至少需要 100～150 个样本才能获取到稳定的结果；而 PLS 要求样本容量至少是显变量的 10 倍，一般样本容量为 30～100 个。不同学者对两种方法需要的样本容量有着不同的结论，但是总的来说，LISREL 适用于解决较大的样本容量的问题，而 PLS 方法适用于小样本容量问题。

从查找的资料和文献来看，知识点的选取都还是选择传统算法，如决策树算法、随机算法、遗传算法等，目前没有发现结合 SEM 和知识点考核策略进行研究的课题，成熟的理论相对较少，所以本章的研究属于探索性研究。本章研究的数据来自《计算机科学导论》课程 5 个班级 2 个年度学生考核成绩，样本容量大约为 300 个，样本容量较小，且样本数据分布呈现非正态性。因此，本章最终选定 PLS 为研究的建模方法。

2. PLS-SEM 算法原理

1）两个潜变量的 PLS-SEM 算法原理

假设各组观测变量的信息都是通过潜变量来进行传递，且均以潜变量的估计值为中心，模型中的所有相关关系都设定为线性关系[165]。

假设两个潜变量模型的结构方程模型如图 7.12 所示，潜变量 ξ 有 K_1（此处为 4）个观测变量，潜变量 η 有 K_2（此处为 3）个观测变量。

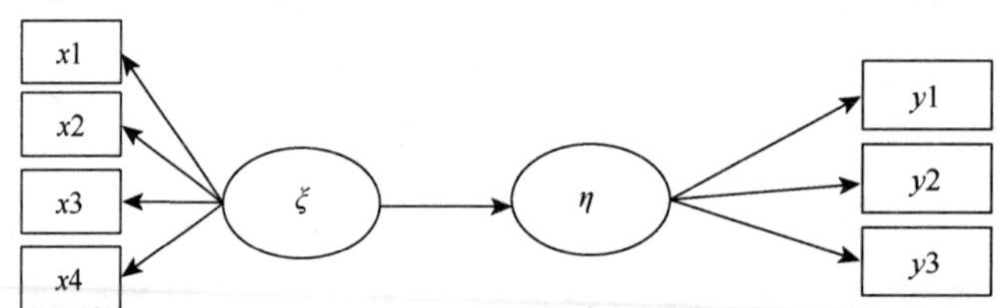

图 7.12　两个潜变量的结构方程模型

因果关系在统计学的原理是条件概率，若事件 x_k 发生的概率决定 y_j 发生的概率，则条件概率可以如公式（7.17）表示为

$$P\{Y = y_j \mid X = x_k\} \tag{7.17}$$

其期望的形式可如公式（7.18）表示为：

$$E\{Y = y_j \mid X = x_k\} \tag{7.18}$$

所以，事件 X 和事件 Y 之间存在的因果关系，就可以用条件期望来表示，而条件期望的计算可以用任意次数的多项式来近似表示如公式（7.19）：

$$E\{Y \mid X\} = \alpha_0 + \alpha_1 x + \alpha_2 x^2 + \cdots \approx \alpha_0 + \alpha_1 x \tag{7.19}$$

当 $X=x$ 时，条件期望表示如公式（7.20）：

$$y|_{X=x} = E\{Y \mid X\} = \alpha_0 + \alpha_1 x + \delta \tag{7.20}$$

其中，α_0 和 α_1 表示多项式系数，δ 表示残差项。

上述测量模型可以表示为公式（7.21）和公式（7.22）：

$$x_k = \alpha_{k0} + \alpha_k \xi + \delta_k \tag{7.21}$$

$$y_h = \alpha_{h0} + \alpha_h \eta + \delta_h \tag{7.22}$$

其中，α_{k0} 和 α_{h0} 为截距，α_k 和 α_h 为载荷系数，δ_k 和 δ_h 为残差。

为了克服变量的不同量纲带来的不确定性，不妨设：

$$E(\xi) = 0, \quad E(\eta) = 0, \quad \mathrm{Var}(\xi) = 1, \quad \mathrm{Var}(\eta) = 1$$

所以，它们满足关系如公式（7.23）和（7.24）所示：

$$E\{x_k \mid \xi\} = \alpha_{k0} + \alpha_k \xi \tag{7.23}$$

$$E\{y_h \mid \eta\} = \alpha_{h0} + \alpha_h \eta \tag{7.24}$$

且 $r(\xi,\delta_k) = r(\eta,\delta_h) = r(\xi,\delta_h) = r(\eta,\delta_k) = r(\delta_h,\delta_k) = 0$ 。

结构模型可以表示为公式（7.25）：

$$\eta = \beta_0 + \beta_1 \xi + \varepsilon \tag{7.25}$$

其中，β_0 表示截距，β_1 表示路径系数，ε 表示残差项。则 ξ 和 η 满足公式（7.26）：

$$E\{\eta \mid \xi\} = \beta_0 + \beta_1 \xi \tag{7.26}$$

且 $r(\xi,\varepsilon) = 0$ 。

假设样本容量为 N，指标 x_k 和 y_h 的样本观测值为 x_{kn} 和 y_{hn}。

由于上述两个测量模型都是反映型的，所以，ξ 和 η 的权重关系满足公式（7.27）和（7.28）。

$$\hat{\xi} = \sum_n (\omega_h y_{hn}) + \delta_{hn} \tag{7.27}$$

$$\hat{\eta} = \sum_k (\omega_k x_{kn}) + \delta_{kn} \tag{7.28}$$

其中，ω_h 和 ω_k 表示权重，δ_{hn} 和 δ_{kn} 表示残差项。

PLS 算法主要有 4 步：

Step1：迭代计算潜变量估计值。

在 PLS 中，每一个样本的潜变量的估计值是其测量指标的加权和，则计算方法如公式（7.26）和（7.30）所示：

$$\hat{\xi} = f_1 \sum_k (\omega_k x_{kn}) \tag{7.29}$$

$$\hat{\eta} = f_2 \sum_h (\omega_h y_{hn}) \tag{7.30}$$

其中，f_1 和 f_2 为标准化算子，且

$$f_1 = \pm \left\{ \frac{1}{N} \sum_n \left[\sum_k (\omega_k x_{kn}) \right]^2 \right\}^{\frac{1}{2}} \tag{7.31}$$

$$f_2 = \pm \left\{ \frac{1}{N} \sum_n \left[\sum_h (\omega_h y_{hn}) \right]^2 \right\}^{\frac{1}{2}} \tag{7.32}$$

联立方程（7.27）～（7.32），通过迭代计算得到潜变量的估计值，迭代过程的算法时间复杂度为 O（p），p 表示算法要求的精度值。算法伪代码如下所示。

算法 7.1　潜变量估计值迭代算法
Input：测量指标 x_{kn} 和 y_{kn} Output：潜变量估计值

Begin
　//Initialization:
　　　if(h = h_0)
　　　　　$\omega_h^{(1)} = 1$;
　　　else
　　　　　$\omega_h^{(1)} = 0$;
　//Iteration：
　　　do
　　　　　利用 $\omega_h^{(1)}$ 得到 $f_2^{(2)}$ 和 $\hat{\eta}^{(2)}$；
　　　　　多元回归得到 $\omega_k^{(2)}$；
　　　　　利用 $\omega_k^{(2)}$ 得到 $f_1^{(2)}$ 和 $\hat{\xi}^{(2)}$；
　　　　　多元回归得到 $\omega_h^{(2)}$；
　while ($\lvert \omega_h^{(2)} - \omega_h^{(1)} \rvert \geqslant 10^{-5}$)
　return 潜变量的估计值；
End

Step2：通过潜变量估计值，估计测量模型的标准化负载系数和结构模型的标准化路径系数。

利用 Step1 得到的 $\hat{\xi}$ 和 $\hat{\eta}$ 对测量变量进行回归，得到各个测量变量的负载系数和残差如公式（7.33）和（7.34）所示：

$$x_{kn} = p_{kn}\hat{\xi} + \mu_{kn} \tag{7.33}$$

$$y_{hn} = p_{hn}\hat{\eta} + \mu_{hn} \tag{7.34}$$

其中，p_{kn} 和 p_{hn} 表示负载系数，μ_{kn} 和 μ_{hn} 表示残差项。

根据公式（7.35）的结果模型方程，可以得到潜变量的路径系数和残差：

$$\hat{\eta} = \beta_0 + \beta_1\hat{\xi} + \varepsilon \tag{7.35}$$

Step3：基于原始数据得到模型的非标准化负载系数和结构模型的非标准化路径系数分别表示如公式（7.36）和（7.37）。

$$\overline{\xi} = f_1\sum_k(\omega_k\overline{x}_k) \tag{7.36}$$

$$\overline{\eta} = f_2\sum_h(\omega_h\overline{y}_h) \tag{7.37}$$

Step4：利用得到的潜变量的估计值，利用普通最小二乘回归（ordiuany least square，OLS），就可以对结构方程中的其他参数进行估计。

通过以上步骤，就可以得到模型的各个参数估计。

2）向多个潜变量的推广

假设有 $J(J>1)$个潜变量，每个潜变量对应的测量指标表示为 x_{jk}，其中 k 表示第 k 个测量指标，则测量模型可以表示如公式（7.38）：

$$x_{jk} = \alpha_{jk0} + \alpha_{jk}\xi_j + \delta_{jk} \tag{7.38}$$

其中，α_{jk0} 和 α_{jh0} 为截距，α_{jk} 和 α_{jh} 为载荷系数，δ_{jk} 和 δ_{jh} 为残差。

且满足公式（7.39）：

$$E\{x_{jk} \mid \xi\} = \alpha_{jk0} + \alpha_{jk}\xi_j \tag{7.39}$$

且 $r(\xi_j,\delta_{jk}) = r(\xi_i,\delta_{jk}) = r(\xi_j,\delta_{ik}) = r(\xi_j,\xi_i) = r(\delta_{jk},\delta_{ik}) = 0,\quad i \neq j$

结构方程可以表示如公式（7.40）：

$$\xi_j = \beta_{j0} + \sum_{i<j}(\beta_{ji}\xi_i) + \varepsilon_j,\quad i = 1,\cdots,J \tag{7.40}$$

且满足公式（7.41）：

$$E(\xi_j \mid \xi_1,\cdots,\xi_{j-1}) = \beta_{j0} + \sum_{i<j}(\beta_{ji}\xi_i) \tag{7.41}$$

其中，$r(\xi_j,\varepsilon_i) = 0; i < j; j = 1,\cdots,J$。

从上可以看到，对于多潜变量的测量模型和内部关系和两个潜变量的表示类似，但是多潜变量的权重关系要更为复杂。多潜变量的 PLS 迭代时不再是使用潜变量本身的估计值，而是使用该潜变量的带符号加权和，用 A_j 表示，计算如公式（7.42）～（7.45）所示：

$$A_j = \sum_m (Sg_{jm}Es_m) \tag{7.42}$$

其中，Es_{m} 表示与潜变量 ξ_j 相邻的潜变量 ξ_m 的估计值；Sg_{jm} 表示 ξ_j 和 ξ_m 带符号的相关系数。

$$\hat{\xi}_m = Es_m = f_j \sum_k (\omega_{jk}x_{jkn}) \tag{7.43}$$

$$f_j = \pm\left\{\frac{1}{N}\sum_n\left[\sum_k(\omega_{jk}x_{jkn})\right]^2\right\}^{\frac{1}{2}} \tag{7.44}$$

$$Sg_{jm} = r(\hat{\xi}_j,\hat{\xi}_m Sg_{jm} = r(\hat{\xi}_j,\hat{\xi}_m) \tag{7.45}$$

之后就利用和两个潜变量的 PLS 算法进行循环迭代，以此计算出各潜变量的估计值，然后用潜变量的估计值和对应的测量指标变量进行回归，以此得出模型的各个参数。计算过程可参照之前两个潜变量的 PLS 算法。

3）对标准算子符号的讨论

从公式（7.31）和（7.32）可以看到，标准算子 f_1 和 f_2 的符号是不确定的，其正负号的选取取决于结构关系的正向负向的效应。以 f_1 为例，公式（7.31）的正负号决定了 f_1 的符号，如果 f_1 符号改变了，根据公式（7.36）计算出的潜变量的估计值的符号也将随之改变，那么根据公式（7.33）计算得到的该潜变量和测量变量的负载系数也会跟着变化。所以对比模型设定的预期符号假设和根据 PLS-SEM 算法计算得到的符号假设是否一致，可以作为对测量模型的假设合理性的一个符号检验。如果预设符号和计算得到的符号一致，说明测量模型的假设是合理的，否则，需要对测量模型重新进行设定。

7.5　基于 PLS-SEM 的知识点考核策略模型

在结构方程模型的实际应用中，并不是所有的潜变量都能找到合适的测量指标，本节将对这一实际问题进行研究并寻求解决的方案，并建立模型指标体系和理论模型，为进一步探究奠定基础。

7.5.1　问题的提出与解决方案

从上节对 PLS-SEM 算法的详细分析中我们可以发现，模型中的潜变量都是存在多个测量指标作为其显变量而参与迭代计算的，但是在实际应用中，并不是所有的潜变量都一定存在显变量或者能够找到合适的显变量来对其进行估计，这种情况在高阶的结构模型中是经常出现的。高阶结构模型一般可以分为以下两种类型[166]，如图 7.13 所示。

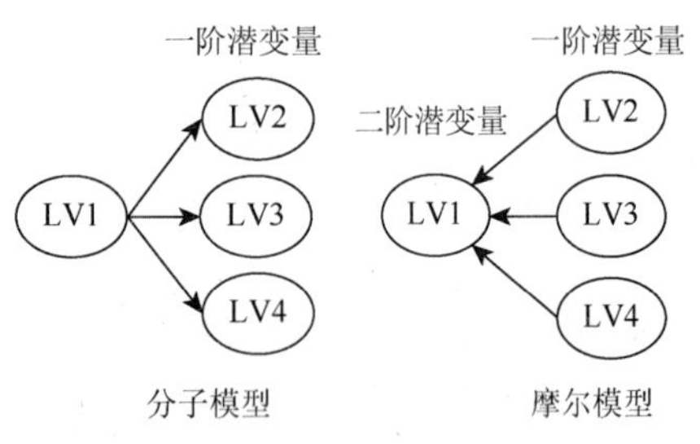

图 7.13　两种不同类型的高阶结构模型

分子模型。在这种模型中，低阶潜变量被当成高阶潜变量的一种反映，也就是说，高阶潜变量可以拆分成更小的“原子或分子部分”。

摩尔模型。和分子模型相反，在摩尔模型中，高阶潜变量可以看作是由低阶潜变量组成的。

当高阶潜变量不存在显变量时，也就是模型中 LV1 不存在对应的 MVs 时，将无法使用 PLS-SEM 算法对模型进行求解，下面针对此问题，我们提出一种用低阶潜变量的主成分因子填补的策略解决此问题。

主成分分析法（principle components analysis，PCA）是研究数据降维的多元统计分析方法[167]。结构方程的各组观测变量之间的所有信息都是由潜变量来进行传递的，各低阶潜变量的测量指标的第一主成分携带了该潜变量测量指标的最大变异信息，将所有低阶潜变量测量指标的第一主成分因子得分作为高阶潜变量的显变量是合理的。

下面是该方案的执行步骤，如图 7.14。

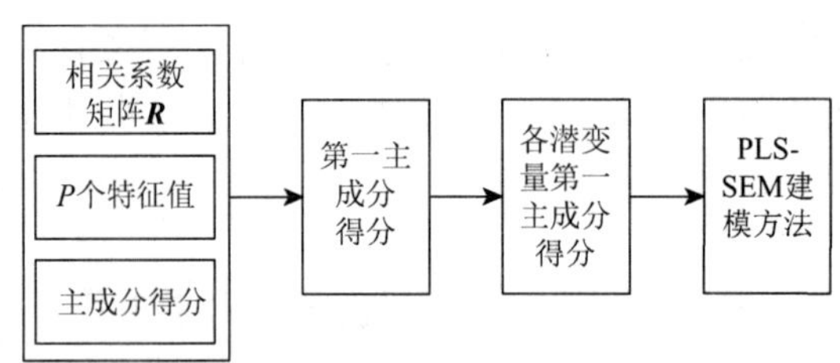

图 7.14　方案执行步骤

Step1：计算相关系数矩阵 $\boldsymbol{R}$。

设潜变量 ξ 的测量指标 P 个 $x_p=(x_1,\cdots,x_p)$，有 n 个样本 x_1 的样本为$(x_{11},\cdots,x_{n1})$，构成矩阵 $X=(x_{ij})_{n\times p}$

计算矩阵的样本相关系数矩阵 $\boldsymbol{R}$ 如公式（7.46）和（7.47）：

$$\boldsymbol{R}=\begin{bmatrix} r_{11} & \cdots & r_{1p} \\ \vdots & & \vdots \\ r_{p1} & \cdots & r_{pp} \end{bmatrix} \tag{7.46}$$

其中，

$$r_{ij}=\frac{\sum_{k=1}^{n}(x_{ki}-\overline{x}_i)(x_{kj}-x_j)}{\sqrt{\sum_{k=1}^{n}(x_{ki}-\overline{x}_i)^2\sum_{k=1}^{n}(x_{kj}-x_j)^2}},\quad i,j=1,\cdots,p \tag{7.47}$$

Step2：利用方程$\left|R_t-\lambda_t I_{tp}\right|=0$求解，得到 p 个特征值。

$$\lambda_1>\lambda_2>\cdots>\lambda_p\geqslant 0$$

得到 p 个主成分，其中 λ_i 对应的单位特征向量为 a_i，则初始变量的第 i 个主成分可以表示如公式（7.48）：

$$F_i=\alpha_i'X \tag{7.48}$$

可得主成分贡献率表示如公式（7.49）：

$$d_i=\frac{\lambda_i}{\sum_{k=1}^{p}\lambda_k},\quad i=1,\cdots,p \tag{7.49}$$

累计贡献率表示如公式（7.50）：

$$Sd_i=\frac{\sum_{k=1}^{i}\lambda_k}{\sum_{k=1}^{p}\lambda_k},\quad i=1,\cdots,p \tag{7.50}$$

在 m 个主成分上的得分表示如公式（7.51）：

$$F_i=\alpha_{1i}X_1+\alpha_{2i}X_2+\cdots+\alpha_{pi}X_p,\quad i=1,\cdots,m \tag{7.51}$$

其中，a_i 是 λ_i 对应的单位特征向量。

Step3：得到各潜变量的第一主成分因子得分，进行 PLS-SEM 算法计算。

设有 T 个低阶潜变量分别为 $\xi_t, t=1,\cdots,T$，和这些潜变量直接相关的高阶潜变量为 η，则得到 T 个潜变量测量指标的第一主成分因子得分 F_t,η 的测量模型可表示如公式(7.52)：

$$F_t=\alpha_{t0}+\alpha_t\eta+\delta_t \tag{7.52}$$

其中，α_{t0} 表示截距，α_t 表示负载系数，δ_t 表示误差项。

Step4：利用多潜变量的 PLS-SEM 算法求解潜变量估计值及模型参数，具体可以参照 7.4.2 节算法原理。

本书的实验将对该方案的有用性和实用性进行验证。

7.5.2　理论模型和研究假设

1. 潜变量数量的确定与模型比较的理论

在确定模型潜变量的数量之前，需要先对数据进行方法适用性判断，也就是先判断这些数据能不能进行后面的分析。这里我们使用 SPSS 来进行 KMO 检验（Kaiser-Meyer-Olkin measure of sampling adequacy）和巴特利特球形检验（Bartlett test of sphericity）。在检验的结果中一般要求 KMO 值＞0.7，在 SPSS 中巴特利特球形检验的 *Sig* 值＜0.05。

从表 7.8 的结果可知，KMO＝0.835＞0.7，说明本书的指标适合做因子分析，且 Sig＜0.05，巴特利特球形检验拒绝零假设，也表明本书的数据可以用来做因子分析。对原始数据进行因子分析，结果如表 7.9 所示。

表 7.8　KMO 及巴特利特球形检验结果

KMO 检验值	0.835
近似卡方值	3380.901
自由度	231
检验 *P* 值	0.000

表 7.9　因子分析结果

成分	初始特征值		
	已解释的总体方程	方差贡献率	累计
1	9.475	39.480	39.486
2	1.595	6.648	46.128
3	1.219	5.078	51.206
4	1.092	4.549	55.755
…	…	…	…

从分析的结果来看，从各个指标中可以提取出 4 个主成分因子，在通过与该课程任课教师的沟通交流之后，认为 4 个主成分因子是合理的。根据整个考卷知识点的属性构成，本节选取如下 4 个知识点属性作为模型的 4 个因子：难易度（*diff*）、区分度（*discr*）、分布性（*distr*）、认知程度（*cogn*）。

这 4 个因子作为模型的低阶潜变量，再加上通过这些因素反映的学生成绩（achiv）这一高阶潜变量，构成了本节研究的 5 个潜变量的结构方程模型。根据对这些因子含义的分析，假定本书各潜变量的因果模型如图 7.15 所示。

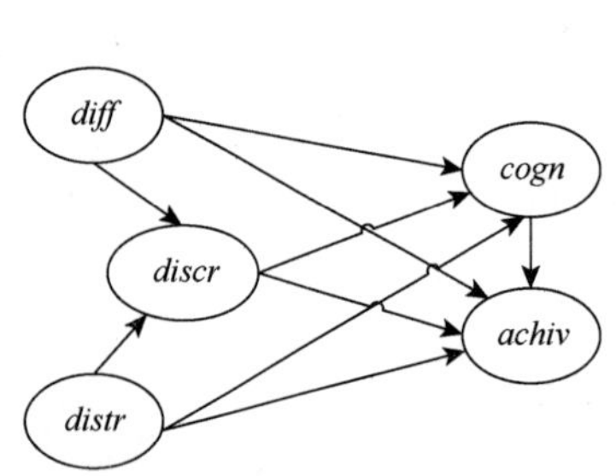

图 7.15　知识点考核策略 SEM 因果模型图

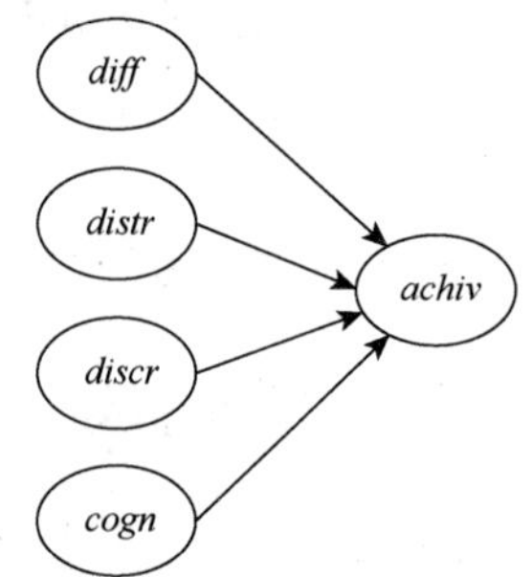

图 7.16　比较模型

结构方程模型的界定是一个非常复杂的过程，既涉及结构性的统计技术，也涉及模型的因果性问题，这些复杂的因果关系和变量的结构组合成一个需要检验的理论模型。一种因果关系表达并不能保证这些变量之间的因果关系就是唯一且正确的。

在结构方程模型的研究中，提出理论模型越简单，模型中需要估计的参数越少，模型的自由度越大，模型就越容易拟合，但是太简单的模型可能无法反映真实的数据之间的关系；相反的，如果提出的理论模型越复杂，模型中需要估计的参数就越多，模型的自由度就越小，模型越难拟合。所以研究中的理想模型就是兼备简单性与拟合性的模型。

综上所述，为了确保本节研究的科学性以及严谨性，我们还提出该模型的比较模型如图 7.16 所示。

2. 模型指标体系

一般而言，在运用结构方程模型建模时，模型越复杂，需要的样本数就越多，而且在研究时越有可能出现模型无法拟合或者拟合不佳的问题。在结构方程模型中，复杂度越大的模型，其模型中存在的潜变量越容易被忽视或根据就提取不出，那么该潜变量对应的测量指标越容易被遗漏，这样就会导致测量模型的信度和效度降低[168]。为了兼顾样本的数量和序列误差的程度，不同学者对样本数量和指标数量都进行了研究。Bentler 与 Chou 建议使用小规模的数据时，最多 20 个变量即可，潜变量的数量控制在 5、6 个，并且每个潜变量的测量指标约为 3、4 个即可。Boomsma 通过实证研究发现样本容量 N 越大，模型的收敛性和参数估计的精确度就越好，反之，如果 $N<100$ 时，计算过程中相关矩阵稳定性较差，导致模型的信度降低。

本节研究的样本容量为 161（大于 100），在指标选取的时候遵循“每个潜变量的指标大于或等于 3 个”的标准。根据上述对该课程知识体系的分析，划分出各个知识点所在的章节，结合 2014 年考卷的试题，通过和该课程授课教师的交流以及我们对整个知识体系的理解，对和各个潜变量相关的试题标记，可以确定除“成绩”外的 4 个潜变量的指标个数。

而潜变量“成绩”如果直接使用学生的期末成绩作为其测量指标，则面临的就是 7.5.1 节所提及的潜变量没有合适测量指标的情况，一是因为一个指标不满足“每个潜变量的指标大于或等于 3 个”的标准，其次期末成绩和其他测量指标是线性累加关系，这时采用 5.1 节提出的解决方案，利用其他 4 个潜变量的测量指标的第一主成分因子的得分作为“成绩”的测量指标，最后各潜变量的测量指标如图 7.17 所示。初步建模后的指标体系见表 7.10。

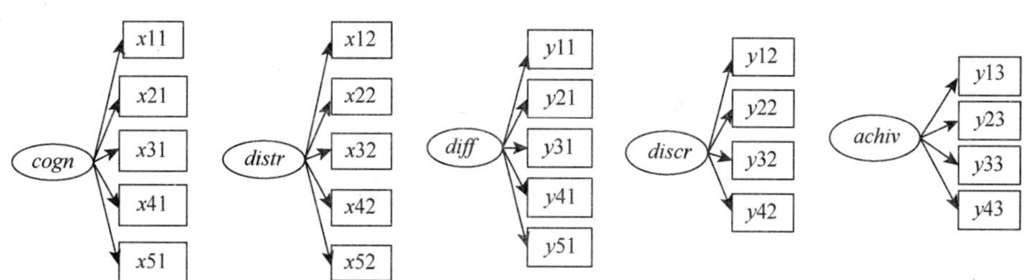

图 7.17 各潜变量的测量指标

表 7.10　初步建模指标体系

潜变量	测量指标	指标表示
认知程度（*cogn*）	识记，理解，运用，分析，创新	*x*11，*x*21，*x*31，*x*41，*x*51
分布性（*distr*）	知识点章节 1 到 5 章	*x*12，*x*22，*x*32，*x*42，*x*52
难易度（*diff*）	难度 lv_1 到 lv_5	*y*11，*y*21，*y*31，*y*41，*y*51
区分度（*discr*）	优，良，中，差	*y*12，*y*22，*y*32，*y*42
成绩（*achiv*）	其他 4 个潜变量测量指标的第 1 主成分因子得分	*y*13，*y*23，*y*33，*y*44

由于本节研究的指标是根据知识点的章节、知识点所属题型的分类等因素进行综合考虑选取的，各个测量指标的数值关系就体现在收集到的考试成绩数据（题目、题型、分值等）和学生的得分上。至此，就得到了完整初始模型图 7.18。

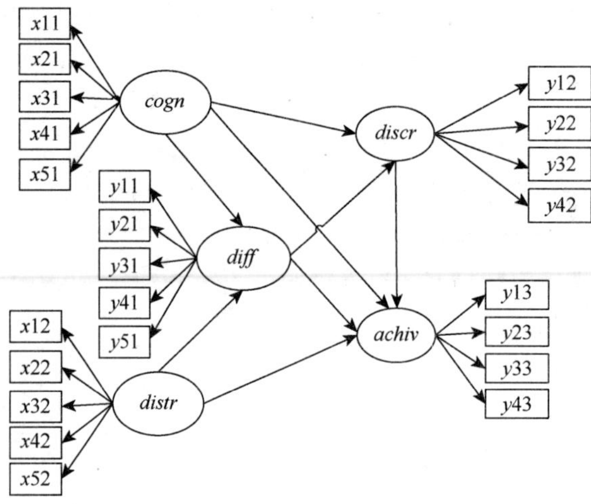

图 7.18　完整的初始理论模型

3. 研究假设

根据上一节提出的初始模型的因果关系模式，我们可以做出如下 8 项假设，如表 7.11 所示。

表 7.11　结构方程模型的具体假设

假设	假设内容
H1	“认知程度（*cogn*）”对“难易度（*diff*）”有直接的正效应
H2	“认知程度（*cogn*）”对“区分度（*diff*）”有直接的正效应
H3	“认知程度（*cogn*）”对“成绩（*achiv*）”有直接的正效应
H4	“分布性（*distr*）”对“难易度（*diff*）”有直接的正效应
H5	“分布性（*distr*）”对“成绩（*achiv*）”有直接的正效应
H6	“难易度（*diff*）”对“区分度（*discr*）”有直接的正效应
H7	“难易度（*diff*）”对“成绩（*achiv*）”有直接的正效应
H8	“区分度（*discr*）”对“成绩（*achiv*）”有直接的正效应

从 PLS-SEM 算法原理的推导过程中我们发现，在结构模型中高阶潜变量不存在或无法找到合适的测量指标时，将无法完成模型参数的估计。为解决这个问题，本节提出利用主成分分析法，使用其他低阶潜变量的第一主成分作为高阶潜变量的测量指标的方案。接着在对整个知识体系理解的基础上，确定了 4 个低阶潜变量难易度（*diff*）、分布性（*distr*）、认知程度（*cogn*）和区分度（*discr*）的测量指标。并利用本书提出的方案，解决了成绩（*achiv*）潜变量不存在合适测量指标的问题，构建出其测量指标，以此确立了研究的指标体系和理论模型，同时提出了研究假设。

7.6　基于 PLS-SEM 的知识点考核策略模型的应用

本节将利用 PLS-SEM 算法建立一个知识点考核的模型，在建模过程遇到的问题将用 7.5 的方案进行解决。通过该模型，我们可以探讨课程的知识点选取过程中需要的因素以及各因素之间互相的影响。依托该模型，我们还可以弄清目前知识点考核的构成，并得到各因素的权重，为调整知识点考核策略提供理论依据。

7.6.1　数据预处理

在用实验数据进行模型拟合之前，需要对采集的数据进行如下三方面处理。

1. 无量纲化处理

PLS 算法并不要求变量符合多元正态分布，但在试卷试题题型中包括选择题、判断题等题型，学生考试的得分就会出现非 0 即 1 的情况，在结构方程模型里面称这种变量为分类变量。在对数据进行多元分析之前，需要先对所有的数据进行无量纲化处理。本书无量纲化处理包括两个步骤：

首先进行指数化处理，然后再进行数据标准化。指数化处理的公式如

$$X_i = \frac{x_i}{\max(x_i)} \tag{7.53}$$

其中，x_i 表示源数据，X_i 表示指数化处理的数据。

数据经过指数化处理之后，再进行标准化处理，本书选择 Z-score 标准化，其转化函数如公式（7.54）：

$$X_i^* = \frac{X_i - \mu}{\sigma} \tag{7.54}$$

其中，μ 表示指数化后的均值，σ 表示指数化后的标准差。

经过上述两个步骤后，可以得到标准化的实验数据，消除了原始数据不同量纲的影响。

2. 异常数据处理

在收集到的实际数据中，可能存在某些数据与其他数据相比，显得特别大或者特别小，这种数据称为异常数据，在统计图上表示就会变成离群的点，因此也被称为离群值。当样

本容量不大时，少数几个异常数据对数据的整体统计影响较大，可能使得模型估计的统计性质显著下降。

异常数据可以分为一元异常数据和多元异常数据。一元异常数据可简单用频数分析图识别出来。多元异常数据相对比较复杂，可用峰度、多元偏度或者二维、三维散点图等方法进行识别。

3. 缺失数据处理

在实际数据中常有缺失数据，在进行模型拟合时需要对其进行处理，主要有如下方法[169]：

①列删法。它指删除有缺失值的观测指标，只用数据齐全的观测指标参与模型估计。

②均值替代法。它指用观测指标的所有变量的均值替代缺失值。

③回归法。它指根据观测指标变量之间的相关性，利用已有的观测指标的变量数据去估算缺失值。

7.6.2　非参数检验指标

因为 PLS 算法没有像 LISREL 算法一样对数据的分布假设有着严格的要求，所以用一般的统计检验方法对其分布假设进行检验是行不通的。PLS 算法在进行估计时没有作任何假设，但并不意味着在检验时也没有假设[165]。Wold 认为对 PLS 进行非参数检验是合适的。

（1）唯一维度检验。对于反映型测量模型，唯一维度检验（unidimensionality）用于检验某个潜变量所对应的观测指标是否具有唯一性[170]。利用 PCA，检查测量变量的第 1 个特征值是否大于 1，且其他特征值均小于 1。在无法满足该条件时，视情况可以考虑至少要第 1 个特征值远远大于其他特征值。

（2）负载系数。在 PLS-SEM 的测量模型中，负载系数（loadings）用来评价某一个测量指标对其对应的潜变量的信度，比较普遍的标准是其值大于 0.7，这表明测量模型中的潜变量对其各个测量指标的方差值具有 50%以上的解释能力[161]。

（3）共同因子。在反映型测量模型中，共同因子（communality）是评价潜变量对其各个测量指标的解释能力或者预测能力的指标。一般标准要求该指标大于 0.5。

（4）平均方差提取率。平均方差提取率可以用来衡量测量模型潜变量对测量变量的预测能力，也可以衡量潜变量的区别效度。一般要求该指标大于 0.5。

（5）内部模型 R^2。内部模型 R^2 是评价内部模型的预测效果或者模型的解释能力的指标，对于该指标各学者的评判标准不一，一般认为该值大于 0.5 表示模型具有中度解释能力或者说预测能力较好。

（6）冗余度。冗余度（redundancy）是用来衡量整体预测关系效果，其值是共同因子和内部模型 R^2 的乘积。该指标没有特定的标准，一般认为大于 0 就表示预测效果还能接受，该值越大表明模型的预测效果越好。

（7）Bootstrapping 显著性检验。本书的模型是以偏最小二乘法 PLS 为基础建立的，Bootstrapping 显著性检验方法是 PLS 路径建模中常用的一种非参数检验方法[171]，它的原理是当正态分布假设不成立时，经验抽样分布可以作为实际整体分布用于参数估计。通过对研究样本进行有放回的反复随机再抽样，对每一组抽样的样本进行相同的模型估计，以平均每次抽样得到的参数作为最后的估计结果[170]。在研究中，每次抽样的样本容量与初始样本的样本容量一样，且再抽样的次数为 200 次。

7.6.3 模型的构建和修正

1. 模型潜变量分析

克龙巴赫 α 系数（Cronbach's α eoefficient，简称 α 系数）是检测信度的一种方法，由李 • 克龙巴赫在 1951 年提出。它克服了部分折半法的缺点，是目前社会科学研究最常使用的信度分析方法。在使用数据对模型进行拟合之前，先检验选取的各潜变量的测量指标的信度。

1）潜变量“难易度”测量指标的分析

潜变量“难易度”的 α 系数具体见表 7.12，表中最后一项表示假设该测量指标被删除之后整体信度的提高值。“难易度”的各测量变量的 α 系数为 0.802。在删除 y41 指标后，α 系数可以从 0.802 提高到 0.826，删除任意其他指标均不能提高 α 系数的值。所以考虑 α 系数分析的结果，保留 y11，y21，y31，y51 这 4 个指标，作为潜变量“难易度”的测量指标。

表 7.12　潜变量“难易度”的 α 系数

测量变量	量表的平均得分（若该项被删除）	方差（若该项被删除）	相关系数（若该项被删除）	α 系数（若该项被删除）
y11	2.066	1.391	0.892	0.738
y21	2.119	1.286	0.852	0.756
y31	2.033	1.430	0.861	0.793
y41	1.830	1.978	0.506	0.826
y51	1.937	1.524	0.737	0.775
样本数：161		项目数：5	α 系数：0.802	

2）潜变量“区分度”测量指标的分析

从潜变量“区分度”的 α 系数统计表（表 7.13）可以看到，总的 α 系数为 0.860，删除 y32 后“区分度”的 α 系数提到到 0.870。所以，潜变量“区分度”的测量指标修改为 y12，y22，y42 这 3 个。

表 7.13　潜变量“区分度”的 α 系数

测量变量	量表的平均得分（若该项被删除）	方差（若该项被删除）	相关系数（若该项被删除）	α 系数（若该项被删除）
y12	3.145	1.619	0.758	0.810
y22	3.144	1.606	0.771	0.806
y32	2.910	1.980	0.637	0.870
y42	2.861	2.131	0.586	0.853
样本数：161		项目数：4	α 系数：0.860	

3）潜变量“成绩”测量指标的分析

表 7.14 表明，删除任意一个指标都不会使潜变量“成绩”的 α 系数提高，所以该潜变量的测量指标保持不变。

表 7.14　潜变量“成绩”的 α 系数

测量变量	量表的平均得分（若该项被删除）	方差（若该项被删除）	相关系数（若该项被删除）	克隆巴赫系数（若该项被删除）
*Y*13	1.352	0.260	0.742	0.708
*Y*23	1.211	0.194	0.673	0.754
*Y*43	1.265	0.321	0.772	0.762
样本数：161		项目数：3	α 系数：0.783	

4）潜变量“认知程度”测量指标的分析

从表 7.15 可以发现，潜变量“认知程度”整体的 α 系数为 0.837，剔除 $x51$ 剔除之后提高到 0.846。最终，我们留下 $x11$，$x21$，$x31$，$x41$ 作为潜变量“认知程度”的测量指标。

表 7.15　潜变量“认知程度”的 α 系数

测量变量	量表的平均得分（若该项被删除）	方差（若该项被删除）	相关系数（若该项被删除）	克隆巴赫系数（若该项被删除）
*x*11	2.252	1.219	0.791	0.817
*x*21	2.264	1.157	0.824	0.778
*x*31	2.337	1.315	0.752	0.801
*x*41	2.486	1.344	0.803	0.731
*x*51	2.123	1.191	0.770	0.846
样本数：161		项目数：5	α 系数：0.837	

5）潜变量“分布性”测量指标的分析

经过计算潜变量“分布性”的 α 系数如表 7.16 所示，我们可以看到，剔除 $x52$ 后可以将 α 系数从 0.852 提高到 0.864，剔除其他指标均不能提高 α 系数的值。因此，最后保留 $x12$，$x22$，$x32$，$x42$ 这 4 个指标作为潜变量“分布性”的测量指标。

表 7.16　潜变量“分布性”的 α 系数

测量变量	量表的平均得分（若该项被删除）	方差（若该项被删除）	相关系数（若该项被删除）	克隆巴赫系数（若该项被删除）
*x*12	2.354	2.634	0.840	0.827
*x*22	2.331	2.609	0.859	0.823
*x*32	2.332	2.598	0.868	0.841
*x*42	2.312	2.631	0.668	0.826
*x*52	2.028	2.424	0.778	0.864
样本数：161		项目数：5	α 系数：0.852	

在完成对各个潜变量的测量指标的克龙巴赫信度检验后，我们确定了 5 个潜变量和它们分别对应的 19 个测量指标来构成知识点考核策略模型的理论模型，对各指标的表示重新进行排序和命名，如表 7.17 所示。

表 7.17　潜变量和测量指标汇总

潜变量	测量指标	指标表示
认知程度（*cogn*）	识记，理解，运用，分析	*x*11，*x*12，*x*13，*x*14
分布性（*distr*）	知识点章节 1 到 4 章	*x*12，*x*22，*x*32，*x*42
难易度（*diff*）	难度 lv_1，lv_2，lv_3，lv_5	*y*11，*y*21，*y*31，*y*41
区分度（*discr*）	优，良，差	*y*12，*y*22，*y*32
成绩（*achiv*）	其他 4 个潜变量测量指标的第 1 主成分因子得分	*y*13，*y*23，*y*33，*y*43

至此，我们得到如图 7.19 所示的知识点考核策略结构方程模型。

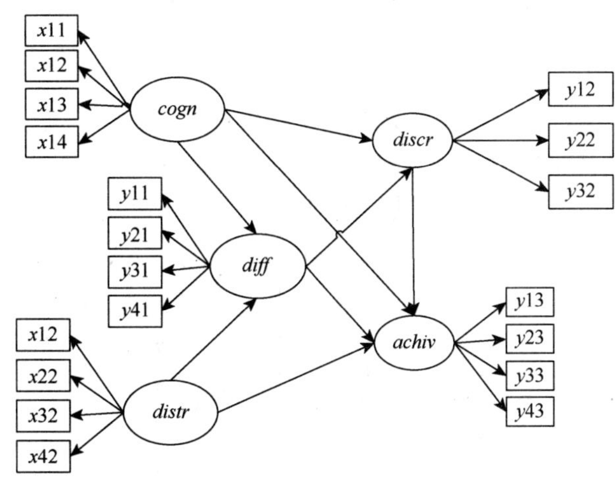

图 7.19　知识点考核策略的结构方程模型

最后确定的结构方程模型中总共有 5 个测量模型，分别对它们进行唯一性检验，检验结果如表 7.18 所示。由表 7.18 显示的唯一性检验结果可知，所有潜变量相应的可测变量组的第一特征根值都远大于 1，而且明显大于第二特征根值，所有第二特征根值均远小于 1，即都通过唯一维度的检验。这一检验结果说明本章研究的结构方程模型的 5 个潜变量的测量变量是唯一维度的。

表 7.18　模型检验结果

潜变量	第一特征根值	第二特征根值
难易度（*diff*）	2.074	0.559
区分度（*discr*）	2.455	0.316
成绩（*achiv*）	2.289	0.402
认知程度（*cogn*）	2.163	0.407
分布性（*distr*）	2.285	0.486

2. 模型的数学形式

1）结构模型

上节我们完成了测量指标对各个潜变量的拟合，最后得到了知识点考核策略的结构方程模型的假设理论模型，其中结构模型描述了知识点考核策略的理论研究中各个潜变量 LV 之间的关系，其基本方程形式为：$\eta = B\eta + \Gamma\xi + \zeta$，该方程的矩阵形式表示如公式（7.55）。

$$\begin{pmatrix}\eta_1\\ \eta_2\\ \eta_3\end{pmatrix}=\begin{pmatrix}0 & 0 & 0\\ \beta_{21} & 0 & 0\\ \beta_{31} & \beta_{32} & 0\end{pmatrix}\begin{pmatrix}\eta_1\\ \eta_2\\ \eta_3\end{pmatrix}+\begin{pmatrix}\gamma_{11} & \gamma_{12}\\ \gamma_{21} & 0\\ \gamma_{31} & \gamma_{32}\end{pmatrix}\begin{pmatrix}\xi_1\\ \xi_2\end{pmatrix}+\begin{pmatrix}\varepsilon_{\eta_1}\\ \varepsilon_{\eta_2}\\ \varepsilon_{\eta_3}\end{pmatrix} \tag{7.55}$$

其中，ξ_1 表示认知程度，ξ_2 表示分步性，η_1 表示难易度，η_2 表示区分度，η_3 表示成绩；β 表示各内生潜变量之间的路径系数；γ表示外源潜变量和内生变量之间的路径系数；ε表示潜变量的残差项。以上每个潜变量对应的测量变量的个数分别为 4、4、4、3、4，即共 19 个测量变量。

2）测量模型

前文已经提及本书研究中都是反映型测量模型，理论模型的测量模型表示为：

外源潜变量和测量指标的关系方程 $x = \Lambda_x\xi + \delta$，其矩阵形式如式（7.56）；内生潜变量和测量指标的关系方程 $y = \Lambda_y\eta + \varepsilon$，其矩阵形式如式（7.57）：

$$\begin{pmatrix}\chi_{11}\\ \chi_{21}\\ \chi_{31}\\ \chi_{41}\\ \chi_{12}\\ \chi_{22}\\ \chi_{32}\\ \chi_{42}\end{pmatrix}=\begin{pmatrix}\upsilon_{11} & 0\\ \upsilon_{21} & 0\\ \upsilon_{31} & 0\\ \upsilon_{41} & 0\\ 0 & \upsilon_{12}\\ 0 & \upsilon_{22}\\ 0 & \upsilon_{32}\\ 0 & \upsilon_{42}\end{pmatrix}\begin{pmatrix}\xi_1\\ \xi_2\end{pmatrix}+\begin{pmatrix}\delta_1\\ \delta_2\\ \delta_3\\ \delta_4\\ \delta_5\\ \delta_6\\ \delta_7\\ \delta_8\end{pmatrix} \tag{7.56}$$

$$\begin{pmatrix}y_{11}\\ y_{21}\\ y_{31}\\ y_{41}\\ y_{12}\\ y_{22}\\ y_{32}\\ y_{13}\\ y_{23}\\ y_{33}\\ y_{43}\end{pmatrix}=\begin{pmatrix}\lambda_{11} & 0 & 0\\ \lambda_{21} & 0 & 0\\ \lambda_{31} & 0 & 0\\ \lambda_{41} & 0 & 0\\ 0 & \lambda_{12} & 0\\ 0 & \lambda_{22} & 0\\ 0 & \lambda_{32} & 0\\ 0 & 0 & \lambda_{13}\\ 0 & 0 & \lambda_{23}\\ 0 & 0 & \lambda_{33}\\ 0 & 0 & \lambda_{43}\end{pmatrix}\begin{pmatrix}\eta_1\\ \eta_2\\ \eta_3\end{pmatrix}+\begin{pmatrix}\varepsilon_1\\ \varepsilon_2\\ \varepsilon_3\\ \varepsilon_4\\ \varepsilon_5\\ \varepsilon_6\\ \varepsilon_7\\ \varepsilon_8\\ \varepsilon_9\\ \varepsilon_{10}\\ \varepsilon_{11}\end{pmatrix} \tag{7.57}$$

测量变量到结构变量的关系方程如式（7.58）和式（7.59），其中，ε_{xt} 和 ε_{yi} 为随机项误差。

$$\xi_t = \sum_{j=1}^{K(t)} \psi_{tj} x_{tj} + \varepsilon_{xt}, \quad t = 1,2 \tag{7.58}$$

$$\eta_i = \sum_{j=1}^{L(i)} \omega_{ij} y_{ij} + \varepsilon_{yi}, \quad i = 1,2,3 \tag{7.59}$$

确定了测量模型和结构模型的数学形式后，就可使用改进的 PLS 算法对模型的参数进行估计和检验了。

3. 模型构建过程

下面分别以 2014 年度知识点考核的数据作为模型的数据输入，利用 PLS-SEM 进行参数估计，我们得到第 1 次数据拟合后的模型如图 7.20 所示。

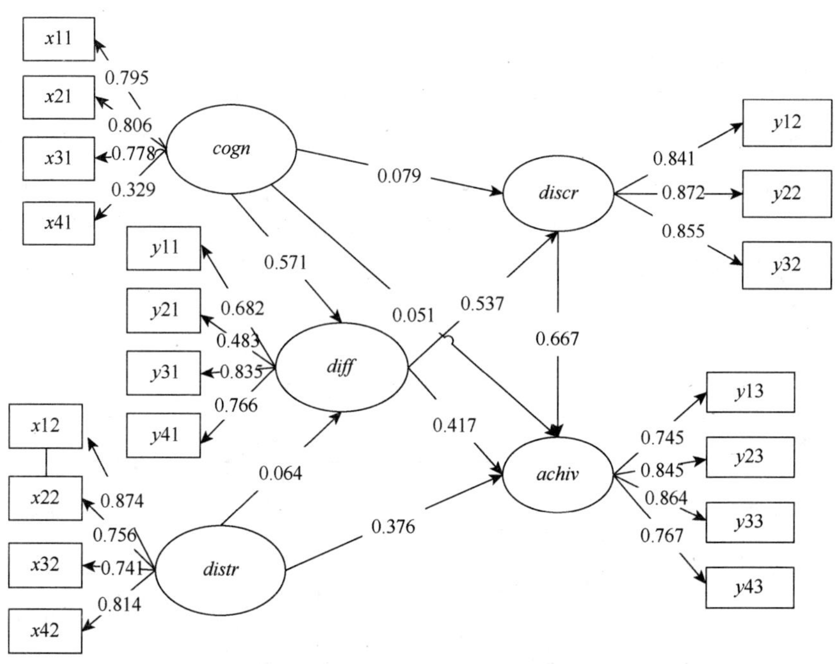

图 7.20　2014 年度知识点考核策略结构方程模型（第 1 次拟合结果）

完整 SEM 假设模型的检验中，先对模型结果中的估计值进行检查，如果模型中存在明显有悖于模型原假设的估计值，则应重新界定假设模型。其次，检查结构模型中外因变量对内因变量或者中介变量对内因变量的路径系数是否显著，如果路径系数不显著（$p>0.05$），表示变量间的因果关系未有显著的直接效果，则此条路径可以考虑删除；若路径系数的正负号与原先理论假设相反，表示模型的界定也有问题，则最好重新界定假设模型。下面给出建模过程中对模型调整的关键分析步骤。

1）初始模型的潜变量总平均值

从表 7.19 中初始模型的潜变量总平均值（AVE）计算结果来看，*AVE* = 0.515，达到了大于 0.5 的标准。潜变量“区分度”“成绩”和“分布性”的 *AVE* 都达到大于 0.5 标准，说明这些潜变量的测量指标对该潜变量的解释预测能力是比较好的。

但潜变量“难易度”的 *AVE* = 0.482，“认知程度”的 *AVE* = 0.479，均没有达到 0.5 的标准，说明其测量指标的选取存在问题，下面结合它们的负载系数对模型进行调整。

表 7.19　初始模型的 *AVE*

潜变量	*AVE*	$AVE_{总}$
难易度（*diff*）	0.482	
区分度（*discr*）	0.523	
成绩（*achiv*）	0.516	0.515
认知程度（*cogn*）	0.479	
分布性（*distr*）	0.574	

2）初始模型的负载系数

初始模型的负载系数估计值如表 7.20 所示，从估计结果可知，在潜变量“难易度”的 4 个测量变量中，平均负载系数为 0.692，而 *y*21 负载系数为 0.483，说明它们对潜变量“难易度”的贡献率很低，可考虑将这两项删除。从实际情况出发来考虑，我们在对题目的难度进行评定的时候，难度 *lv*2 和难度 *lv*3 的界定比较相近，可能对一个题目进行难度评定存在不恰当的判断，所以考虑将 *lv*2 指标删除，从整个试卷的难度来看，分成 3 个梯度是可以接受的。

表 7.20　初始模型的负载系数

潜变量	测变量	负载系数	平均负载系数
难易度（*diff*）	*y*11 *y*21 *y*31 *y*41	0.682 0.483 0.835 0.766	0.692
区分度（*discr*）	*y*12 *y*22 *y*32	0.841 0.872 0.855	0.856
成绩（*achiv*）	*y*13 *y*23 *y*33 *y*43	0.745 0.845 0.864 0.767	0.805
认知程度（*cogn*）	*x*11 *x*21 *x*31 *x*41	0.795 0.806 0.778 0.329	0.677
分布性（*distr*）	*x*12 *x*22 *x*32 *x*42	0.874 0.756 0.741 0.814	0.796

潜变量“认知程度”的平均负载系数为 0.677，而其中 $x41$ 测量指标的负载系数为 0.329，同理可以考虑将其删除。“认知程度”的 4 个测量指标是识记、理解、运用、分析，其中运用和分析在该课程的考核中基本是以运用为主的，分析的题目占极少数，而且运用和分析的关联很大，所以将它们合成一个测量指标是合理的。

其他潜变量的测量指标均保持不变，经过修正的模型如图 7.21 所示。

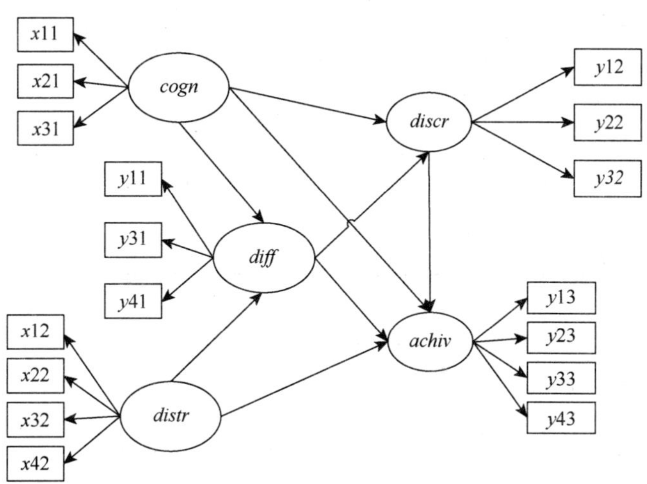

图 7.21　初步修改的模型

3）初步修改模型的 *AVE* 和负载系数

观察初步修正模型计算出的 *AVE* 结果，从表 7.21 可以看出，各潜变量的总平均 *AVE* = 0.530>0.5，较初始模型检验统计量的水平有明显提高。各潜变量的 *AVE* 均大于 0.5，说明各潜变量都能反映其测量变量大于 50%以上的方差。表 7.22 显示，各潜变量测量指标的平均负载系数都达到大于 0.7 的水平，可以认为初步修正的模型测量模型已经比较理想了。

表 7.21　初步修正模型的 *AVE*

潜变量	*AVE*	$AVE_{总}$
难易度（*diff*）	0.502	
区分度（*discr*）	0.523	
分布性（*distr*）	0.516	0.530
认知程度（*cogn*）	0.533	
成绩（*achiv*）	0.574	

表 7.22　初步修正模型的负载系数

潜变量	测量变量	负载系数	平均负载系数
难易度（*diff*）	*y*11	0.685	0.770
	*y*31	0.843	
	*y*41	0.781	

续表

潜变量	测量变量	负载系数	平均负载系数
区分度（*discr*）	*y*12	0.841	0.856
	*y*22	0.872	
	*y*32	0.855	
成绩（*achiv*）	*y*13	0.745	0.805
	*y*23	0.845	
	*y*33	0.864	
	*y*43	0.767	
认知程度（*cogn*）	*x*11	0.807	0.797
	*x*21	0.801	
	*x*31	0.782	
分布性（*distr*）	*x*12	0.874	0.796
	*x*22	0.756	
	*x*32	0.741	
	*x*42	0.814	

4）初步修正模型负载的 Bootstrapping 显著性检验

T 统计值在 $\alpha = 0.05$ 的水平下、自由度 $df = 200$ 的临界值 $T(0.05)200 = 1.972$。在初步修正模型的测量模型的 Bootstrapping 检验结果中（表 7.23），可以看到 T 统计值均大于 1.972，说明模型的测量模型中的这些载荷系数都显著不为 0，均具有统计学意义。因此，初步修正的测量模型都通过 Bootstrapping 检验，整体来说，经过初步修正的模型较初始模型有了很大的改善，结构模型中各个测量模型的载荷系数均达到显著，不再需要进行修正。

表 7.23　初步修正模型的测量模型 Bootstrapping 检验结果

潜变量	测量变量	原始样本	样本均值	标准均值	*T* 值
难易度（*diff*）	*y*11	0.685	0.686	0.026	14.158
	*y*31	0.843	0.843	0.024	16.783
	*y*41	0.781	0.783	0.028	15.310
区分度（*discr*）	*y*12	0.841	0.842	0.009	43.295
	*y*22	0.872	0.871	0.008	47.537
	*y*32	0.855	0.857	0.008	45.244
成绩（*achiv*）	*y*13	0.745	0.745	0.012	34.779
	*y*23	0.845	0.846	0.011	29.840
	*y*33	0.864	0.865	0.011	34.177
	*y*43	0.767	0.766	0.021	25.637
认知程度（*cogn*）	*x*11	0.807	0.809	0.008	35.592
	*x*21	0.801	0.803	0.006	48.439
	*x*31	0.782	0.782	0.006	47.300
分布性（*distr*）	*x*12	0.874	0.873	0.025	31.416
	*x*22	0.756	0.755	0.021	39.103
	*x*32	0.741	0.740	0.015	28.123
	*x*42	0.814	0.815	0.010	31.274

从测量模型的负载系数、*AVE* 以及 Bootstrapping 的检验结果来看，潜变量“成绩”的 4 个测量指标都符合各指标的标准，说明本章的方案是有效的。

5）初步修正模型路径系数的 Bootstrapping 显著性检验

对模型的测量模型修正完后，接着再对模型的结构模型进行分析。路径系数的 Bootstrapping 检验结果如表 7.24 所示，$T(0.2)200 = 1.286$，“认知程度”→“区分度”“认知程度”→“成绩”“分布性”→“难易度”的路径系数分别为 0.081、0.048 和 0.064，T 统计量值分别是 1.231、0.953 和 1.032，均小于该临界值，说明三个路径系数均无统计学意义，可以考虑将其删除。

表 7.24　初步修正模型的路径系数 Bootstrapping 检验结果

路径	原始样本	样本均值	标准均值	*T* 值
认知程度（*cogn*）→难易度（*diff*）	0.572	0.572	0.052	11.010
认知程度（*cogn*）→区分度（*discr*）	0.081	0.090	0.067	1.231
认知程度（*cogn*）→成绩（*achiv*）	0.048	0.071	0.025	0.953
分布性（*distr*）→难易度（*diff*）	0.064	0.063	0.040	1.032
分布性（*distr*）→成绩（*achiv*）	0.373	0.372	0.053	7.083
难易度（*diff*）→区分度（*discr*）	0.537	0.537	0.032	17.016
难易度（*diff*）→成绩（*achiv*）	0.425	0.424	0.041	10.396
区分度（*discr*）→成绩（*achiv*）	0.679	0.677	0.034	20.005

在完成对初步修改模型的 Bootstrapping 检验之后，最终得到如图 7.22 结构模型，最终模型拟合结果如图 7.23 所示。

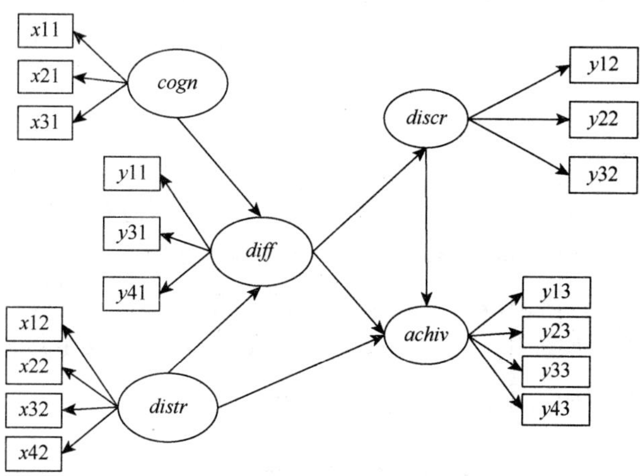

图 7.22　最终模型图

再对模型的结构模型路径系数进行 Bootstrapping 检验，设定每组抽样的样本容量与初始样本容量相同，抽样次数为 200 次。检验结果如表 7.25 所示，最终模型的路径系数都通过统计检验，这些估计系数都显著不为 0，具有统计学意义。

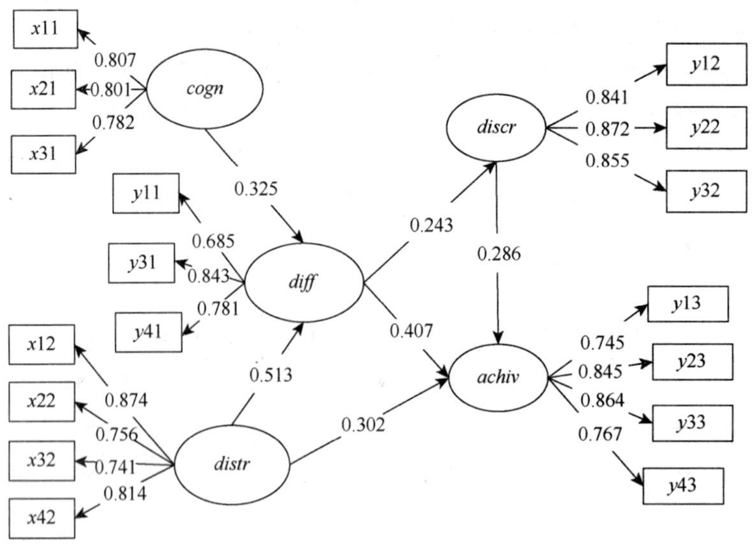

图 7.23　最终模型拟合结果

表 7.25　最终模型的路径系数 Bootstrapping 检验结果

路径	原始样本	样本均值	标准均值	*T* 值
认知程度（*cogn*）→难易度（*diff*）	0.325	0.326	0.054	8.397
分布性（*distr*）→难易度（*diff*）	0.513	0.514	0.038	10.286
分布性（*distr*）→成绩（*achiv*）	0.302	0.302	0.025	27.540
难易度（*diff*）→区分度（*discr*）	0.243	0.242	0.020	18.921
难易度（*diff*）→成绩（*achiv*）	0.407	0.407	0.047	6.893
区分度（*discr*）→成绩（*achiv*）	0.286	0.287	0.029	15.314

4. 模型解释能力评估

上一节中对模型的外部效果进行了评估，同时对模型进行了修正，最后得到外部模型较好的模型，这一节将对模型的内在解释能力进行评估。

在 PLS 中一般使用模型的 R^2 值表示模型的内在解释能力。R^2 越大表示内部模型中内生潜变量未能被内部模型解释的方差越小。一般 R^2 大于 0.65 表示具有实际的研究价值。表 7.26 为模型拟合的 R^2。

表 7.26　模型拟合的 R^2

潜变量	R^2	调整的 R^2
分布性（*discr*）	0.582	0.581
认知程度（*cogn*）	0.668	0.666
成绩（*achiv*）	0.673	0.671

模型拟合的 R^2 数值中只有“分布性”这一项没有达到 0.65 的标准，但是已经很接近，可以认为本模型的内部解释能力尚可。如果采用大于 0.5 的标准，可以认为本模型的内部解释能力已经达到理想水平。

7.6.4　研究假设验证

以最终得出的知识点考核策略的结构方程模型为依据，可以看到本书在 7.5.1 小节提出的 8 项研究假设中有 6 项得到验证，有 2 项被否定，具体如表 7.27 所示。

表 7.27　研究假设验证结果

研究假设	验证结果
H1：“认知程度（*cogn*）”对“难易度（*diff*）”有直接的正效应	支持
H2：“认知程度（*cogn*）”对“区分度（*diff*）”有直接的正效应	否定
H3：“认知程度（*cogn*）”对“成绩（*achiv*）”有直接的正效应	否定
H4：“分布性（*distr*）”对“难易度（*diff*）”有直接的正效应	支持
H5：“分布性（*distr*）”对“成绩（*achiv*）”有直接的正效应	支持
H6：“难易度（*diff*）”对“区分度（*discr*）”有直接的正效应	支持
H7：“难易度（*diff*）”对“成绩（*achiv*）”有直接的正效应	支持
H8：“区分度（*discr*）”对“成绩（*achiv*）”有直接的正效应	支持

7.6.5　对比模型的分析

在 7.5.2 节我们提出了本书研究模型的对比模型的因果模式图，各潜变量的测量指标使用 7.5.2 节最终模型的测量指标体系。下面是该模型的各个指标的拟合分析结果。

1. 共同因子和平均方差提取率（*AVE*）

从对比模型的平均方差提取率（表 7.28）可以看出，除了难易度的 *AVE* 略低于 0.5 的标准值，其他各个潜变量的 *AVE* 均高于 0.5，$AVE_{总}=0.524$ 也大于 0.5，这表示各个潜变量基本能够解释其反映的测量变量方差总和的 50%以上，这也进一步说明本书选取的指标体系是合适的。从两个模型可以看出，各个外部模型是符合要求的，下面就省去对负载系数的 Bootstrapping 检验，直接进行内部模型的路径系数 Bootstrapping 检验。

表 7.28　对比模型的平均方差提取率

潜变量	*AVE*	$AVE_{总}$
难易度（*diff*）	0.495	
区分度（*discr*）	0.527	
分布性（*distr*）	0.506	0.524
认知程度（*cogn*）	0.510	
成绩（*achiv*）	0.580	

2. 内部模型的路径系数 Bootstrapping 检验

从对比模型的路径系数 Bootstrapping 检验结果表 7.29 来看，“难易度”和“分布性”对“成绩”的路径系数在 $\alpha = 0.05$，$df = 200$ 时，T 统计值显著不为 0，具有统计学意义，但是“区分度”和“认知程度”的路径系数均不显著，对比模型的内部模型效果较差。

表 7.29　对比模型的路径系数 Bootstrapping 检验结果

路径	原始样本	样本均值	标准均值	T 值
难易度（*diff*）→成绩（*achiv*）	0.500	0.498	0.043	11.567
区分度（*discr*）→成绩（*achiv*）	0.029	0.034	0.025	1.165
分布性（*distr*）→成绩（*achiv*）	0.322	0.322	0.045	7.147
认知程度（*cogn*）→成绩（*achiv*）	0.111	0.114	0.028	3.912

3. 模型的 R^2 值

对比模型只有一个外源潜变量“成绩”，可以看到对比模型的 R^2 值为 0.431，而调整的 R^2 值为 0.435，如表 7.30 所示。调整后的模型效果是优于调整前的。

表 7.30　对比模型的 R^2

外源潜变量	R^2	调整的 R^2
成绩（*achiv*）	0.431	0.435

7.6.6　2015 年数据拟合

当假设模型经过修正得到一个效果较佳的模型之后，需要进一步对模型的复核效度进行研究。若一个模型具有实际意义，则它不仅适用于已知的样本，也能适用于其他的样本。如果模型构建得很理想，则可以多次适配相同的数据样本组。这种模型可交叉验证的过程称为模型的复核效度分析，不仅可以分析模型是否适配来自相同总体的不同样本，还可以分析不同总体的样本是否也可以获取理想的适配结果。为了验证模型的复核效度，下面使用 2015 年度的数据对模型进行拟合并分析其结果。

1. 数据检查

首先对 2014 和 2015 年度的试卷构成进行分析，得到如表 7.31 和表 7.32 的试卷构成统计信息。

从两个表的对比可以发现，两年的试卷题目、题型和题目的分值是不相同的，需要对 5 个潜变量重新进行指标选择，结合上文最终确定的理论模型和 2015 年考卷知识点分布情况等，确定各潜变量的指标构成如表 7.33 所示。

表 7.31　2014 年试卷构成统计信息

题型	题目量/个	概况	总分值/分	总分占比/%
单项选择题	20	20×1 分	20	20
计算题	3	1×9 分，1×6 分，1×5 分	20	20
分析题	1	1×10 分	10	10
简答题	6	5×7 分，1×5 分	40	40
综合题	1	1×10 分	10	10
总计	31	100 分	100	100
知识点章节跨度		1～7 章		

表 7.32　2015 年试卷构成统计信息

题型	题目量/个	概况	总分值/分	总分占比/%
单项选择题	25	25×1 分	25	25
判断题	10	10×1 分	10	10
计算题	3	1×7 分，1×4 分，1×4 分	15	15
分析题	6	6×6 分	36	36
问答题	2	1×11 分，1×3 分	14	14
总计	46	100 分	100	100
知识点章节跨度		1～7 章		

表 7.33　模型指标体系（2015 年）

潜变量	测量指标	指标表示
难易度（*diff*）	难度 lv_1 到 lv_3	*y*11，*y*21，*y*31
区分度（*discr*）	优，良，差	*y*12，*y*22，*y*32
成绩（*achiv*）	其他 4 个潜变量测量指标的第 1 主成分因子得分	*y*13，*y*23，*y*33，*y*43
认知程度（*cogn*）	识记，理解，运用	*x*11，*x*21，*x*31
分布性（*distr*）	知识点章节 1，2，3，5 章	*x*12，*x*22，*x*32，*x*42

2. 拟合结果及分析

模型的构建过程步骤和前文一样，这里不再赘述，2015 年度数据拟合得到的模型以及各个拟合指标的检验结果表 7.34～表 7.37 所示。

表 7.34　模型的 *AVE*

潜变量	*AVE*	$AVE_{总}$
难易度（*diff*）	0.659	
区分度（*discr*）	0.584	
分布性（*distr*）	0.701	0.672
认知程度（*cogn*）	0.648	
成绩（*achiv*）	0.770	

表 7.35　负载系数 Bootstrapping 检验结果

潜变量	测量变量	原始样本	样本均值	标准均值	*T* 值
认知程度（*cogn*）	*x*11	0.827	0.827	0.053	15.325
	*x*21	0.764	0.765	0.058	13.014
	*x*31	0.818	0.817	0.055	14.887
分布性（*distr*）	*x*12	0.821	0.820	0.034	25.436
	*x*22	0.885	0.886	0.031	29.019
	*x*32	0.764	0.764	0.023	39.460
	*x*42	0.830	0.827	0.030	29.014
难易度（*diff*）	*y*11	0.814	0.814	0.066	12.334
	*y*21	0.777	0.776	0.067	11.443
	*y*31	0.842	0.843	0.038	22.400
区分度（*discr*）	*y*12	0.712	0.710	0.074	9.648
	*y*22	0.802	0.801	0.061	13.284
	*y*32	0.886	0.885	0.043	20.070
成绩（*achiv*）	*y*13	0.668	0.667	0.063	10.548
	*y*23	0.858	0.856	0.038	22.395
	*y*33	0.820	0.821	0.032	27.556
	*y*43	0.884	0.883	0.041	21.052

表 7.36　路径系数 Bootstrapping 检验结果

路径	原始样本	样本均值	标准均值	T 值
难易度（*diff*）→分布性（*distr*）	0.234	0.232	0.015	6.521
难易度（*diff*）→成绩（*achiv*）	0.483	0.482	0.049	4.926
区分度（*discr*）→分布性（*distr*）	0.410	0.411	0.034	7.670
区分度（*discr*）→认知程度（*cogn*）	0.178	0.177	0.011	13.142
分布性（*distr*）→成绩（*achiv*）	0.326	0.327	0.021	6.331
认知程度（*cogn*）→成绩（*achiv*）	0.138	0.139	0.016	6.521

表 7.37　模型的 R^2

潜变量	R^2	调整的 R^2
分布性（distr）	0.515	0.517
认知程度（cogn）	0.546	0.544
成绩（achiv）	0.612	0.613

从 2015 年数据拟合的知识点考核策略模型的 *AVE*、测量模型的负载系数、路径系数的 Bootstrapping 检验结果和模型的 R^2 值我们可以看出，模型与数据的拟合效果也是比较理想的，说明该理论模型的复合效度较好。

7.7　结果分析与讨论

7.7.1　模型效应分析

在 7.2～7.6 节中，我们完成了对模型的假设、构建、拟合、检验之后，最终得到了“计算科学导论”课程的知识点考核策略的结构方程模型，让我们对这一课程考核的知识点构成以及联系有了一个整体的把握和全面的认识。

对结构方程模型的效应分析主要是对结构模型的路径系数的意义进行探讨。解释结构模型的路径系数需要将它看成一种“效应系数”来解释。也就是说，将 B、Γ、Λ_x、Λ_y 等直接效应组合成各种间接效应和总效应，然后对这些效应进行分析和解释。直接效应就是指一个变量对另一个变量的影响并没有通过任何其他变量；间接效应是指一个变量至少通过一个其他的变量对另一个变量产生的影响；总效应就是直接效应与间接效应的总和。显然，模型中的效应是可以分解的。

最终模型的拟合结果只是显示了“难易度”“分布性”“认知程度”和“成绩”之间的直接作用，如果只分析这些显而易见的关系并不能完全解释整个模型所涵盖的联系，需要我们对模型进一步挖掘才能揭示它们的间接联系。例如“区分度”，在模型中对“成绩”没有直接的正向效应，它和“成绩”之间并不存在路径，但是我们不能下结论说“区分度”对“成绩”没有任何影响，因为“区分度”通过作用于“分布性”，而“分布性”又直接作用于“成绩”，所以说，“区分度”对于“成绩”有间接效应。所以，模型中潜变量之间不仅存在着直接的效应，它们还会通过作用于中介变量对其他潜变量产生间接影响，如果两个潜变量之间既有直接效应又有间接效应，那么它们之间的总效应就应该为两种效应之和。

最终模型的路径系数 Bootstrapping 检验结果都达到了 0.05 的显著性水平，均具有统计学意义。“区分度”到“分布性”的直接路径系数为 0.302，“分布性”到“成绩”的直接路径系数为 0.407，因此“区分度”到“成绩”的间接路径系数为 $0.302\times0.407=0.123$。“难易度”到“分布性”的直接路径系数为 0.325，“分布性”到“成绩”的直接路径系数为 0.407，“难易度”到“成绩”的间接路径系数为 $0.325\times0.407=0.132$。同时，“难易度”到“成绩”的直接路径系数为 0.513，所以“难易度”到“成绩”的总路径系数为 $0.132+0.513=0.645$。所以，根据直接路径系数、间接路径系数和总路径系数，可以推导如下结构方程，如公式（7.60）～（7.63）所示。

$$\text{成绩}=0.645\times\text{难易度}+0.192\times\text{区分度}+0.407\times\text{分布性}+0.286\times\text{认知程度} \tag{7.60}$$

如前文推导，也可以表示成测量方程的形式如下：

$$\begin{pmatrix} x_{11} \\ x_{21} \\ x_{31} \\ x_{12} \\ x_{22} \\ x_{32} \end{pmatrix}=\begin{pmatrix} 0.779 & 0 \\ 0.888 & 0 \\ 0.822 & 0 \\ 0 & 0.900 \\ 0 & 0.924 \\ 0 & 0.890 \end{pmatrix}\begin{pmatrix} \text{难易度} \\ \text{区分度} \end{pmatrix}+\begin{pmatrix} 0.341 \\ 0.455 \\ 0.402 \\ 0.355 \\ 0.388 \\ 0.361 \end{pmatrix} \tag{7.61}$$

$$\begin{pmatrix} y11 \\ y21 \\ y31 \\ y12 \\ y22 \\ y32 \\ y42 \\ y13 \\ y23 \\ y33 \end{pmatrix} = \begin{pmatrix} 0.903 & 0 & 0 \\ 0.841 & 0 & 0 \\ 0.874 & 0 & 0 \\ 0 & 0.838 & 0 \\ 0 & 0.907 & 0 \\ 0 & 0.892 & 0 \\ 0 & 0.862 & 0 \\ 0 & 0 & 0.733 \\ 0 & 0 & 0.830 \\ 0 & 0 & 0.873 \end{pmatrix} \begin{pmatrix} \text{分布性} \\ \text{认知程度} \\ \text{成绩} \end{pmatrix} + \begin{pmatrix} 0.425 \\ 0.337 \\ 0.381 \\ 0.262 \\ 0.290 \\ 0.308 \\ 0.281 \\ 0.199 \\ 0.437 \\ 0.485 \end{pmatrix} \qquad (7.62)$$

结构方程形式如下：

$$\begin{pmatrix} \text{分布性} \\ \text{认知程度} \\ \text{成绩} \end{pmatrix} = \begin{pmatrix} 0 & 0 & 0 \\ 0 & 0 & 0 \\ 0.407 & 0.286 & 0 \end{pmatrix} \begin{pmatrix} \text{分布性} \\ \text{认知程度} \\ \text{成绩} \end{pmatrix} + \begin{pmatrix} 0.325 & 0.302 \\ 0 & 0.243 \\ 0.513 & 0 \end{pmatrix} \begin{pmatrix} \text{难易度} \\ \text{区分度} \end{pmatrix} + \begin{pmatrix} 0.112 \\ 0.214 \\ 0.072 \end{pmatrix} \qquad (7.63)$$

7.7.2　对导论课程知识点考核的指导意义

本章给出了课程知识点考核的理论模型，并对模型进行了评价，各项评价指标都表明该模型和研究的数据拟合度比较理想，但是拟合度指标的好坏无法保证该模型的有用性，拟合度指标所产生的信息只是表明模型与数据的拟合程度，绝非反映模型与真实世界的规律拟合的程度。所以下面将该理论模型和实际情况相结合进行分析，以此来判断模型是否具有现实意义。

1. 知识点考核的“难易度”对学生整体成绩情况起着主导作用

从最终的知识点考核策略的结构方程模型来看，在潜变量的关系中，我们可以发现“难易度”对整个考试的成绩既存在直接效应，也通过作用于“分布性”间接影响着“成绩”因素，从整个模型拟合的结果推导出的结构方程中也可以看到，“难易度”的总效应达到 0.645，高于其他所有因素对“成绩”的效应，这说明该课程考核的知识点的整体难度对学生成绩有着决定性的影响。大学考试不像高考是梯度性的选拔考试，大学考试的目的是检验大学生在校的学习态度、认真程度，以及对知识的了解、掌握度，考试的侧重点在于考核知识点的广度，知识点的深度主要靠学生自己去挖掘，考试的难度总体来说不会太大，所以考核知识点的难易度基本上主导着学生考试成绩的起伏，本章的研究结果在理论和实践数据上证实了上述观点。

2. 知识点考核的“分布性”对学生整体成绩起着重要作用

从最终模型的结构模型中可以看到，“分布性”虽然没有“难易度”对“成绩”的影响那么大，但是它是模型的“中介变量”，起着连接外源潜变量和内生潜变量的特殊作用，它的存在使得整个模型的各个潜变量联系更加紧密。推导的结构方程显示，“分布性”对

“成绩”总效应为 0.407，仅次于“难易度”。在大学课程的授课过程中，教师只是起着指导性的作用，对知识的理解和把握基本依靠学生自己。如果对课程知识点的考核跨度过大，章节过于分散，会导致学生无法集中于课程的主要内容，复习抓不到知识考核的重点，学生整体的考试情况自然受到影响。所以，在课程知识点考核中，权衡知识点的分布性也是非常重要的环节。

3. “区分度”通过“分布性”和“认知程度”影响着学生的整体成绩情况

从结构模型中我们可以发现，“区分度”对学生整体成绩并没有直接的正向影响，但是它通过中介变量“分布性”和“认知程度”对学生成绩产生间接影响，在模型的结构方程中其总间接效应为 0.192，是所有影响因素中效应最小的因素，这和“难易度”对主导学生整体情况有着密切的联系。区分度高的知识点考核能对不同知识水平和能力的学生加以区分，简单来说就是使综合能力较高的学生获取较高的分数，而能力较低的学生得较低的分数。这一结果是符合目前我国大学课程考核的实际情况的，如前面提到的大学课程考核的整体难度较低，知识点考核中一般只含有极少的区分度大的试题，所以“区分度”的影响非常有限。

第 8 章　精细化学习过程建模及 PLS-SEM 学习效果分析

学习是伴随每个人一生的活动，构建一个能对学习效果进行评估的学习过程模型，既有利于教学者全面、客观地把握学习者的状态，更好地对其进行引导，又能使学习者洞察自身问题并进行改善，从而有助于达成学习的目的。因此，本章将精细化管理应用于学习过程，用结构方程模型来构建学习效果评估模型，对学习效果进行有效评估[172]。

8.1　学习效果与学习过程

8.1.1　学习效果评估的多样性

社会中每个成员为适应社会发展和实现个体发展的需要都要通过学习来完成。不同学科、不同教学活动、不同的学习场景都伴随着有针对性的、多元化的学习目标指导学习者的知识自我构建及人格完善[173]。例如声乐专业的学生，学习目标是歌唱，通过声乐演奏的形式给出考核成绩；英语专业类则通过听说读写的考核形式给出学习者的成绩；工科学生则通过考试与课程设计的形式给出学生的考核成绩。虽然考试成绩是个考察学习者知识掌握情况的很好的指标，但对学习者的学习效果评估是以促进学习者的学习和发展为目的的。因此，真正的学习效果评估应该围绕学习者，以学习者的发展为出发点的，分析学习者在学习过程中的表现与原定学习目标是否相符，来对学习者的学习效果进行评估，进而提供有意义的反馈。

一般情况下，评估学生的学习效果时，可以参考评估的学习目标如下。

（1）学习能力。它是指学生通过特有的学习方式独立获得准确的知识与信息的能力。学习能力是大学生的核心竞争力。

（2）解决问题能力。它是指能够准确把握事物发生问题的实质，并能给出意见及解决方案并实施，最终使问题得到解决的能力。

（3）归纳总结能力。它是指能够对所学知识进行分析并找到知识点间的本质联系而对整体知识进行复述的能力。

（4）实践能力。它是指将事物理论应用到实际中的能力。实践能力的获得和增强是大学生全面发展的重要体现，对大学生择业和创业具有重要意义。

（5）创新能力。它是指具有推陈出新的能力，和敢于提出与众不同的、打破常规的且具有新意的思想、方法及措施的能力。

（6）协作能力。它是指在团队合作中能够和其他成员协调合作的能力。人是群居动物，必定处在各种社会关系中，因此协作能力更有助于大学生适应社会，在协作过程中提升自我价值。

当学习者通过学习，具备了一定的能力之后，就会达到相应的学习目标；以上供参考的学习目标不能涵盖所有目标，但可以根据不同学科的要求进行拓展。

此外，对学习者在学习过程中体现的态度进行量化评估，如主动性、认真性、自觉性等，更有助于教学管理者把握学习者的学习状态，并有针对性地结合学习者的特性去引导学习者学习，从而达到更好的教学效果。

8.1.2 学习过程的重要性

任何学习目标的达成都是学习效果的体现，而学习效果又与学习过程紧密相连。所以，如何设计一个好的学习过程是学习目标实现的基础与保证。

纵观传统的学习过程设计模式，绝大部分教育者将学习过程分为课前导入、课堂教学、课后作业练习三部分，最后再以课程结束后的综合测试来评估学习者的学习效果。这种以“教师-教材-课堂”为中心的传统教学模式单一且静态化，使得教学过程只是一种形式，而没有充分发挥学习者主动学习的优势，并不利于学习者潜能的发现与培养，不利于学习目标的全面实现。并且，在这种教学模式下对学习者学习过程的行为数据采集维度单一且粒度粗略，既不够系统全面，也不够精细连贯，影响着我们对学习者评估的准确性，也使我们无法完全发挥出评估反馈的潜在价值，难以对学习过程进行持续优化。

在实际教学过程中，通常反映学习者学习效果的内在潜能及态度特性是不可观察、不可测量的，但在学习过程中的学习活动信息，如学习者的分数、考试成绩、作业情况、反思情况等经过恰当的方法进行量化后，都可作为评估证据材料被学习效果评估系统调用[174]。经过合适的建模方法，将这些学习过程数据以评估对象进行定性量化，转换成为符合能力标准要求的定性或定量的数据信息，形成真实、客观且全面的学习状态图谱，能够帮助教师更准确地掌握学习者的学习过程情况及学习目标达成情况，继而根据实际情况有预判性地动态微调教学方式和教学进度，并开展有针对性的教学活动[175]；同时，这些学习状态图谱也能引导学习者进行自我监督、自我规划，主动采取相应的行动来完善自己，促进教学质量的提高和学生自身能力的发展。

8.1.3 学习过程建模及学习效果评估

学习过程的设计与量化影响着学习者知识构建的效率，也影响着最终的教学质量与学习效果。因此，学习过程模式的建模对良好的教学效果的实现具有深远的现实意义。

对于一个高效、高质的学习过程而言，学习并不是一个简单的、一次性的活动。一个完整的、可持续改进的学习过程模型应该是在合理量化学习行为的基础上记录学习者的学习过程行为数据，并通过采取恰当的模型或方法对学习者学习效果进行评估，反映存在问题，同时，能够在下一阶段的学习过程中实施改进方案，再分析、再改进地循环教与学模型。因此，本章提出如图 8.1 所示的学习过程模型，该模型主要分为学习过程模块和学习效果评估模块，其中 $i = 1, 2, \cdots, n$，i 表示学习单元，n 为课程总的单元数。

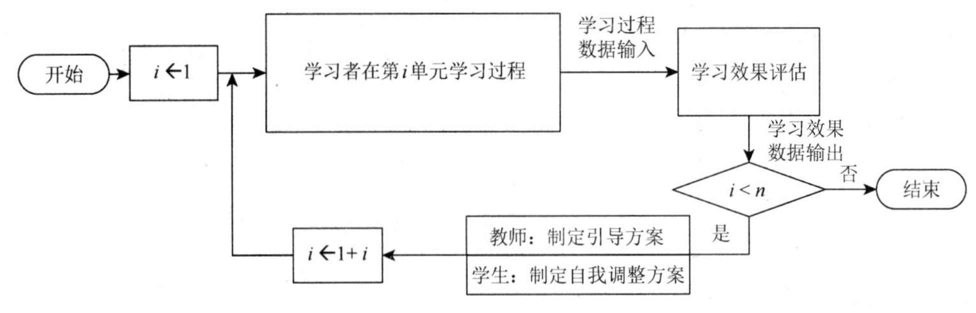

图 8.1　学习过程模型

由于学习过程是随着时间而线性前进的，为了实现学习过程的高效开展，本章将学习过程设计为线性模式，如图 8.2 所示。

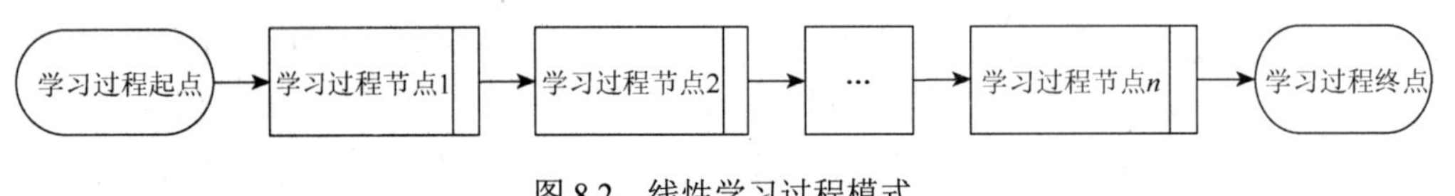

图 8.2　线性学习过程模式

该线性模式具有以下特点：

（1）在一个学习过程单元中具有一个仅有后继的学习过程起点；

（2）在一个学习过程单元中具有一个仅有前驱的学习过程终点；

（3）在一个学习过程单元中可有若干个具有前驱和后继的学习过程节点，学习过程节点可按需增删，能够灵活扩展。

这种线性学习过程模式能够实现学习过程节点的动态扩展，当一种学习活动的学习效果并不能达到预定学习目标时，教学管理者可以尝试和应用其他的学习理论和方法，直到得到相对完善的学习过程方案，使得对学习过程的管理更简单且易操作，教学有较强的目的性、针对性和有效性。

在学习效果评估模块，输入学习过程数据后，经过特定方法进行分析，输出学习效果数据。为了能够更直观地了解学习者的学习效果，在本章的研究中，我们将学习者的学习目标达成效果评估分值进行归一化再进行分析，例如，LE 为学习效果评估指标的集合，LE = {学习能力、解决问题能力、归纳总结能力、主动性…}，x 为评估指标，则存在 $\{\forall x \in \mathrm{LE} \mid 0 \leqslant x \leqslant 1\}$。当然，学习效果评估值的划分范围可根据具体的学科及教学要求进行调整。

8.2　精细化学习过程模型 RefinedM-LP 的构建

任何学习效果的实现都依赖学习过程的开展，因此学习过程的高效组织对教学效果具有重大影响。将精细化管理应用于学习过程中，有助于规范学习过程，让学习过程的开展变得程序化、标准化、数据化和信息化。本节对学习过程进行精细化建模并通过量化学习者的学习过程状态，让整个学习过程具体化、透明化，促进教学的开展及为学习者的学习效果评估提供数据。

8.2.1　学习过程元素的定义

所谓学习过程，就是学习者以一定的学习目标为导向，依照特定规则开展学习活动的过程。因此，学习过程的设计影响着学习者实现学习目标的方式与效率，也影响着最终的教学质量与学习者的学习效果。只有符合学习目标需求的、坚持以学习者为中心理念指导的学习过程设计，才能使学习者在学习过程中更大地发挥出潜力，达到更好的学习效果。因此，从以关注学习者的学习能力、归纳总结能力、解决问题能力及主动性与认真性为学习效果评估指标的实际出发，我们定义了以下学习过程元素。

1. 课前预习

精细化理论强调学习首先要有整体的、全局的认识。课前预习是一种以学习者的自主探究为目的的活动，一方面培养学习者主动学习知识的习惯和提高查阅资料的能力进而扩宽学习者的知识视野，同时提高学习者的学习能力和学习的主动性，既能帮助学习者养成自学习惯，也能减小课堂上接受新知识的压力。

在课前预习环节中，通过适当的预习题目的检测，学习者在提交自己的测试答案的同时也给出学习者角度的对题目的难易度评判，帮助教师了解学习者的预习情况，最后，学习者以“预习心得”的形式反馈在预习过程中的收获和遇到的难点及兴趣点，让教师能及时了解学习者当前的学习瓶颈及兴趣分布，进而为接下来的课堂教学备课提供指导方向。教师应该对学习者的“预习心得”给出评价，教师在评价时，重点关注学习者提出的问题是否有深度，是否积极完成课前预习以及是否以认真的态度完成课前预习。教师对“预习心得”的评分同时也是一种鼓励和交流方式，只有及时反馈，学习者和教师才能及时意识到自己存在的问题，及时改进，不断进步。

2. 课堂教学

课堂教学过程中教师除传授教学的内容外，还增加综合答疑、扩展知识等环节。

3. 课后练习

课后练习不仅是学习过程中不可或缺的一部分，也是课堂教学的延伸和补充。课后练习是指教师在该阶段的授课结束后对学习者所学知识掌握程度及学习能力的检测。学习者在课后练习中的表现也能反映一节课的教学效果和教师是否达到了预期的教学目标，更重要的是通过该环节能够很好地反映学生是否真正领悟了教师教授的知识。

在课后练习环节中，学习者需要完成相关知识点的测试题目，并在提交自己测试答案的同时也给出从学习者角度的对题目的难易度评判，帮助学习者及教师了解学习者的知识掌握情况，最后，学习者以“课后心得”的形式反馈在课堂学习过程中的收获和遇到的难点及兴趣点，让教师能及时了解当前学习者的学习瓶颈及兴趣分布，进而为接下来的课堂教学备课提供指导方向。

4. 每周总结

通过每周总结，学习者回顾一周的学习内容，形成长时记忆，综合了解自身的学习情况，同时也能对知识的概念、结构、方法及原理进行系统的概括、总结、推广和延伸，有助于学生归纳总结能力的提升；同时，教师也可根据学习者的每周总结了解教学情况，给予学习者及时的指导。

在每周总结过程中，首先学习者对本周学习情况进行反思，归纳总结所学知识，再提交总结；其次教师对学习者提交的每周总结进行评价，并及时对在每周总结中提出的疑问给予针对性的解答。

5. 每周自评

每周自评是学习者进行自我评价的过程，也是学习者在学习过程中自我监控的过程，在自我评价中认识到自己的成功之处发现不足，能够提升学习者对学习的责任感，促进学习者的自我提升。

每周自评的开展发生在一周课时结束后。学习者对照教师设定的标准，对自己在一周学习过程中的学习情况给出分数，该自评也能客观反映学习者的学习态度。

6. 每章总结

所有类型的学习最终都可以形成长时记忆中的认知图式，即对信息或动作的类别及彼此之间的关系加以区分，形成一定的思维或行为模式[176]。当学习者对所学内容及知识点进行总结时，也是其查漏补缺、进行知识管理之时，这个过程有助于学习者加深对知识的理解与掌握。

每章总结是在课程的一章学完后，学习者对该章所学知识点进行总结与再加工。总结需要涵盖该章的所有知识点，标记重点内容及其前驱和后继知识点，并给出自己判定的知识点难易程度。学习者在做每章总结的过程也是对知识不断回忆和思考的过程，有助于学习者对课程的全局了解，扫除盲点，对重点知识进行再认识和再记忆，从而构建出自身所理解的知识体系，提高归纳总结能力。

7. 每章作业

教学过程的目标不是简单地将所有知识灌输给学生，而是包含鼓励学习者在所学知识基础上有所创新。Jeroen Van Merrifinboer 提出归纳和精细加工是建构认知图式的基本学习过程，是一种策略型和控制型认知过程[176]。通过创造式复述策略，学习者主动地作用于信息，根据这些信息找出一些相关的联系，从而提高自主探索能力及解决问题的能力。

每章作业是指学生根据对本章知识点的理解，以教学管理者的视角给出对知识点的考核方式并设计该章的不同类型考试题（试题范围涵盖该章总结的内容），并标记难点、重点，给出参考答案。在学习者出题的过程中加深对重难点知识的把握及对知识的运用能力，出题的深度、广度及质量能够进一步反映学生是否真正掌握了课堂教学内容。

8. 实验预习

实验课程是多数学科中必不可少的教学环节。为了达到更好的实验教学效果，实验预习的设计很有必要。在实验预习过程中，学习者通过对实验讲义的学习明确实验目标、实验原理及基本实验操作，通过实验预习测试题来检验自身对实验操作的理解度，并在提交自己的测试答案的同时也给出学习者角度的对题目的难易度评判，再在提交实验预习心得时向教师反馈预习过程中的收获及难点，在该过程中培养学习者的学习能力以及解决问题的能力。

9. 实验报告

实验报告是指学习者在实验课后，根据实验情况撰写的总结性报告。教师通过及时批阅实验报告能够了解实验课程中学习者的学习效果。

10. 阶段测试

阶段测试作为一个阶段的全面总结，其测试范围为该阶段所有知识点，因此也是学生在本阶段中解决问题能力的综合体现。

以上这些学习过程元素可以根据课程的需要进行灵活编排，也可以根据不同的培养目标创建新的学习过程元素。

8.2.2　学习过程的精细化建模

1. 学习过程的精细化原则

精细化管理是一种理念，是将常规管理引向深入的基本思想和管理模式。它要求落实管理责任，将管理责任具体化、明确化，并且每一位责任相关人都必须到位、尽职。对于学习过程的精细化，则是指学习过程的规范化、标准化、数据化和信息化，在每一个学习过程环节中，教学者与学习者的职责是明确的、具体的。在企业的精细化管理中主要包含精细化的操作、精细化的控制、精细化的核算、精细化的分析、精细化的规划五个方面[177]。同样，在我们将精细化应用于学习过程模型构建时，也遵循这五个方面的指导。因此，对学习过程进行精细化的主要原则如下。

（1）学习过程精细化操作。每一学习过程的执行都有一定的规范和要求，并且每个学习者及教学管理者都应遵守这种规范，从而让教学过程的运作更加标准化，为学习过程的拓展提供可推广性。

（2）学习过程精细化控制。为了杜绝部分管理失误，对学习过程的开展既要有计划，也要有对流程的审核、执行及回顾的过程。

（3）学习过程精细化的核算。教学过程是根据特定的学习目标开展的，定期的学习过程核算是教学管理者了解学习者学习目标达成效果的保障。这就要求教学者定期制定考核活动，通过核算活动了解学习者的薄弱点，了解教学方案的优缺点等。

（4）学习过程的精细化分析。分析是学习过程能够得到持续优化的不竭动力，是教学管理者提高教学质量的有力手段。通过特定的分析方法，教学管理者对精细化后学习过程行为数据进行分析，从多个角度去追踪教学过程中反映的问题，进而研究优化教学过程，提高教学质量，提高学习者学习效果的方法。

（5）学习过程的精细化规划。学习过程的精细化规划是推动教学过程有序、高效的关键点。在教学过程中，教学管理者制定的计划和学习目标都应是符合实际的、可操作的和可检查的。

此外，值得教学管理者注意的是，精细化是一个过程，没有终点，并且将是一个循环探索更优过程的过程。

2. 学习过程的精细化

精细化管理就是落实管理责任，将管理责任具体化、明确化，发现问题及时纠正，及时处理。在学习过程的精细化管理过程中强调任务的及时性和反馈的及时性。对学生而言，所有学习任务都要在教师规定的时间段内完成，否则无法提交完成的任务；对教师而言，学生提交的信息要及时查看并及时反馈，形成师生间良好的沟通桥梁。在对学习过程进行精细化时，每一个精细化过程都必须明确执行过程的人、执行的动作、有效时间段及相关资源。结合学习过程的精细化标准，对 8.2.1 节中所定义的各学习过程的精细化流程如图 8.3～图 8.11 所示。鉴于篇幅，在此仅给出课前预习的详述，其他过程仅仅给出精细化流程图。

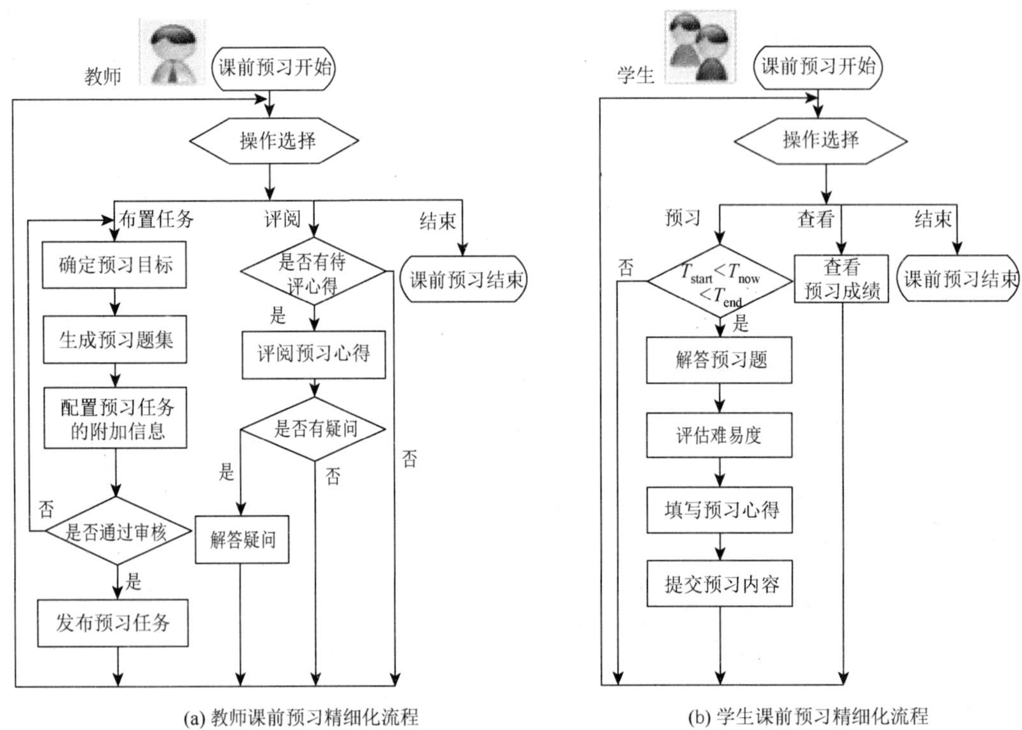

图 8.3　课前预习精细化流程

1）课前预习

在图 8.3（a）中，教师进入课前预习环节时，根据不同的目的进入不同的操作，可以选择三种操作。

操作 1：布置预习任务

（1）首先教师根据课程安排确定课前预习目标；

（2）从已有的题库中根据一定的出题策略生成预习题集，题集中包括题目描述和参考答案；

（3）当预习题集生成后，教师需要编辑本次预习任务的附加信息作为本阶段预习任务的补充描述，如预习任务的编号、预习任务的提交的有效时间段（T_{start}～T_{end}）、预习任务的知识点范围等；

在教师发布课前预习任务前需审核预习任务是否符合要求及信息是否完整。若通过审核，则教师可以发布该预习任务，返回至操作选择，否则返回步骤①。

操作 2：评阅预习心得

（1）首先查看是否有待评阅的预习心得，若有，则进入，否则返回操作选择；

（2）教师对学生提交的预习心得进行评分，并记录预习心得得分；

（3）教师查看学生提交的预习心得中是否有求助答疑的问题，若有则进入，否则返回操作选择；

（4）教师针对学生提出的疑问进行解答；

（5）返回至操作选择。

操作 3：课前预习结束

在图 8.3（b）中，学生进入课前预习环节时，也可以根据不同的目的进入不同的操作，可以选择三种操作。

操作 1：预习解答

（1）查看当前时间 T_{now} 是否符合教师发布的预习任务提交的有效时间段（T_{start}～T_{end}），若是则进入②，否则返回至操作选择；

（2）学生解答预习题，给出预习题集的答案；

（3）学生对每一个题目给出从自身角度评估的题目难易度；

（4）学生结合对书本知识及预习测试情况填写预习心得；

（5）学生提交完成的预习任务，包括题集答案、题目难易度及预习心得；

（6）返回至操作选择。

操作 2：查看预习成绩

（1）学生查看课前预习中所做题集的成绩及教师对课前预习心得的评分；

（2）返回至操作选择。

操作 3：课前预习结束

2）课堂教学

在实体课堂中，本过程主要是教师授课、学生听课的过程，与传统的课堂教学无异，因此本章未对此过程进行精细化。

3）课后练习

对课后练习进行精细化处理的流程如图 8.4 所示。

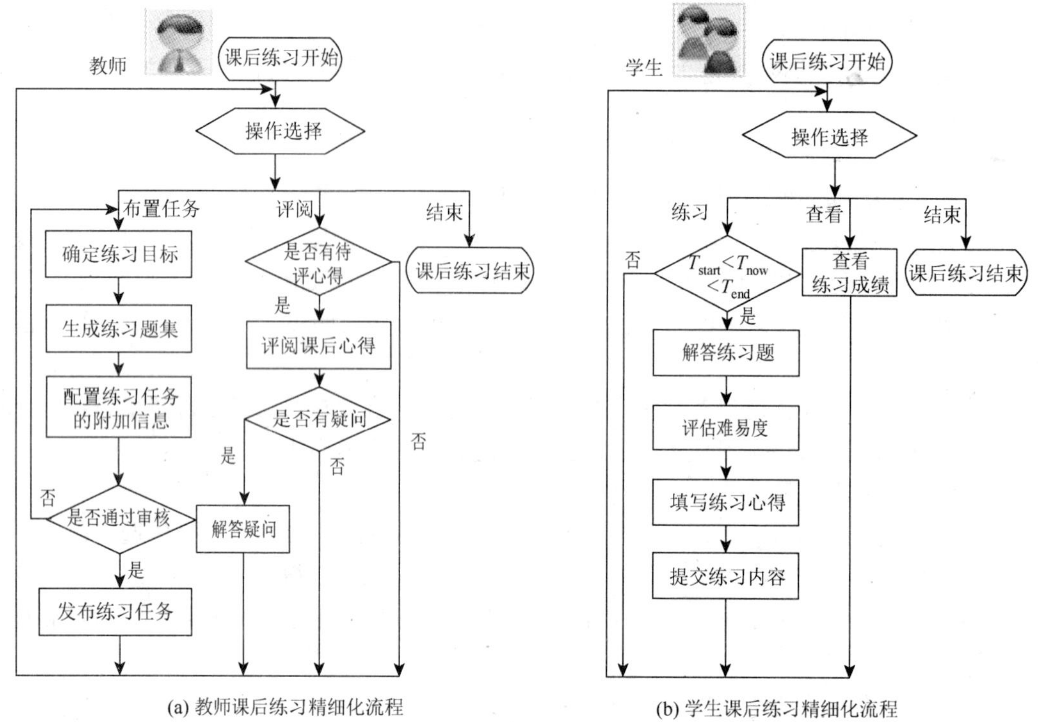

(a) 教师课后练习精细化流程　　(b) 学生课后练习精细化流程

图 8.4　课后练习精细化流程

4）每周总结

对每周总结进行精细化处理的流程如图 8.5 所示。

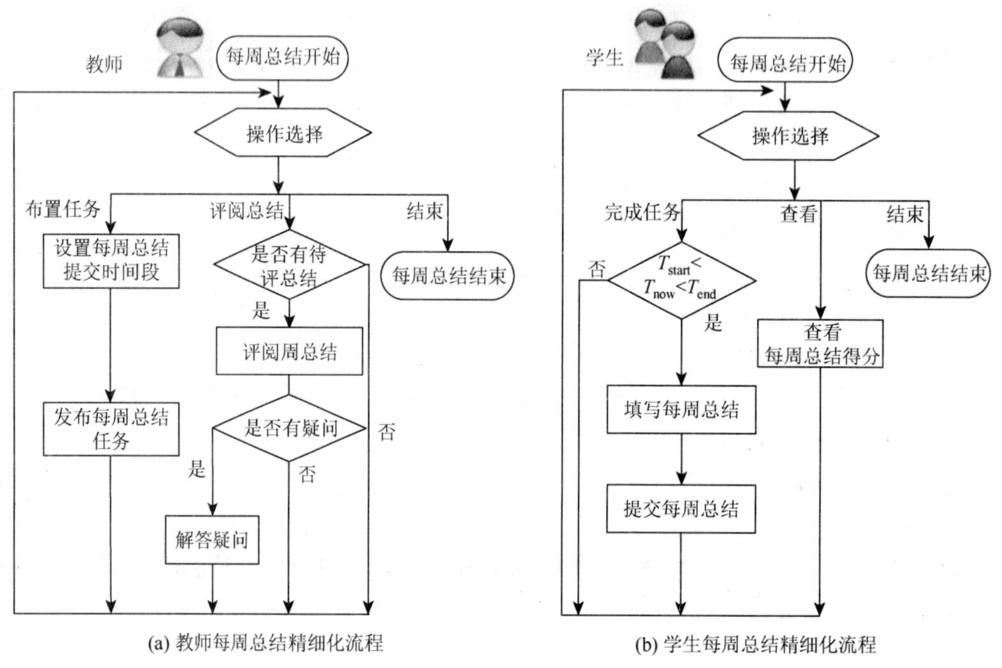

(a) 教师每周总结精细化流程　　(b) 学生每周总结精细化流程

图 8.5　每周总结精细化流程

5）每周自评

对每周自评进行精细化处理的流程如图 8.6 所示。

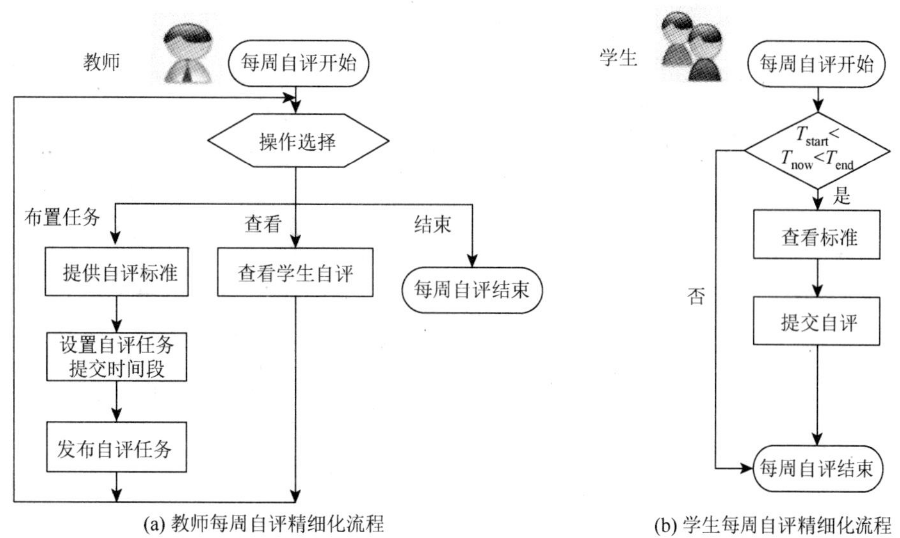

(a) 教师每周自评精细化流程　　(b) 学生每周自评精细化流程

图 8.6　每周自评精细化流程

6）每章总结

对每章总结进行精细化处理的流程如图 8.7 所示。

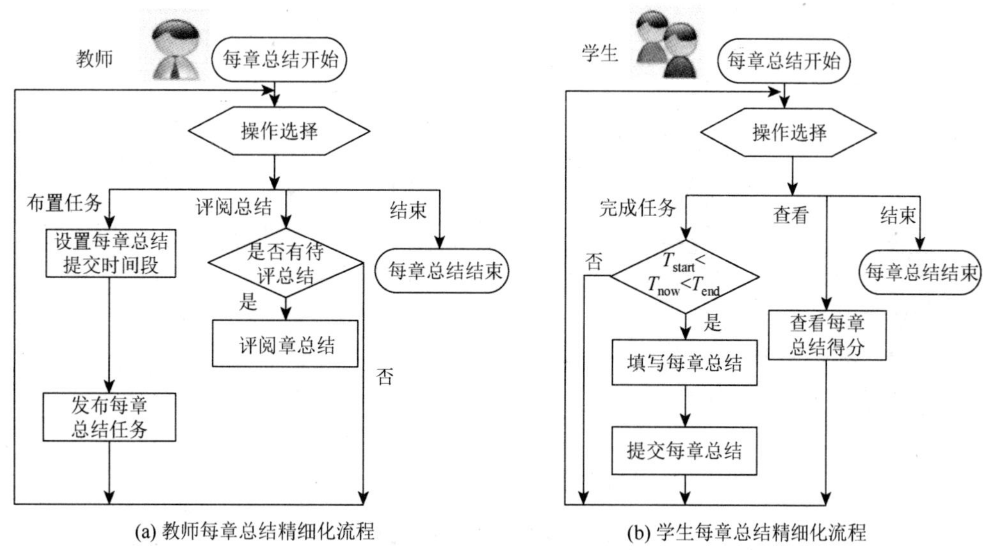

(a) 教师每章总结精细化流程　　(b) 学生每章总结精细化流程

图 8.7　每章总结精细化流程

7）每章作业

对每章作业进行精细化处理的流程如图 8.8 所示。

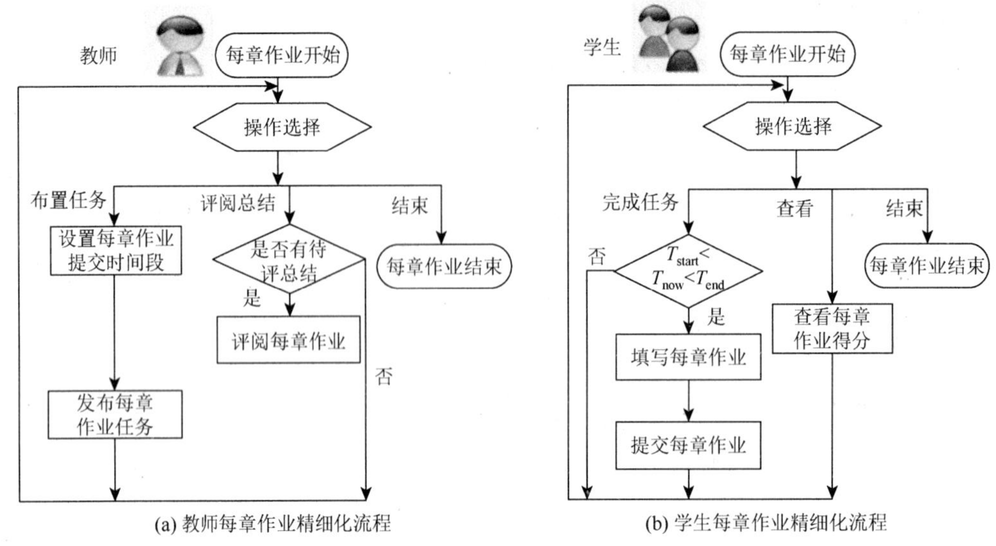

图 8.8　每章作业精细化流程

8）实验预习

对实验预习进行精细化处理的流程如图 8.9 所示。

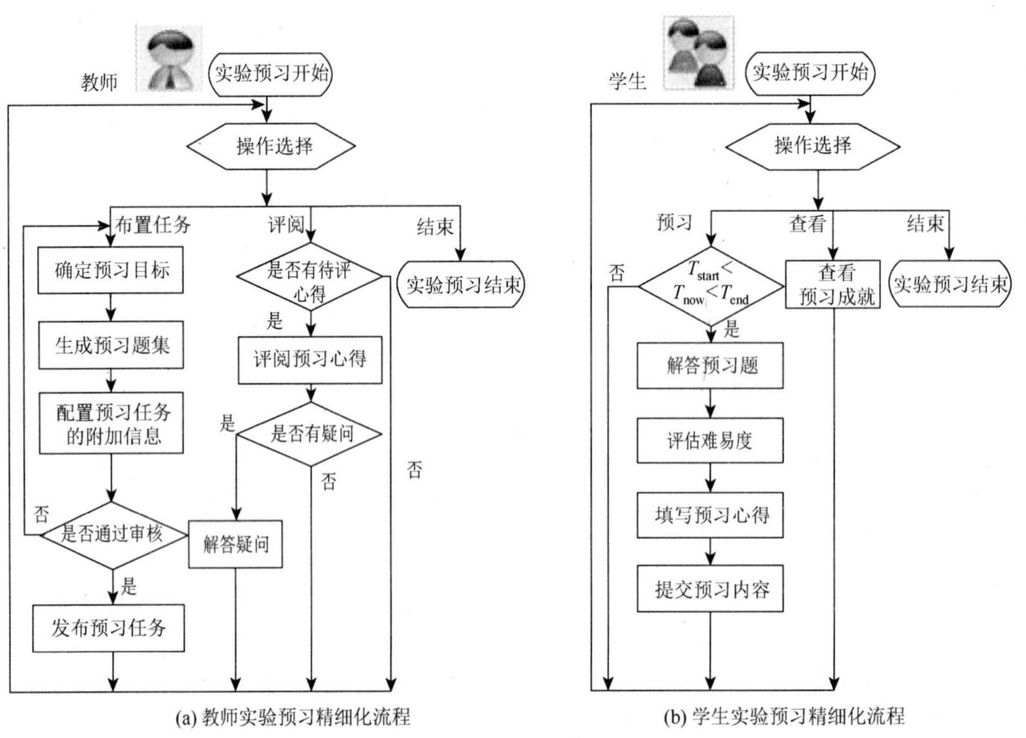

图 8.9　实验预习精细化流程

9）实验报告

对实验报告进行精细化处理的流程如图 8.10 所示。

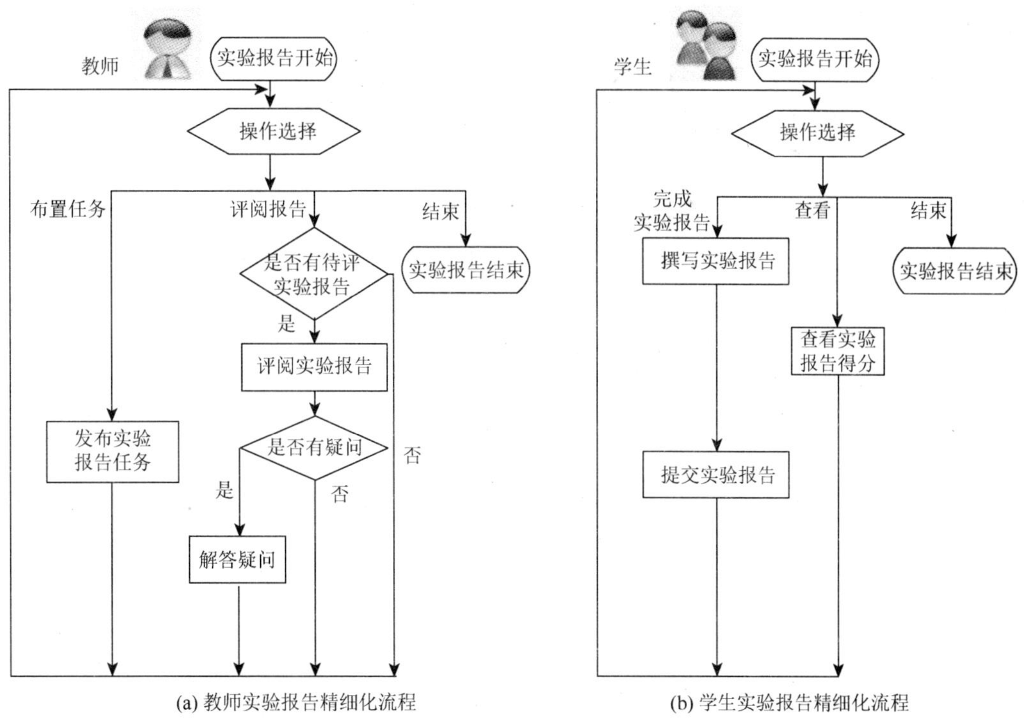

(a) 教师实验报告精细化流程　　(b) 学生实验报告精细化流程

图 8.10　实验报告精细化流程

10）阶段测试

对阶段测试进行精细化处理的流程如图 8.11 所示。

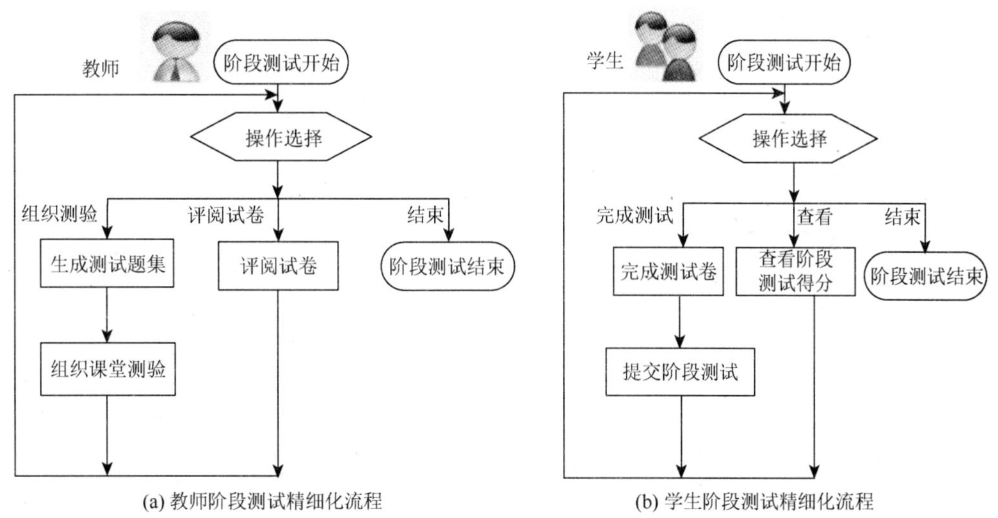

(a) 教师阶段测试精细化流程　　(b) 学生阶段测试精细化流程

图 8.11　阶段测试精细化流程

8.2.3 RefinedM-LP 的形式化描述

1. 学习过程元素属性定义

在 8.2.1 节中我们设计了符合本书研究目标的学习过程元素，也是本书的精细化学习过程模型中的组成成分，为简化描述，表 8.1 给出了元素的属性定义。

表 8.1 精细化学习过程元素属性定义

学习过程	属性	数据类型	含义
课前预习	*PreId*	Number	课前预习序号
	PreStart	Date	课前预习开始时间
	PreEnd	Date	课前预习截止时间
	PreScore	Number	课前预习测试题得分
	PreDiff	Number	学习者评估的课前预习测试题难易度
	PreExp	Number	学习者课前预习心得得分
	PreSbTime	Date	学习者提交课前预习的时间
课后练习	*AftId*	Number	课后练习序号
	AftStart	Date	课后练习开始时间
	AftEnd	Date	课后练习截止时间
	AftScore	Number	课后练习测试题得分
	AftDiff	Number	学习者评估的课后练习测试题难易度
	AftExp	Number	学习者课后练习心得得分
	AftSbTime	Date	学习者提交课后练习的时间
每周总结	*WeekId*	Number	周序号
	WSmStart	Date	每周总结开始时间
	WSmEnd	Date	每周总结截止时间
	WSmScore	Number	学习者每周总结得分
	WSmSbTime	Date	学习者每周总结提交时间
每周自评	*WeekId*	Number	周序号
	SRStart	Date	每周自评开始时间
	SREnd	Date	每周自评结束时间
	SRScore	Number	学习者每周自评的自评分
	SRSbTime	Date	学习者每周自评的提交时间
每章总结	*ChapId*	Number	章序号
	CSmStart	Date	每章总结开始时间
	CSmEnd	Date	每章总结截止时间
	CSmScore	Number	学习者每章总结得分

续表

学习过程	属性	数据类型	含义
每章作业	*ChapId*	Number	章序号
	CHmStart	Date	每章作业开始时间
	CHmEnd	Date	每章作业截止时间
	CHmScore	Number	学习者每章作业得分
实验预习	*ExpId*	Number	实验序号
	ExpStart	Date	实验预习开始时间
	ExpEnd	Date	实验预习截止时间
	ExpScore	Number	学习者实验预习测试得分
	ExpDiff	Number	学习者评估的实验预习测试难易度
	ExpExp	Number	学习者实验预习心得得分
	ExpSbTime	Date	学习者实验预习提交时间
实验报告	*ExpId*	Number	实验序号
	ExpRepScore	Number	实验报告得分
阶段测试	*PhaseTestId*	Number	阶段测试序号
	TestScore	Number	阶段测试得分
…	…	…	可扩展属性

2. 学习过程形式化描述

如前文对属性的定义，各学习过程元素的形式化描述如公式（8.1）～（8.9）所示。

课前预习

$$Pre = \{PreId, PreStart, PreEnd, PreScore, PreDiff, PreExp, PreSbTime, \cdots\} \tag{8.1}$$

课后练习

$$Aft = \{AftId, AftStart, AftEnd, AftScore, AftDiff, AftExp, AftSbTime, \cdots\} \tag{8.2}$$

每周总结

$$WeekSum = \{WeekId, WSmStart, WSmEnd, WSmScore, WSmSbTime, \cdots\} \tag{8.3}$$

每周自评

$$SelfRate = \{WeekId, SRStart, SREnd, SRScore, SRSbTime, \cdots\} \tag{8.4}$$

每章总结

$$ChapSum = \{ChapId, CSmStart, CSmEnd, CSmScore, \cdots\} \tag{8.5}$$

每章作业

$$ChapHom = \{ChapId, CHmStart, CHmEnd, CHmScore, \cdots\} \tag{8.6}$$

实验预习

$$ExpPre = \{ExpId, ExpStart, ExpEnd, ExpScore, ExpDiff, ExpExp, ExpSbTime, \cdots\} \tag{8.7}$$

实验报告

$$ExpRep = \{ExpId, ExpRepScore, \cdots\} \tag{8.8}$$

阶段测试

$$PhaseTest = \{phaseTestId, TestScore, \cdots\} \tag{8.9}$$

因此，对于精细化学习过程模型 RefinedM-LP，可表示如公式（8.10）：

$$\text{RefinedM-LP} = (P, R) \tag{8.10}$$

其中，P 表示模型中的学习过程元素集合，包括课前预习、课后练习、每周总结、每周自评、每章总结、每章作业、实验预习、实验报告、阶段测试、学习效果评估及任意扩展元素，如公式（8.11）；R 表示学习过程间的关系，由于本书的学习过程是线性模式的，因此本书仅讨论学习过程的时序关系。若 $p_0 \in P$ 且 $p_1 \in P$，并且满足 p_0 是 p_1 的前驱学习过程节点、p_1 是 p_0 的后继学习过程节点，则存在关系 $R_1 = (p_0, p_1)$。由此可得公式（8.12）：

$$P = \{Pre, Aft, WeekSum, SelfRate, ChapSum, ChapHom, ExpPre, PhaseTest, ExpRep, \cdots\} \tag{8.11}$$

$$R = \{p_0, \cdots, p_{k-1} \in P | R_1(p_0, p_1), R_2(p_1, p_2), \cdots, R_k(p_{k-1}, p_k)\} \tag{8.12}$$

其中 k 为学习过程节点数，p_0 为学习过程起点，p_k 为学习过程终点。学习过程是有序进行的，且具体的顺序可根据实际情况进行编排。此外，为了保证教学过程的完整性，课前预习与课后练习、实验预习与实验报告总是成对出现的，如公式（8.13）和公式（8.14）：

$$\forall(Pre_i \in P, p_j \in P) \wedge R_j(Pre_i, p_j) \rightarrow \exists R_m(p_{m-1}, Aft_i) \tag{8.13}$$

$$\forall(ExpPre_i \in P, p_j \in P) \wedge R_j(ExpPre_i, p_j) \rightarrow \exists R_m(p_{m-1}, ExpRep_i) \tag{8.14}$$

综上所述，精细化学习过程模型如图 8.12 所示，其中 $i = \{1, 2, \cdots, n\}$，表示学习单元序号。当某一单元的精细化学习过程结束后，学习过程数据输入至学习效果评估模块，经过分析后输出评估结果，教师及学生能够掌握学生在该单元学习过程的学习效果及学习状态。据此，教师针对需要引导的学生制定引导方案，学生也可根据学习效果评估模块的输出发现自身问题并制定自我调整方案，在下一个单元学习过程中实施。整个学习过程都是分析、改进、再分析、再改进迭代的教与学过程，直至课程结束。

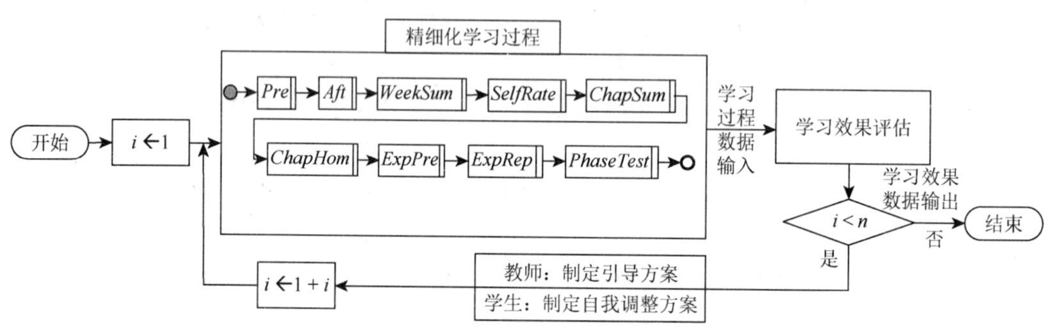

图 8.12　精细化学习过程模型

8.3　基于 PLS-SEM 的学习效果评估模型研究

我们在精细化学习过程中，对每一过程都进行了量化，然而，若仅仅是简单地呈现这些学习过程数据，则不能反映出学习者真实的学习效果及学习状态。如何发挥学习过程数据的作用，发现数据中隐藏的信息，需要我们构建合适的评估模型来解释学习者的学习表现，评估学习效果。因此本节综合精细化学习过程中学习者的行为数据，构建以学习者的自主性、认真性、解决问题能力、归纳总结能力及学习能力为评估指标的学习效果评估模型。一方面帮助教师对学习者的学习过程进行有效监控，掌握学习者的学习状态及学习目标的达成效果从而制定有效的引导方案；另一方面也能帮助学习者对照评估结果反思不足，并及时制定和实施自我调整方案。

8.3.1　学习效果的评估方法确定

在精细化学习过程中，能够体现某一学习目标达成效果的学习过程数据指标是多样的，且学习效果所指向的表现间具有一定的相互影响关系和因果关系。因此，在对学习者基于学习目标达成的学习效果进行客观、全面评估时也应当考虑这些复杂的关系。

对于一般教学过程中，一个班级或者一个教师所管理的样本数据的数据量通常是较小的（数据量<1000），且分布情况未知，可能存在某些数据不符合正态分布，因此，并不总是能满足使用 LISREL 方法的条件。这里采用 PLS 算法对结构方程模型进行计算分析，以便在小样本情况下也能充分提取原始显变量的信息，得到较为合理的学习效果评估方案。

8.3.2　基于 PLS-SEM 的学习效果评估模型的建模方法

1. 理论模型和研究假设

在本章研究中，主要通过考察学习者的学习能力、解决问题能力、归纳总结能力、认真性及主动性五个方面来对学习者的学习效果进行评估，在我们的学习效果评估模型中，这五个方面即该模型中的五个潜变量。通过对理论的研究及对精细化学习过程模型中所量化的学习行为的分析，确定了具体的建模指标体系如表 8.2 所示。

表 8.2　理论模型指标体系

潜变量	潜变量含义	指标表示	指标变量含义
$X1$	主动性	$x1$	课前预习提交时间
		$x2$	课后练习提交时间
		$x3$	每周总结提交时间
$Y1$	认真性	$x4$	课前预习心得得分
		$x5$	课后练习心得得分
		$x6$	每周总结得分
		$x7$	每周自评得分
$Y2$	解决问题能力	$x8$	课前预习测试得分
		$x9$	课后练习测试得分
		$x10$	实验预习测试得分
		$x11$	每章总结得分
		$x12$	每章作业得分
		$x13$	阶段测试得分

续表

潜变量	潜变量含义	指标表示	指标变量含义
Y3	归纳总结能力	x6	每周总结得分
		x11	每章总结得分
		x14	实验报告得分
Y4	学习能力	x15	课前预习难度值
		x4	课前预习心得得分
		x16	课后练习难度值
		x5	课后练习心得得分
		x17	实验预习难度值
		x18	实验预习心得得分
		x12	每章作业得分

我们从学习效果评估的目的出发，充分考虑学习效果各指标所指向的表现间的相互影响关系和因果关系，设计了有探索意义的几条路径。完整的理论模型如图 8.13 所示。

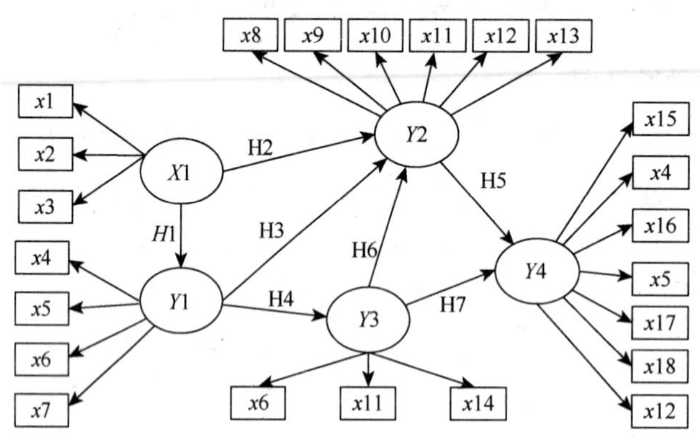

图 8.13 完整的理论模型

根据图 8.13 中的理论模型的因果关系模式，我们可以做出如表 8.3 所示的 7 项假设。

表 8.3 学习效果评估初始理论模型研究假设

假设	假设内容
H1	学习者的“主动性”对“认真性”具有正向影响；
H2	学习者的“主动性”对“解决问题能力”具有正向影响；
H3	学习者的“认真性”对“解决问题能力”具有正向影响；
H4	学习者的“认真性”对“归纳总结能力”具有正向影响；
H5	学习者的“解决问题能力”对“学习能力”具有正向影响；
H6	学习者的“归纳总结能力”对“解决问题能力”具有正向影响；
H7	学习者的“归纳总结能力”对“学习能力”具有正向影响。

在我们的完整理论模型中，包含了所有的精细化学习过程元素。但在实际教学过程中，当我们在某一过程中需要对学习者的学习效果进行评估时，学习过程则未必包含如表 8.2 所示的所有精细化学习过程，因此我们在完整理论模型的基础上可根据实际教学情况构建阶段学习效果评估模型、单元学习效果评估模型、周学习效果评估模型。

其中，阶段学习效果评估模型中学习过程元素一般包含课前预习、课后练习、每周总结、每周自评、每章总结、每章作业、阶段测试，可能还包含实验预习、实验报告；单元学习效果评估模型中学习过程元素一般包含课前预习、课后练习、每周总结、每周自评、每章总结及每章作业，可能还包含实验预习、实验报告；周学习效果评估模型中学习过程元素一般包含课前预习、课后练习、每周总结与每周自评，可能还包含实验预习、实验报告。

不同的模型指标体系可根据修改表 8.2 得到符合实际教学情况的模型指标，再进行学习效果评估。例如：在第 1 单元的学习过程中没有实验预习、实验报告，也没有阶段测试，因此在第 1 单元的学习效果评估理论模型中不包含实验预习测试得分、实验预习难度值、实验预习心得得分、实验报告得分及阶段测试得分，则去掉 $x10$、$x13$、$x14$、$x17$ 和 $x18$。

2. 学习效果评估模型拟合

模型拟合主要是估计模型参数。在基于 PLS-SEM 的学习效果评估模型中，相应的参数由 PLS 算法来进行估计。为方便后续的描述，我们以 $\xi_i (i=1,2,\cdots,5)$ 来表示学习效果评估模型中的潜变量，以 X_i 来表示潜变量 ξ_i 的观测变量，以 p_i 来表示 ξ_i 的观测变量个数，即 $X_i=(x_{i1},x_{i2},\cdots,x_{ip_i})$。对学习效果评估模型的拟合基本原理如下。

首先对学习效果评估模型中潜变量的样本数据进行标准化，经过数据预处理后 X_i 和 ξ_i 是标准化的，即 $\mathrm{Var}(X_i)=\mathrm{Var}(\xi_i)=1$。

由于潜变量 ξ_i 是其观测变量 X_i 中所有变量的线性组合，记 $\widehat{\xi_i}$ 表示 ξ_i 的估计量，如公式（8.15）：

$$\widehat{\xi_i}=\left(\sum_{j=1}^{p_i}\omega_{ij}x_{ij}\right)^* \tag{8.15}$$

其中，ω_{ij} 为外部权重，*表示计算前先对估计量进行标准化处理（下同）。

在 PLS-SEM 中，假定潜变量之间的关系是一种线性因果关系，可用一组线性方程组表示，如公式（8.16）所示。

$$\xi_i=\sum_{i\neq j}\beta_{ij}\xi_j+\zeta_i \tag{8.16}$$

其中，ζ_i 为随机误差项，满足残差期望为 0 和非相关性。

对 ξ_i 的内部估计量可表示如公式（8.17）：

$$\widehat{\xi_i'}=\left(\sum_{c_{ij}=1}\omega_{ij}'\widehat{\xi_j}\right)^* \tag{8.17}$$

即与 ξ_i 相关的潜变量的外部估计值的线性组合，其中 $c_{ij}=1$ 表示 ξ_i 与 ξ_j 相关，且 ω'_{ij} 表示内部权重，其计算方法如公式（8.18）：

$$\omega'_{ij}=sign(r(\widehat{\xi_i},\widehat{\xi_j}))=\begin{cases}1, & r(\widehat{\xi_i},\widehat{\xi_j})>0\\ -1, & r(\widehat{\xi_i},\widehat{\xi_j})<0\\ 0, & r(\widehat{\xi_i},\widehat{\xi_j})=0\end{cases} \tag{8.18}$$

综上，基于 PLS-SEM 的学习效果评估模型计算步骤如下：

①对学习效果评估模型中的指标样本数据进行标准化；

②计算各学习效果评估模型的潜变量的估计值：

初始外部权重 $\omega_{ij}^{(1)}$（一般为 1）；

计算外部权重 $\omega_{ij}^{(2)}=r\left(x_{ij},\widehat{\xi}_i'^{(1)}\right)$，若满足收敛条件如公式（8.19）：

$$\left|\omega_{ij}^{(k)}-\omega_{ij}^{(k+1)}\right|<10^{-5} \qquad (i=1,2,\cdots,n;j=1,2,\cdots,p_i) \tag{8.19}$$

或达到给定的收敛次数，则停止迭代，否则返回②继续迭代。迭代完成后将最终外部权重 ω_{ij}^{n} 代入式（8.15），计算出各潜变量的估计值。

③利用得到的潜变量的估计值，计算外部关系的负载系数和内部关系的回归系数。至此，就完成了对学习效果评估结构方程模型的计算。

3. 学习效果评估模型评价

对学习效果评估模型拟合之后我们需要对模型进行评价，若模型拟合度检验达不到可接受程度，则需要对模型进行修正。评价时遵循渐进合理原则，先对测量模型进行评价，再对结构模型的参数进行评价，具体评价标准如下：

1）对测量模型的评价

对测量模型的评价主要是评价我们所选择的学习行为指标是否能够有效反映学习效果潜变量，了解学习效果潜变量构建的信度和效度。在 PLS-SEM 中我们主要关注测量模型中的负载系数（loadings）、共同因子（communality）、组合信度（composite reliability）及平均方差提取率。

在 PLS-SEM 的测量模型中，负载系数用来评价某一个测量指标对其对应的潜变量的信度。一般而言，当负载系数大于 0.71 时，此时潜变量能够解释观察变量将近 50%的变异，是非常理想的状况。当负载系数大于 0.63 时，则该潜变量可以解释观察变量 40%的变异量，也是较好的拟合状况。但当负载系数小于 0.32 时，则是非常不理想的状况，需要考虑删除指标或对指标进行重组。因此，本章根据一般情况选择 0.5 为标准，若学习过程指标对学习效果的负载系数小于 0.5 时，应考虑将此指标删掉。

共同因子是评价潜变量对其各个测量指标的解释能力或者预测能力的指标。一般标准是要求该指标大于 0.5。在对学习效果评估模型进行评价时，若共同因子小于 0.5，则要考虑对模型进行修正。

组合信度是指一个组合变量的信度。一般认为该指标大于 0.7 时信度较好。因此，若学习效果潜变量的组合信度小于 0.7，则认为拟合效果不理想，应对模型进行修正。

AVE 可以用来衡量测量模型潜变量对测量变量的预测能力，也可以衡量潜变量的区别效度。一般要求该指标大于 0.5，本章也将此值作为评价标准。

2）对结构模型的评价

①Bootstrapping 检验的 T 统计值。结构模型评价主要是评价理论构建时所设立的因果关系在 PLS-SEM 中能否成立，由于参数估计量具有非常复杂的非线性，且 PLS-SEM 对数据分布没有要求，很难推导出其精确的分布。而非参数检验方法不受总体分布假设的限制，因此对 PLS-SEM 的学习效果评估模型进行非参数检验很有必要。Bootstrapping 是一种在 PLS-SEM 常用的非参数检验方法，通过从现有样本中随机抽取部分的观察变量来组成一个新的样本，再由该样本计算统计量的估计值，经过反复重复抽样和估计操作，利用每一次计算的估计值构成的数据集合来反映该统计量的抽样分布。例如，T 统计值在 $\alpha = 0.05$ 的水平下、自由度 $df = 207$ 的临界值 $T(0.05)207 = 1.971$。当 T 统计值均大于 1.971 时，才能表示关系显著，具有统计学意义。

②内部模型的 R^2。R^2 是评价内部模型的预测效果或者模型的解释能力的指标。对于该指标各学者的评判标准不一。该值只是作为参考，即自变量能够解释因变量的程度，在对学习效果评估模型评价时，若 R^2 小于 0.19 则认为内部模型解释能力较弱，应酌情考虑修正模型。

③冗余度（redundancy）。冗余度是用来衡量模型整体预测关系效果。该指标没有特定的标准，一般认为大于 0 就表示预测效果还能接受，该值越大表明学习效果评估模型的预测效果越好。

4. 学习效果评估模型修正

若在学习效果评估模型评价过程中，模型拟合度检验达不到可接受程度，则应该考虑对模型进行修正，一般修正思路如下。

①首先查看学习效果评估模型的潜变量与其对应的学习行为指标间的表征关系。在我们的学习效果评估模型中，学习效果潜变量的观测变量的确定多数是以经验为指导的，难免选择学习行为指标的时候可能出现不满足的情况，因此若有必要，可在潜变量模型中增加、删除或重组指标。例如，某一潜变量有观测变量的负载系数小于 0.5 且潜变量的 *AVE* 小于 0.5 时，可以考虑将此观测变量删除。

②在学习效果评估理论模型中，我们均假设潜变量间为正向相关，若模型拟合时存在明显有悖于模型原假设的估计值，此时应重新界定假设模型。

③检查结构模型中外生潜变量（主动性）对内生潜变量（认真性、解决问题能力、归纳总结能力、学习能力）路径系数是否显著，如果路径系数不显著（$p>0.05$），表示变量间的因果关系未有显著的直接效果，则此条路径可以考虑删除。

但值得注意的是，每一次修改，即使只修改一个条件，也需要再经重新验证后进行评价，如不满意再进行修改。此外，删掉或增加某条路径时，一定是基于理论而不是基于数据的，数据只是帮助我们发掘问题，仅具有统计学意义，尊重理论才是我们评估学习效果的意义所在。

8.4　RefinedM-LP 及其 PLS-SEM 学习效果评估模型应用

为了验证 RefinedM-LP 及 PLS-SEM 的学习效果评估模型的可行性与有效性，我们将 RefinedM-LP 应用到 2016～2017 学年上学期大一五个班级的“计算机科学导论”课程教学过程中，并应用 PLS-SEM 学习效果评估模型构建不同学习过程的学习效果评估模型。

8.4.1　RefinedM-LP 的计算机导论课程学习系统研发

为了能够更好地刻画精细化学习过程中的学习者，我们对于每一学习过程环节进行量化。其中对各学习过程的相关量化标准如表 8.4 所示。

表 8.4　导论课程学习过程相关量化标准

评分项目	分值	标准
心得（课前预习、课后练习、实验预习）	5	有深入的思考，能针对某一方面知识提出有见解的问题
	4	认真填写心得，能谈出自己的收获及看法
	3	对特定某一知识点有所了解，能给出相关知识点定义
	2	能给出所学内容的梗概，给出相关的知识点名词
	1	仅提交感知描述性词语，例如“好难”“简单”之类
每周总结	91～100	总结有深度，并且结合课外知识对所学知识进行扩展
	81～90	总结全面，准确把握课程内容
	71～80	总结不够全面，但理解基本正确
	60～70	总结不够全面，态度消极
	0	未提交或提交与课程无关信息
实验报告	91～100	过程叙述详细、结构完整、分析全面，心得深刻
	81～90	过程叙述概念准确，有对问题进行分析
	71～80	过程叙述详细，但没有对问题进行分析，不够全面
	60～70	过程叙述简单，且不全面，心得体会不够深刻
	0	未提交或完全不合格
每周自评	5	我在本周的学习过程中总体表现优秀
	4	我在本周的学习过程中总体表现良好
	3	我在本周的学习过程中总体表现一般
	2	我在本周的学习过程中总体表现差
	1	我在本周的学习过程中总体表现很差

续表

评分项目	分值	标准
难易度	2	题目很难，不能理解或者要花很多精力才能理解
	1	题目有一定难度，通过学习能够完成
	0	题目简单，能轻松理解
课前预习测试 实验预习测试	0～5	共 5 道选择题，对 1 题得 1 分
课后练习测试	0～7	共 7 道选择题，对 1 题得 1 分
每章总结	91～100	对知识理解通透，内容全面，注重细节，知识框图形式新颖
	81～90	对本章知识把握准确，内容全面，细节不够完善
	71～80	对本章知识点总结全面，归纳不够精炼
	60～70	总结不够全面，对相关知识点仅是抄写书上定义
	0	未提交或完全不合格
每章作业	91～100	题型丰富，难度系数标准清晰，题目考核的知识点较全
	81～90	题型丰富，知识点难易度分布合理，标注内容不全面
	71～80	题型单一，考核知识点不具代表性，没有标注难度系数
	60～70	内容空泛，题目没有深度，考核知识点不够全面
	0	未提交或完全不合格
阶段测试	0～100	实际考试成绩

本系统主要涉及的数据包括在精细化学习过程中教师与学生产生的数据、学生个人信息数据等。其中精细化学习过程数据包含每一环节的学习过程，即课前预习、课后练习、每周总结、每周自评、每章总结、每章作业、实验预习、实验报告、阶段测试过程中的数据，各过程包含的数据类型、数据规模及数据采集的周期存在较大的差异性，因此需要对每一过程所产生的数据分别进行存储及管理。

1.“计算机科学导论”课程学习系统设计

1）架构设计

结合本书在 8.2 节中对学习过程的精细化及对系统的需求分析可知，该系统既是线上精细化学习过程的开展平台，同时也提供线下学习过程中的成绩存储功能。对系统的架构设计如图 8.14 所示。该系统自下向上分为数据层、业务层、UI 层。其中数据层负责题库数据、学习过程数据、用户信息数据的管理、维护及更新；业务层主要提供任务管理、信息查询、权限控制等服务；UI 层提供具有良好用户体验的界面。

2）系统功能模块设计

根据系统功能需求可知，该系统主要提供在线课前预习、课后练习、每周总结与自评及实验预习环节的服务，同时提供每章总结成绩、每章作业成绩、实验报告成绩及阶段测试成绩的管理服务，因此，该系统分为课前预习模块、课后练习模块、每周总结及自评模块、实验预习模块、成绩管理模块、个人信息管理模块及登录注册模块。

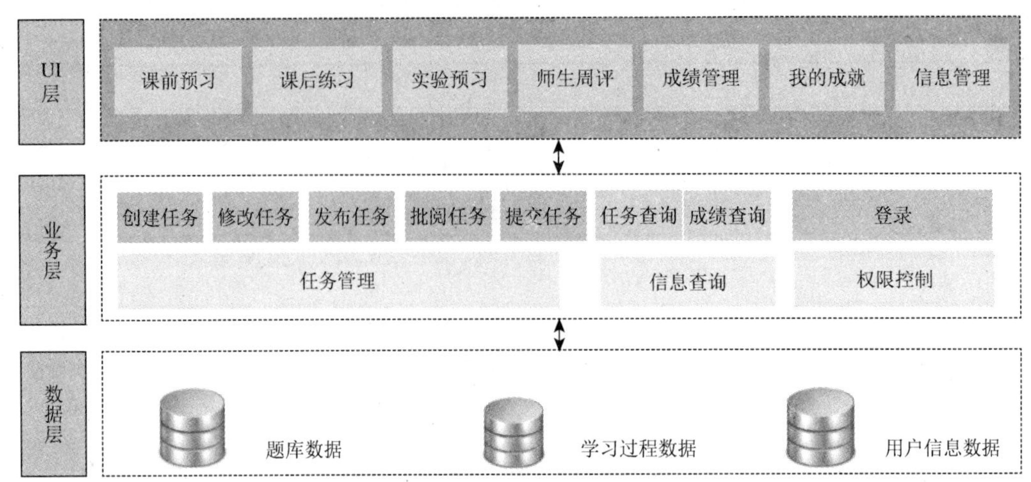

图 8.14　系统架构图

2. 数据库设计

根据对系统的实际需求及功能设计，系统的基本 E-R 图如图 8.15 所示。由于实体的属性较多，为简化描述，图 8.15 中省略了各实体的属性。

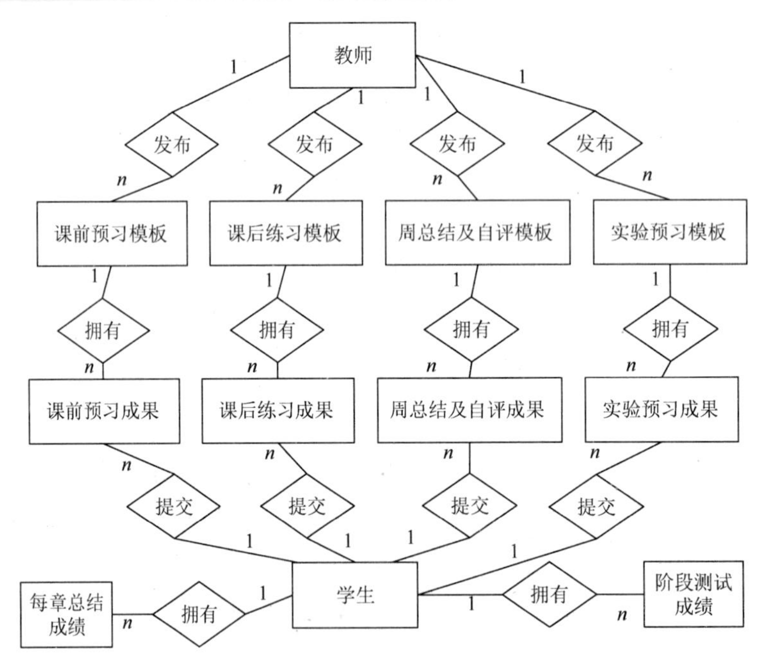

图 8.15　系统基本 E-R 模型图

根据 E-R 图设计数据库共设计 12 条数据表，数据表信息如表 8.5 所示。

表 8.5　系统数据表

序号	表名	表信息
1	user	用户信息表
2	pretemplates	课前预习任务模板表
3	precollections	学生课前预习表
4	homeworktemplates	课后练习任务模板表
5	homeworkcollections	学生课后练习表
6	sumtemplates	每周总结模板表
7	sumcollections	学生每周总结表
8	assessments	学生自评表
9	exptemplates	实验预习模板表
10	expcollections	学生实验预习表
11	chaptersum	章总结与章作业表
12	testscore	阶段测试成绩表

系统中各个表之间的关系如图 8.16 所示，现对各逻辑图中的关系进行阐述。

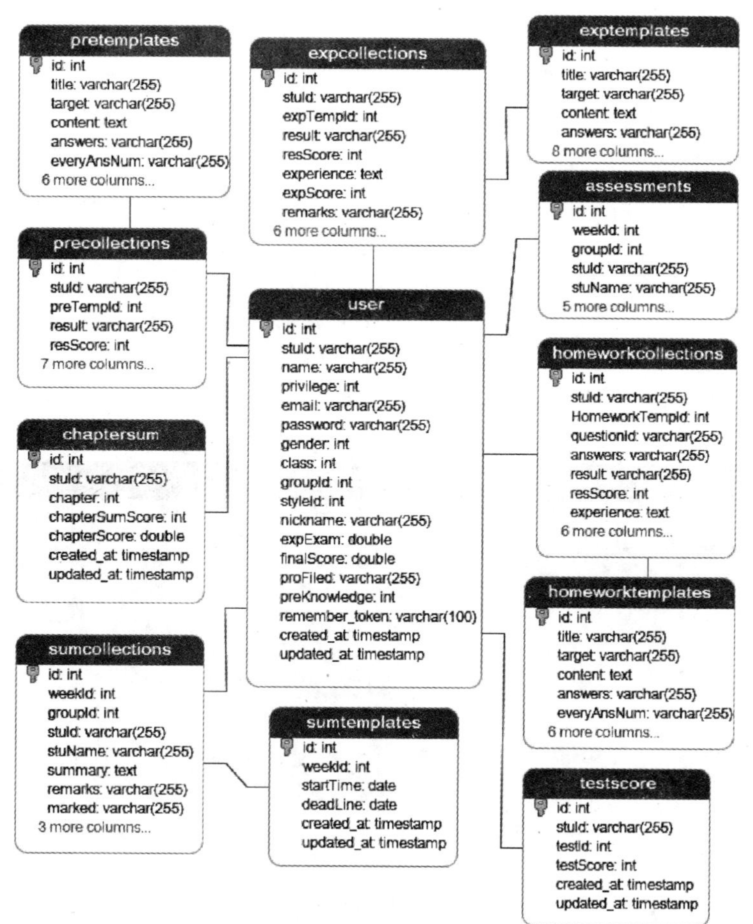

图 8.16　系统数据逻辑关系图

3. “计算机科学导论”课程学习系统实现

根据 8.2.3 节中对基于 RefinedM-LP 的计算机导论课程学习系统的设计，对系统进行开发。在系统开发过程中采用分层的开发方式，前后端以松耦合的方式组织，保障了系统的健壮性和可维护性。前端采用单页面应用程序，提升了系统的可移植性，相对减轻了服务器的压力，增强了 Restful API 的通用性，同时提升了用户体验。后端采用 Laravel 为系统后端开发框架，使系统实现更富有表现力。系统源代码约 37421 行，于 2016 年 9 月上线。由于篇幅有限，在此仅给出课前预习模块界面及成绩管理界面部分截图。

1）教师编辑课前预习模板保存界面（如图 8.17 所示）

图 8.17　教师编辑课前预习模板界面

2）教师发布课前预习任务界面（如图 8.18 所示）

课前预习　课后练习　实验预习　师生周评　成绩管理　注销

课前预习

创建新模板　Search

模板编号	周数	标题	操作
1	7	ch1_预习	查看模板　查看答卷　删除
2	8	第8周预习题	查看模板　查看答卷　删除
3	9	第9周预习题	查看模板　查看答卷　删除
4	10	第10周预习题	查看模板　查看答卷　删除
5	11	第11周预习题	查看模板　查看答卷　删除
6	12	第12周预习题	查看模板　查看答卷　删除
7	13	第13周预习题	查看模板　查看答卷　删除
8	14	第14周预习题	查看模板　删除　发布

图 8.18　教师发布课前预习界面

3）教师对课前预习心得进行评分界面（如图 8.19 所示）

图 8.19　教师课前预习心得评分界面

4）学生完成课前预习任务界面（如图 8.20 所示）

图 8.20　学生提交课前预习任务界面

5）学生查看成绩界面（如图 8.21 所示）

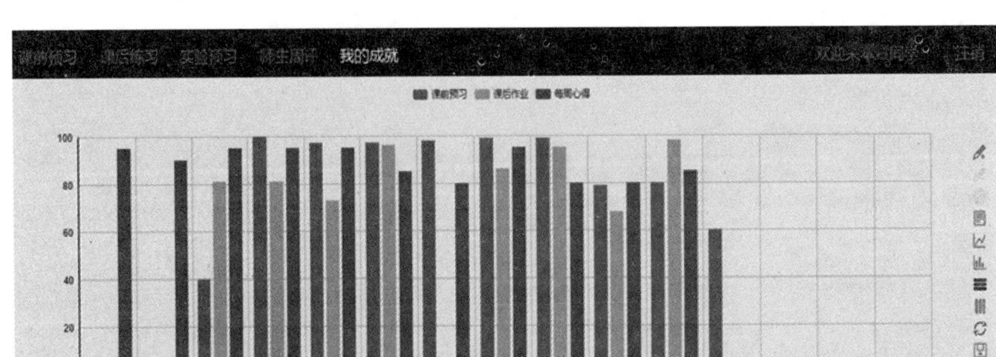

图 8.21　学生查看成绩界面

8.4.2　PLS-SEM 学习效果评估模型在计算机科学导论课程的应用

1. 实验设计

1）实验目标

本节的实验目标是将 PLS-SEM 学习效果评估模型应用至计算机科学导论不同学习过程的学习效果评估中，对基于 PLS-SEM 构建学习效果评估模型的方案的可行性进行验证。

2）实验方案设计

①对精细化学习过程数据进行准备并初始化为符合 PLS-SEM 学习效果评估模型输入的数据；

②根据实际理论，构建完整的初始学习效果评估理论模型 M_0；

③将第一阶段学习过程数据对 M_0 进行拟合及修正，构建第一阶段学习效果评估模型；

④在③的基础上，将第二阶段学习过程数据输入第一阶段学习效果评估模型，对第一阶段学习效果评估模型进行复核验证；

⑤将第二阶段学习过程数据对 M_0 进行拟合及修正，构建第二阶段学习效果评估模型；

⑥根据完整的初始学习效果评估理论模型 M_0，构建单元学习效果评估理论模型 M_{10}，并将第一单元学习过程数据对 M_{10} 进行拟合，构建第一单元学习效果评估模型；

⑦根据完整的初始学习效果评估理论模型 M_0，构建周学习效果评估理论模型 M_{20}，并将第六周学习过程数据对 M_{20} 进行拟合，构建第六周学习效果评估模型。

2. 计算机导论课程数据准备

根据本章设计的精细化学习过程模型在计算机导论课程中的应用及设计开发的计算机导论系统在教学过程中的应用，我们获取到 207 名学生在 2016～2017 学年上学期计算机导论教学过程中课前预习、课后练习、每周总结、每周自评、每章总结、每章作业、实验预习、实验报告及阶段测试的学习行为数据。其中各学习过程收集频次如表 8.6。

表 8.6　各学习过程频次

学习过程	课前预习	课后练习	实验预习	实验报告	每周总结	每周自评	每章总结	每章作业	阶段测试
频次	12	12	5	5	12	12	6	6	2

在实际计算机导论教学过程中，不同学习单元包含的学习过程元素如表 8.7 所示。

表 8.7　每单元的学习过程元素分布

学习过程	单元					
	第 1 单元	第 2 单元	第 3 单元	第 4 单元	第 5 单元	第 6 单元
课前预习	√	√	√	√	√	√
课后练习	√	√	√	√	√	√
每周总结	√	√	√	√	√	√
每周自评	√	√	√	√	√	√
实验预习		√	√	√	√	√
实验报告		√	√	√	√	√
每章总结	√	√	√	√	√	√
每章作业	√	√	√	√	√	√
阶段测试		√				√

收集的部分学习过程数据如表 8.8 所示。

表 8.8　部分学习过程数据

序号	课前预习 *Pre*			课后作业 *Aft*			每周自评 *Exp*				章作业成绩	章总结成绩	测试成绩
	答题正确数量	难度	心得	答题正确数量	难度	心得	答题正确数量	难度	心得	每周自评成绩			
1	5	0	2	2	0.7142	4	4	0.4	3	75	85	90	90
2	4	0.4	5	5	0.2857	5	4	0.8	3	90	90	90	85
3	5	0	1	4	0.8571	4	3	0.8	5	85	80	85	80
4	3	0.6	5	6	0.5714	1				85	85	90	90
5	4	0.2	1	5	0.4285	4	2	1.8	3	90	85	95	65
…	…	…	…	…	…	…	…	…	…	…	…	…	…
207	1	1	0	2	1	4	3	0.4	2	70	85	80	65

3. 计算机导论课程数据预处理

在对学习过程数据进行 PLS-SEM 学习效果评估建模分析前，为保证能够得到准确的分析结果，需要对采集的数据进行预处理，主要为以下四方面：

1）缺失数据处理

由于在教学中对学习过程进行了精细化管理，缺失值所占的样本比例比较小，本章采用了列删法对实验数据进行缺失处理，在进行统计量的计算时，把含有缺失值的记录删除。

2）变量唯一性处理

在一个单元的学习周期是不定的，同一指标的值可能存在多个。为了评估模型的输入规范，需要对指标进行变量唯一性处理。在本章的研究中，若模型指标（如课前预习心得得分、课前预习测试得分、课前预习难度、课后练习心得得分等）在一个单元学习周期中存在多个值的情况，则采取求平均值的方法。在某一单元学习过程中，周期为 i 周，且课前预习心得得分为$\{preExp_1, preExp_2, \cdots preExp_i\}$，则 $preExp$ 为学习效果评估模型的课前预习心得指标，如公式（8.20）所示：

$$preExp = \frac{\sum_{j=1}^{i} preExp_j v}{i} \tag{8.20}$$

3）定序变量处理

在我们的理论模型中，主动性的观察变量为课前预习、课后练习、实验预习的提交时间。而在系统中记录的学生提交任务时间类型不为数字，因此，需要我们对其进行预处理，转换为能够反映学生主动性的数值。我们对提交时间做定序赋值处理，为了能够区分出不同学生提交作业的主动性，我们将其进行等级划分，具体处理方法如下：

若当前任务的开始时间为 $Start$，截止时间为 End，学生提交任务时时间为 Now，作为模型中指标的提交时间为 $SbTime$，如公式（8.21）所示：

$$SbTime = \begin{cases} 3, & (Now - Start) < \left(\dfrac{End - Start}{3}\right) \\ 2, & \left(\dfrac{End - Start}{3}\right) \leqslant (Now - Start) \leqslant 2\left(\dfrac{End - Start}{3}\right) \\ 1, & (Now - Start) > 2\left(\dfrac{End - Start}{3}\right) \\ 0, & Now\text{为空?} \end{cases} \tag{8.21}$$

例如：在第 8 周的课前预习任务开始时间为 2016-10-15，截止时间为 2016-10-18（以时间戳 1476720000 为界），则在 15 日～16 日期间提交课前预习的提交时间（$SbTime$）得分为 3，在 16 日～17 日期间提交课前预习的提交时间得分为 2，在 17 日～18 日提交课前预习的提交时间得分为 1，若未提交则课前预习提交时间得分为 0。

4）变量反向处理

在对学习难度的量化中，我们仅是用先求和再平均的算法得到课前预习题集难度、课后练习题集难度及实验预习题集难度，即学习者在测评中题集得分越高，所感知的题集难度越小，它们之间是负相关关系。为了方便我们在学习效果评估模型中对结果的查看，我们对各过程中题集难度指标的分值做了反向处理，如公式（8.22）所示。

$$\text{评估模型中难度指标值} = \text{难度阈值} - \text{实际难度值} \tag{8.22}$$

例如：在第一单元学习过程中，共有三周课前预习，某同学三次评估的课前预习难度值分别为 0.2、0.4 和 0.6，则在该单元中课前预习实际难度值为三次难度的平均值，即 0.4，由于我们的难度值最大为 2，根据式（8-22）可知，输入评估模型中课前预习难度值指标为 2–0.4 = 1.6。

根据以上数据预处理方法对学习过程数据进行预处理后，得到的数据便可根据 8.4.2 中介绍的学习效果评估模型的建模方法构建我们的学习效果评估模型。对应 8.4.1 中学习效果评估理论模型指标体系，预处理后的部分数据如表 8.9 所示。

表 8.9　预处理后部分学习过程数据

（a）预处理后部分学习过程数据（$x1$～$x9$）

序号	$x1$	$x2$	$x3$	$x4$	$x5$	$x6$	$x7$	$x8$	$x9$
1	1.667	1.333	0.00	1.667	3.33	0.00	4.33	2.00	6.33
2	0.667	0.333	2.00	2.000	2.00	56.67	1.67	3.67	6.00
3	1.333	1.667	3.00	2.000	1.67	73.33	5.00	3.33	4.00
…	…	…	…	…	…	…	…	…	…

（b）预处理后部分学习过程数据（$x10$～$x18$）

序号	$x10$	$x11$	$x12$	$x13$	$x14$	$x15$	$x16$	$x17$	$x18$
1	2	85	90	70	85	1.47	2.00	1.6	1
2	5	80	80	85	75	1.87	1.57	2.0	3
3	3	75	70	95	75	1.20	1.67	2.0	0
…	…	…	…	…	…	…	…	…	…

4. 计算机导论课程第一阶段学习效果评估模型

1）模型构建与修正

在 8.3.2 中我们已经构建了如图 8.13 的完整的初始理论模型 M_0，因此根据 8.4.2 中的模型拟合方法，将预处理后的第一阶段学习过程数据 182 个样本（剔除缺失样本数据）为输入，对 M_0 进行计算。并按照 8.3.2 中的评估指标及修正思路对模型进行评价及修正操作。下面给出建模过程中对模型调整的关键分析点。

（1）初始模型 M_0 的负载系数。根据 8.4 中给出的学习效果评估模型拟合方法对完整的学习效果评估理论模型 M_0 进行计算，得到模型的负载系数如表 8.10 所示。

表 8.10　M_0 的负载系数

观测变量	潜变量				
	$X1$	$Y1$	$Y2$	$Y3$	$Y4$
$x1$	0.6548	0	0	0	0
$x2$	0.7352	0	0	0	0
$x3$	0.6398	0	0	0	0

续表

观测变量	潜变量				
	X1	Y1	Y2	Y3	Y4
x4	0	0.7070	0	0	0
x5	0	0.7280	0	0	0
x6	0	0.7958	0	0	0
x7	0	0.7081	0	0	0
x8	0	0	0.6528	0	0
x9	0	0	0.5598	0	0
x10	0	0	0.3342	0	0
x11	0	0	0.1627	0	0
x12	0	0	0.7463	0	0
x13	0	0	0.6212	0	0
x6	0	0	0	0.8223	0
x11	0	0	0	0.6618	0
x14	0	0	0	0.5156	0
x15	0	0	0	0	0.0803
x4	0	0	0	0	0.8189
x16	0	0	0	0	0.1045
x5	0	0	0	0	0.8087
x17	0	0	0	0	0.1367
x18	0	0	0	0	0.7151
x12	0	0	0	0	0.7093

由模型的负载系数可以看出，潜变量 *Y*4 中表示难易度的观测变量（*x*15，*x*16，*x*17）的负载属于非常不理想的状态，因此，在对模型进行修正时将此指标删除，其余潜变量的测量指标均保持不变。本着一次只修正一个因素的原则，首先删掉负载系数最低的 *x*15，得到模型 M_{01}。

（2）模型 M_{01} 的负载系数。通过对 M_{01} 进行计算，其负载系数如表 8.11 所示。

表 8.11　M_{01} 的负载系数

观测变量	潜变量				
	X1	Y1	Y2	Y3	Y4
x1	0.6548	0	0	0	0
x2	0.7352	0	0	0	0
x3	0.6398	0	0	0	0
x4	0	0.7070	0	0	0
x5	0	0.7280	0	0	0
x6	0	0.7957	0	0	0

续表

观测变量	潜变量				
	X1	Y1	Y2	Y3	Y4
x7	0	0.7081	0	0	0
x8	0	0	0.6527	0	0
x9	0	0	0.5599	0	0
x10	0	0	0.3341	0	0
x11	0	0	0.1627	0	0
x12	0	0	0.7462	0	0
x13	0	0	0.6213	0	0
x6	0	0	0	0.8222	0
x11	0	0	0	0.6618	0
x14	0	0	0	0.5158	0
x4	0	0	0	0	0.8192
x16	0	0	0	0	0.0995
x5	0	0	0	0	0.8089
x17	0	0	0	0	0.1324
x18	0	0	0	0	0.7153
x12	0	0	0	0	0.7094

由表 8.11 可以看出，M_{01} 中潜变量 $Y4$ 的负载系数中，仍有两个观测变量的负载系数低于 0.5。因此，我们继续对模型 M_{01} 进行修正，删掉 $Y3$ 的观测变量 $x16$ 得到 M_{02}。

（3）模型 M_{02} 的负载系数。再对 M_{02} 进行计算，M_{02} 中观测变量负载系数如表 8.12 所示。

表 8.12　M_{02} 的负载系数

观测变量	潜变量				
	X1	Y1	Y2	Y3	Y4
x1	0.6548	0	0	0	0
x2	0.7352	0	0	0	0
x3	0.6398	0	0	0	0
x4	0	0.7071	0	0	0
x5	0	0.728	0	0	0
x6	0	0.7957	0	0	0
x7	0	0.7081	0	0	0
x8	0	0	0.6526	0	0
x9	0	0	0.5602	0	0
x10	0	0	0.3337	0	0
x11	0	0	0.1626	0	0
x12	0	0	0.7462	0	0

续表

观测变量	潜变量				
	X1	Y1	Y2	Y3	Y4
x13	0	0	0.6215	0	0
x6	0	0	0	0.8218	0
x11	0	0	0	0.6620	0
x14	0	0	0	0.5166	0
x4	0	0	0	0	0.8198
x5	0	0	0	0	0.8098
x17	0	0	0	0	0.1152
x18	0	0	0	0	0.7159
x12	0	0	0	0	0.7096

从模型 M_0、M_{01} 及 M_{02} 的负载系数表可以看出，在第一阶段的学习过程中，难易度观测变量（$x15$，$x16$，$x17$）对于解释学习者的学习能力并不理想。这可能是由于大一新生第一次接触自己评估难易度的学习方式，对难易度的把握不理想。因此，在第一阶段的学习效果评估模型中我们将不考虑难易度指标。删掉 $x17$ 后，得到模型 M_{03}。

（4）模型 M_{03} 的负载系数。对 M_{03} 进行计算，得到其负载系数如表 8.13 所示。由 M_{03} 的负载系数表可看出，观察变量 $x11$ 的负载系数为 0.1625 小于 0.5，对潜变量 $Y2$ 的解释力度是非常不理想的。因此，我们删掉 $x11$ 后得到 M_{04}。

表 8.13　M_{03} 的负载系数

观测变量	潜变量				
	X1	Y1	Y2	Y3	Y4
x1	0.6550	0	0	0	0
x2	0.7353	0	0	0	0
x3	0.6396	0	0	0	0
x4	0	0.7070	0	0	0
x5	0	0.728	0	0	0
x6	0	0.7957	0	0	0
x7	0	0.7081	0	0	0
x8	0	0	0.6519	0	0
x9	0	0	0.5598	0	0
x10	0	0	0.3329	0	0
x11	0	0	0.1625	0	0
x12	0	0	0.7465	0	0
x13	0	0	0.6221	0	0
x6	0	0	0	0.8215	0
x11	0	0	0	0.6622	0

续表

观测变量	潜变量				
	*X*1	*Y*1	*Y*2	*Y*3	*Y*4
*x*14	0	0	0	0.5170	0
*x*4	0	0	0	0	0.8189
*x*5	0	0	0	0	0.8094
*x*18	0	0	0	0	0.7155
*x*12	0	0	0	0	0.7109

（5）M_{04} 的负载系数。对 M_{04} 进行计算，其负载系数如表 8.14 所示。由 M_{04} 的负载系数表可看出，观察变量 *x*10 的负载系数为 0.3218，小于 0.5，对潜变量 *Y*2 的解释力度是非常不理想的。因此，我们删掉 *x*10 后得到 M_{05}。

表 8.14　M_{04} 的负载系数

观测变量	潜变量				
	*X*1	*Y*1	*Y*2	*Y*3	*Y*4
*x*1	0.6600	0	0	0	0
*x*2	0.7391	0	0	0	0
*x*3	0.6332	0	0	0	0
*x*4	0	0.7059	0	0	0
*x*5	0	0.7270	0	0	0
*x*6	0	0.7966	0	0	0
*x*7	0	0.7087	0	0	0
*x*8	0	0	0.6521	0	0
*x*9	0	0	0.5605	0	0
*x*10	0	0	0.3218	0	0
*x*12	0	0	0.7520	0	0
*x*13	0	0	0.6212	0	0
*x*6	0	0	0	0.8230	0
*x*14	0	0	0	0.5177	0
*x*11	0	0	0	0.6612	0
*x*4	0	0	0	0	0.8180
*x*18	0	0	0	0	0.7142
*x*5	0	0	0	0	0.8088
*x*12	0	0	0	0	0.7125

（6）M_{05} 的负载系数。对 M_{05} 进行计算，其负载系数如表 8.15 所示。此时，M_{05} 中各观察变量的负载系数均大于 0.5，且几乎都达到 0.63，潜变量能够解释观察变量 40%的变异量，是非常好的状况。

表 8.15　M_{05} 的负载系数

观测变量	潜变量				
	*X*1	*Y*1	*Y*2	*Y*3	*Y*4
*x*1	0.6770	0	0	0	0
*x*2	0.7387	0	0	0	0
*x*3	0.6282	0	0	0	0
*x*4	0	0.7115	0	0	0
*x*5	0	0.7369	0	0	0
*x*6	0	0.7854	0	0	0
*x*7	0	0.7144	0	0	0
*x*8	0	0	0.6320	0	0
*x*9	0	0	0.5771	0	0
*x*12	0	0	0.7411	0	0
*x*13	0	0	0.6921	0	0
*x*6	0	0	0	0.8080	0
*x*14	0	0	0	0.7092	0
*x*11	0	0	0	0.5920	0
*x*4	0	0	0	0	0.8033
*x*18	0	0	0	0	0.8146
*x*5	0	0	0	0	0.6739
*x*12	0	0	0	0	0.7076

（7）M_{05} 的测量模型解释能力评估参数。进一步对模型 M_{05} 的其他参数进行估计，我们得到 M_{05} 的测量模型评估参数如表 8.16 所示。

表 8.16　M_{05} 的测量模型解释能力评估参数

潜变量	评估参数		
	平均方差提取率	组合信度	共同因子
*X*1	0.5697	0.7249	0.5662
*Y*1	0.6441	0.8266	0.634
*Y*2	0.5200	0.7570	0.5200
*Y*3	0.5259	0.7159	0.5259
*Y*4	0.5659	0.8382	0.5659

由表 8.16 可以看出：

①在 M_{05} 中 5 个潜变量的组合信度在 0.7159～0.8382，均大于 0.7，由此可见，M_{05} 的各潜变量指标具有一致性，信度良好；

②共同因子范围在 0.5200～0.6340，大于 0.5，这说明在该模型中潜变量对观测变量有较好的预测能力；

③各潜变量的 *AVE* 均大于 0.5，说明各潜变量都能反映其测量变量大于 50%以上的方差。

（8）M_{05} 的负载系数 Bootstrapping 显著性检验结果。对 M_{05} 的测量模型进行 Bootstrapping 检验，结果如表 8.17 所示。

表 8.17　M_{05} 的负载系数 Bootstrapping 检验结果

负载	检验值			
	原始样本	样本均值	标准偏差	*T* 统计值
$x1 \leftarrow X1$	0.6770	0.6679	0.1082	6.2558
$x11 \leftarrow Y3$	0.7092	0.7006	0.0665	10.6662
$x12 \leftarrow Y2$	0.7411	0.7475	0.0639	11.5915
$x12 \leftarrow Y4$	0.7076	0.7142	0.0626	11.3036
$x13 \leftarrow Y2$	0.6921	0.6849	0.0695	9.9570
$x14 \leftarrow Y3$	0.4920	0.4895	0.1021	4.8171
$x18 \leftarrow Y4$	0.6739	0.6664	0.0730	9.2322
$x2 \leftarrow X1$	0.7387	0.7161	0.1168	6.3229
$x3 \leftarrow X1$	0.6282	0.6231	0.1293	4.8599
$x4 \leftarrow Y1$	0.7115	0.7039	0.0619	11.4948
$x4 \leftarrow Y4$	0.8033	0.7954	0.0519	15.4653
$x5 \leftarrow Y1$	0.7369	0.7311	0.0594	12.3988
$x5 \leftarrow Y4$	0.8146	0.8081	0.0473	17.2282
$x6 \leftarrow Y1$	0.7854	0.7885	0.0613	12.8191
$x6 \leftarrow Y3$	0.8080	0.8108	0.0622	12.9864
$x7 \leftarrow Y1$	0.7144	0.7147	0.0557	12.8321
$x8 \leftarrow Y2$	0.6320	0.6250	0.0918	6.8858
$x9 \leftarrow Y2$	0.5771	0.5633	0.1073	5.3796

由于 *T* 统计值在 $\alpha = 0.05$ 的水平下、自由度 $df = 182$ 的临界值 $T(0.05)182 = 1.973$，在 M_{05} 的测量模型的 Bootstrapping 检验结果中，可以看到 *T* 统计值均大于 1.973，说明模型的测量模型中的这些负载系数都显著不为 0，均具有统计学意义。

综上所述，该模型的测量模型解释能力已达到理想水平。

（9）M_{05} 的结构模型路径系数 Bootstrapping 显著性检验结果。再次对模型的路径系数进行 Bootstrapping 检验。检验结果如表 8.18 所示。

表 8.18　M_{05} 的路径系数 Bootstrapping 检验结果

路径	检验值			
	原始样本	样本均值	标准偏差	*T* 统计值
$X1 \rightarrow Y1$	0.3720	0.3780	0.0643	5.7858
$X1 \rightarrow Y2$	0.0583	0.0573	0.0271	2.0722
$Y1 \rightarrow Y2$	0.2211	0.2152	0.0684	3.2346
$Y1 \rightarrow Y3$	0.8069	0.8131	0.0182	44.3892
$Y2 \rightarrow Y4$	0.5149	0.5148	0.0940	5.4795
$Y3 \rightarrow Y2$	0.7135	0.7221	0.0766	9.3124
$Y3 \rightarrow Y4$	0.2850	0.2900	0.0992	2.8728

由表 8.18 可知，M_{05} 的路径系数 Bootstrapping 显著检验中 T 统计值均大于 1.973，结构模型中各个结构模型的路径系数均达到显著，可以认为本模型的内部解释能力已经达到理想水平。

（10）M_{05} 的结构模型评价指标。M_{05} 的结构模型评价指标如表 8.19 所示。M_{05} 中潜变量“认真性”的 R^2 值为 0.1984 达到了 0.19 以上，因此内部模型解释能力达到中等水平，是可接受的水平，而潜变量“解决问题能力”“归纳总结能力”与“学习能力”的 R^2 达到 0.6 水平，是非常理想的结果。潜变量“解决问题能力”“归纳总结能力”及“学习能力”的冗余度均大于 0，可见 M_{05} 的整体预测关系效果是可接受的。

表 8.19　M_{05} 的结构模型评价指标

潜变量	评估参数	
	R^2	冗余度
$X1$	0	0
$Y1$	0.1984	0.0785
$Y2$	0.8246	0.0052
$Y3$	0.6512	0.2849
$Y4$	0.6111	0.2709

综上所述，M_{05} 模型已达到了理想的水平，因此我们将该模型作为第一阶段的学习效果评估模型的最终模型。

（11）最终模型 M_{05} 的拟合结果。再次对 M_{05} 进行计算，最终模型拟合结果如图 8.22。

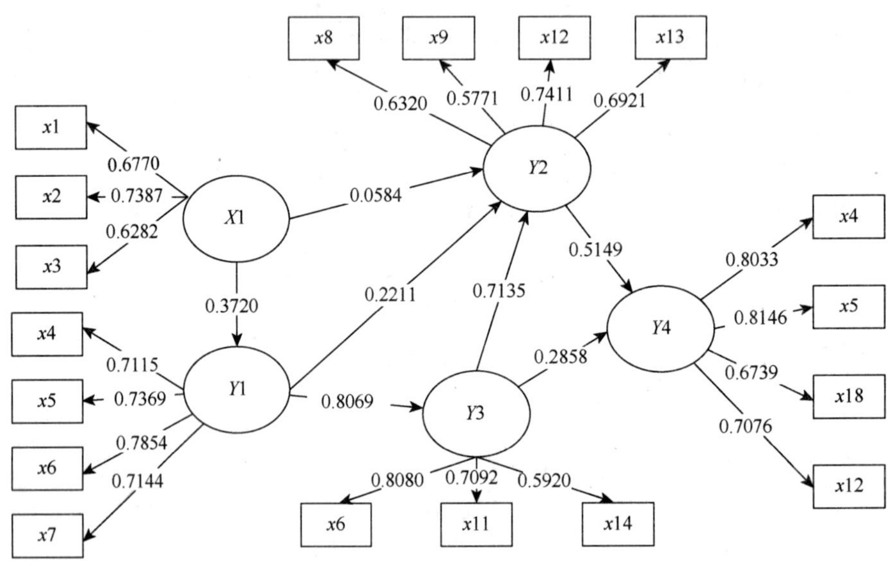

图 8.22　最终模型 M_{05} 拟合结果

2）研究假设验证

根据对最终模型的参数估计及非参数检验结果可知，在 8.3.2 节提出的 7 项研究假设均得到验证，具体如表 8.20 所示。

表 8.20　结构方程模型的具体假设结论

研究假设	结论
H1：学习者的“主动性”对“认真性”具有正向影响；	接受
H2：学习者的“主动性”对“解决问题能力”具有正向影响；	接受
H3：学习者的“认真性”对“解决问题能力”具有正向影响；	接受
H4：学习者的“认真性”对“归纳总结能力”具有正向影响；	接受
H5：学习者的“解决问题能力”对“学习能力”具有正向影响；	接受
H6：学习者的“归纳总结能力”对“解决问题能力”具有正向影响；	接受
H7：学习者的“归纳总结能力”对“学习能力”具有正向影响。	接受

3）结果分析

在前文中，我们对模型的假设、构建、拟合、检验之后最终得到了计算机导论课程的精细化学习过程第一阶段的学习效果评估模型，让我们对教学过程中的“解决问题能力”“归纳总结能力”“学习能力”“认真性”及“主动性”之间的关系有了一个整体的把握和全面的认识。

（1）测量方程的形式。根据最终模型的拟合结果，该模型可表示为公式（8.23）～（8.33）所示。

$$\begin{pmatrix} x1 \\ x2 \\ x3 \end{pmatrix} = \begin{pmatrix} 0.6770 \\ 0.7387 \\ 0.6282 \end{pmatrix} X1 + \begin{pmatrix} 0.0974 \\ 0.1070 \\ 0.1257 \end{pmatrix} \tag{8.23}$$

$$\begin{pmatrix} x4 \\ x5 \\ x6 \\ x7 \end{pmatrix} = \begin{pmatrix} 0.7115 \\ 0.7369 \\ 0.7854 \\ 0.7144 \end{pmatrix} Y1 + \begin{pmatrix} 0.0639 \\ 0.0569 \\ 0.0276 \\ 0.0407 \end{pmatrix} \tag{8.24}$$

$$\begin{pmatrix} x8 \\ x9 \\ x12 \\ x13 \end{pmatrix} = \begin{pmatrix} 0.6320 \\ 0.5771 \\ 0.7411 \\ 0.6921 \end{pmatrix} Y2 + \begin{pmatrix} 0.0955 \\ 0.1144 \\ 0.0382 \\ 0.0673 \end{pmatrix} \tag{8.25}$$

$$\begin{pmatrix} x6 \\ x11 \\ x14 \end{pmatrix} = \begin{pmatrix} 0.8080 \\ 0.7092 \\ 0.5920 \end{pmatrix} Y3 + \begin{pmatrix} 0.0289 \\ 0.0661 \\ 0.1003 \end{pmatrix} \tag{8.26}$$

$$\begin{pmatrix} x4 \\ x5 \\ x18 \\ x12 \end{pmatrix} = \begin{pmatrix} 0.8033 \\ 0.8146 \\ 0.6739 \\ 0.7076 \end{pmatrix} Y4 + \begin{pmatrix} 0.0540 \\ 0.0442 \\ 0.0748 \\ 0.0381 \end{pmatrix} \tag{8.27}$$

（2）结构方程形式。

$$\begin{pmatrix} Y1 \\ Y2 \\ Y3 \\ Y4 \end{pmatrix} = \begin{pmatrix} 0 & 0 & 0 & 0 \\ 0.2211 & 0 & 0.7135 & 0 \\ 0.8069 & 0 & 0 & 0 \\ 0 & 0.5149 & 0.2858 & 0 \end{pmatrix} \begin{pmatrix} Y1 \\ Y2 \\ Y3 \\ Y4 \end{pmatrix} + \begin{pmatrix} 0.3720 \\ 0.0584 \\ 0 \\ 0 \end{pmatrix} X1 + \begin{pmatrix} 0.0724 \\ 0.1040 \\ 0.2145 \\ 0.1931 \end{pmatrix} \tag{8.28}$$

根据得到的结构方程模型，推导出相应的评估模型为：

$$X1 = 0.4339x1 + 0.4608x2 + 0.5824x3 \tag{8.29}$$

$$Y1 = 0.2952x4 + 0.2899x5 + 0.4378x6 + 0.3254x_7 \tag{8.30}$$

$$Y2 = 0.2917x8 + 0.2427x9 + 0.5453x12 + 0.3923x13 \tag{8.31}$$

$$Y3 = 0.6627x6 + 0.268x11 + 0.4691x14 \tag{8.32}$$

$$Y4 = 0.3108x4 + 0.302x5 + 0.2462x18 + 0.4783x12 \tag{8.33}$$

从模型中可以看出，“认真性”对学习者的“归纳总结能力”的影响较大。通常情况下，越认真的学生，在归纳总结过程中更加投入，在归纳总结时做得更好。此外，学习者的“归纳总结的能力”对“解决问题能力”的影响也很大，学习者在归纳总结的过程中，对所学知识进行总结、加工，加深了对知识的理解并充分消化，从而能够更好地应用所获得知识去解决问题。在总体效应上，“归纳总结能力”对“学习能力”的影响较大，归纳总结的过程也是学习者以自己特有方式对知识进行提取的过程，归纳总结能力的提高也促进了学习能力的提高，这一结果是符合目前教学过程的实际的。

综上所述，本章提出的学习效果评估的结构方程模型与研究数据拟合理想，且模型具有现实意义。

5. 计算机导论课程第二阶段学习效果评估模型

1）与 M_{05} 模型的拟合结果及分析

为了验证在第一阶段学习过程数据拟合的 M_{05} 模型的复核效度，下面使用“计算机科学导论”课程第二阶段的学习过程数据对 M_{05} 模型进行拟合并分析其结果。

经计算，得到第二阶段学习过程数据在 M_{05} 模型中的各个拟合指标的检验结果如表 8.21～表 8.24 所示。

表 8.21　模型的负载系数

观测变量	潜变量				
	*X*1	*Y*1	*Y*2	*Y*3	*Y*4
*x*1	0.7731	0	0	0	0
*x*2	0.7003	0	0	0	0
*x*3	0.8359	0	0	0	0
*x*4	0	0.7	0	0	0
*x*5	0	0.7872	0	0	0
*x*6	0	0.7266	0	0	0
*x*7	0	0.7754	0	0	0
*x*8	0	0	0.584	0	0
*x*9	0	0	0.5856	0	0
*x*12	0	0	0.8231	0	0
*x*13	0	0	0.5166	0	0
*x*14	0	0	0	0.8564	0
*x*6	0	0	0	0.5455	0
*x*11	0	0	0	0.6094	0
*x*4	0	0	0	0	0.7065
*x*5	0	0	0	0	0.7413
*x*18	0	0	0	0	0.8106
*x*12	0	0	0	0	0.638

表 8.22　M_{05} 模型的拟合指标

潜变量	评估参数				
	平均方差提取率	组合信度	共同因子	R^2	冗余度
*X*1	0.6056	0.8147	0.5956	0	0
*Y*1	0.5797	0.8354	0.5697	0.0824	0.0531
*Y*2	0.5071	0.7264	0.5071	0.8028	0.0024
*Y*3	0.5374	0.7168	0.5371	0.6352	0.279
*Y*4	0.5682	0.8164	0.5682	0.7187	0.2833

表 8.23　M_{05} 负载系数 Bootstrapping 检验结果

负载	检验值			
	原始样本	样本均值	标准偏差	*T* 统计值
*x*1←*X*1	0.7731	0.7623	0.0971	7.965
*x*11←*Y*3	0.6094	0.6119	0.0612	9.9573
*x*12←*Y*2	0.8231	0.8303	0.0280	29.3781
*x*12←*Y*4	0.6380	0.6317	0.0600	10.64
*x*13←*Y*2	0.5166	0.5082	0.1015	5.0882
*x*14←*Y*3	0.8564	0.8583	0.0235	36.484

续表

负载	检验值			
	原始样本	样本均值	标准偏差	*T* 统计值
*x*18←*Y*4	0.8106	0.8149	0.0218	37.2581
*x*2←*X*1	0.7003	0.6857	0.0968	7.2328
*x*3←*X*1	0.8359	0.8304	0.0513	16.278
*x*4←*Y*1	0.7000	0.6985	0.0560	12.4889
*x*4←*Y*4	0.7065	0.7045	0.0604	11.705
*x*5←*Y*1	0.7872	0.7826	0.0454	17.3244
*x*5←*Y*4	0.7413	0.7366	0.0527	14.0688
*x*6←*Y*1	0.7266	0.7218	0.0521	13.9466
*x*6←*Y*3	0.5455	0.5389	0.0850	6.4162
*x*7←*Y*1	0.7754	0.7802	0.0252	30.7644
*x*8←*Y*2	0.5840	0.5658	0.1205	4.8477
*x*9←*Y*2	0.5856	0.5691	0.1135	5.1571

表 8.24　路径系数 Bootstrapping 检验结果

路径	检验值			
	原始样本	样本均值	标准偏差	*T* 统计值
*X*1→*Y*1	0.2871	0.2968	0.0649	4.4261
*X*1→*Y*2	0.0559	0.058	0.0248	2.3005
*Y*1→*Y*2	0.3656	0.3643	0.0878	4.1643
*Y*1→*Y*3	0.797	0.8028	0.0164	48.4621
*Y*2→*Y*4	0.4901	0.4965	0.0777	6.3082
*Y*3→*Y*2	0.5802	0.585	0.0923	6.2832
*Y*3→*Y*4	0.3578	0.3628	0.0909	3.9364

从第二阶段的学习过程数据对 M_{05} 的拟合中，平均方差提取率在 0.5071～0.6056，且均值达到 0.5596，说明各潜变量都能反映其测量变量大于 50%以上的方差。测量模型的负载系数、路径系数的 Bootstrapping 检验结果均达到显著效果（大于 1.973）。因此，第二阶段学习过程数据对 M_{05} 的拟合效果理想，从宽松复核标准来看，M_{05} 模型的复核效度较好。

2）与最初理论模型的拟合及结果分析

虽然第二阶段的学习过程数据在 M_{05} 中得到了良好的拟合效果，但 M_{05} 中的指标体系与最初的理论模型的指标体系间存在差异。为了更全面地评估学习者在第二阶段学习过程的学习效果，选择最初的理论模型及其指标体系进行模型拟合。模型的拟合及修正思路如前文所述，在此给出第二阶段的学习过程数据在最初理论模型下的拟合最终模型，模型拟合指标分别如表 8.25～表 8.27 所示。

表 8.25　模型拟合指标

潜变量	评估参数				
	平均方差提取率	组合信度	共同因子	R^2	冗余度
*X*1	0.6056	0.8147	0.5968	0	0
*Y*1	0.5597	0.8354	0.5597	0.2824	0.0531
*Y*2	0.5371	0.7265	0.5361	0.8037	0.0024
*Y*3	0.5674	0.7168	0.5674	0.6351	0.279
*Y*4	0.5728	0.8357	0.5627	0.7098	0.2501

表 8.26　负载系数 Bootstrapping 检验结果

负载	检验值			
	原始样本	样本均值	标准偏差	*T* 统计值
*x*1←*X*1	0.7731	0.7609	0.1037	7.456
*x*11←*Y*3	0.6086	0.6073	0.0628	9.6921
*x*12←*Y*2	0.8229	0.8282	0.0309	26.6293
*x*13←*Y*2	0.5178	0.5193	0.105	4.9306
*x*14←*Y*3	0.8564	0.8575	0.0255	33.5352
*x*15←*Y*4	0.5294	0.5249	0.093	5.6933
*x*16←*Y*4	0.6883	0.6836	0.0582	11.8169
*x*17←*Y*4	0.6339	0.6306	0.0621	10.2012
*x*18←*Y*4	0.8065	0.8085	0.0286	28.1585
*x*2←*X*1	0.7005	0.6853	0.0978	7.1608
*x*3←*X*1	0.8358	0.8269	0.0542	15.4255
*x*4←*Y*1	0.6999	0.6987	0.0554	12.6263
*x*4←*Y*4	0.6579	0.6568	0.0603	10.9132
*x*5←*Y*1	0.7872	0.7801	0.0444	17.7224
*x*5←*Y*4	0.7331	0.7265	0.0528	13.8952
*x*6←*Y*1	0.7268	0.7206	0.0501	14.5182
*x*6←*Y*3	0.5462	0.5474	0.0854	6.3993
*x*7←*Y*1	0.7754	0.78	0.0258	30.0911
*x*8←*Y*2	0.5892	0.5699	0.1148	5.1343
*x*9←*Y*2	0.5798	0.5594	0.1172	4.9467

表 8.27　路径系数 Bootstrapping 检验结果

路径	检验值			
	原始样本	样本均值	标准偏差	*T* 统计值
*X*1→*Y*1	0.2871	0.2914	0.0641	4.4758
*X*1→*Y*2	0.0863	0.0857	0.0319	2.7128
*Y*1→*Y*2	0.3638	0.3540	0.0869	4.1880

续表

路径	检验值			
	原始样本	样本均值	标准偏差	T 统计值
$Y1 \rightarrow Y3$	0.7969	0.8012	0.0163	49.0176
$Y2 \rightarrow Y4$	0.4913	0.4910	0.0729	6.7367
$Y3 \rightarrow Y2$	0.5825	0.5960	0.0909	6.4079
$Y3 \rightarrow Y4$	0.3794	0.3795	0.0952	3.9841

3）最终模型

最终模型如图 8.23 所示，根据得到的最终模型得到相应的评估模型如公式（8.34）～（8.38）所示：

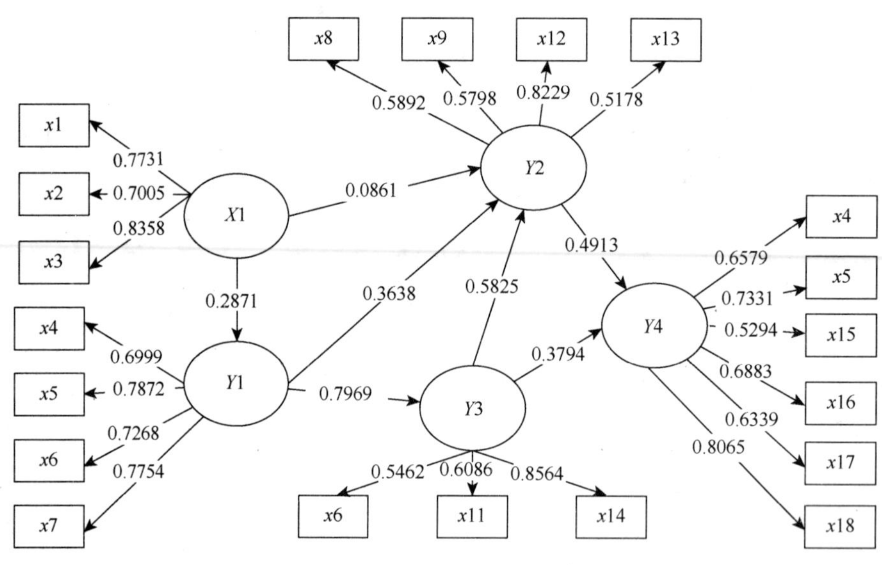

图 8.23　最终模型

$$X1 = 0.4887x1 + 0.3322x2 + 0.466x3 \tag{8.34}$$

$$Y1 = 0.2847x4 + 0.3048x5 + 0.2766x6 + 0.464x7 \tag{8.35}$$

$$Y2 = 0.2976x8 + 0.2905x9 + 0.6216x12 + 0.2795x13 \tag{8.36}$$

$$Y3 = 0.3263x6 + 0.3441x11 + 0.715x14 \tag{8.37}$$

$$Y4 = 0.2197x4 + 0.2371x5 + 0.208x15 + 0.2136x16 + 0.1813x17 + 0.3838x18 \tag{8.38}$$

根据第二阶段学习效果评估模型的拟合结果可知，“认真性”对学习者的“归纳总结能力”的影响较大；其次是学习者的“归纳总结能力”对“解决问题能力”的影响也很大；在总体效应上，“归纳总结能力”对“学习能力”的影响较大；“主动性”对“解决问题能力”的影响较小，与第一阶段学习效果评估模型中结果是一致的。综上所述，本章构建的阶段学习效果评估模型与研究数据拟合理想，且模型具有现实意义。

6. 计算机导论课程第一单元学习效果评估模型

根据实验方案设计及本书 8.3 中提出的 PLS-SEM 学习效果评估模型的建模方法，本节在完整的最初理论模型 M_0 基础上构建单元学习效果评估模型。我们以计算机科学导论第一单元的学习过程为例，对单元学习效果评估模型进行验证。由于第一单元学习过程中不包含阶段测试，也不包含实验预习及实验报告，其学习效果评估模型指标体系需要稍作修改。结合其指标体系我们能够构建第一单元的学习效果评估理论模型 M_{10}。模型的拟合及修正思路如前文所述，在此给出第一单元学习过程数据在 M_{10} 进行拟合，其中关键分析点如下。

1）初始单元学习效果评估模型 M_{10} 的负载系数

计算的 M_{10} 的负载系数如表 8.28 所示。

表 8.28　单元学习效果评估模型 M_{10} 的负载系数

观测变量	潜变量				
	*X*1	*Y*1	*Y*2	*Y*3	*Y*4
*x*1	0.7406	0	0	0	0
*x*2	0.7072	0	0	0	0
*x*3	0.5427	0	0	0	0
*x*4	0	0.6816	0	0	0
*x*5	0	0.7828	0	0	0
*x*6	0	0.7242	0	0	0
*x*7	0	0.7717	0	0	0
*x*8	0	0	0.5673	0	0
*x*9	0	0	0.6125	0	0
*x*11	0	0	0.5681	0	0
*x*12	0	0	0.7900	0	0
*x*6	0	0	0	0.6090	0
*x*11	0	0	0	0.8908	0
*x*15	0	0	0	0	0.7410
*x*4	0	0	0	0	0.7923
*x*16	0	0	0	0	0.6596
*x*5	0	0	0	0	0.8109
*x*12	0	0	0	0	0.4069

由模型的负载系数可以看出，潜变量 *Y*4 的观测变量 *x*12 的负载系数为 0.4069，未达到本书的模型评价标准，因此，在对模型进行修正时将此指标删除，其余潜变量的测量指标均保持不变，得到模型 M_{11}。

2）单元学习效果评估模型 M_{11} 的负载系数

对 M_{11} 进行计算，其负载系数如表 8.29 所示。

表 8.29　单元学习效果评估模型 M_{11} 的负载系数

观测变量	潜变量				
	X1	Y1	Y2	Y3	Y4
x1	0.7402	0	0	0	0
x2	0.7035	0	0	0	0
x3	0.5467	0	0	0	0
x4	0	0.6812	0	0	0
x5	0	0.7869	0	0	0
x6	0	0.7298	0	0	0
x7	0	0.7658	0	0	0
x8	0	0	0.5807	0	0
x9	0	0	0.6121	0	0
x11	0	0	0.5902	0	0
x12	0	0	0.7698	0	0
x6	0	0	0	0.6409	0
x11	0	0	0	0.8715	0
x15	0	0	0	0	0.7839
x4	0	0	0	0	0.8651
x16	0	0	0	0	0.6379
x5	0	0	0	0	0.8583

3）M_{11} 的测量模型解释能力评估参数

由表 8.29 可知，M_{11} 中各观测变量的负载系数均大于 0.5，进一步对模型 M_{11} 的其他参数进行估计，我们得到 M_{11} 的测量模型解释能力评估参数如表 8.30 所示。

表 8.30　M_{11} 测量模型解释能力评估参数

潜变量	评估参数		
	平均方差提取率	组合信度	共同因子
X1	0.5472	0.7049	0.5479
Y1	0.5506	0.8301	0.5506
Y2	0.5132	0.7352	0.5143
Y3	0.5851	0.7338	0.5851
Y4	0.6266	0.8688	0.6268

4）M_{11} 的 Bootstrapping 显著性检验结果

由表 8.30 可以看出，M_{11} 的 *AVE*、组合信度及共同因子均达到理想模型的标准。因此，我们对模型进行 Bootstrapping 显著性检验，其负载系数和路径系数的 Bootstrapping 检验结果如表 8.31 及表 8.32。

表 8.31　M_{11} 的负载系数 Bootstrapping 检验结果

负载	检验值			
	原始样本	样本均值	标准偏差	T 统计值
$x1 \leftarrow X1$	0.7402	0.7139	0.1049	7.0571
$x11 \leftarrow Y2$	0.5902	0.5895	0.0896	6.5873
$x12 \leftarrow Y2$	0.7698	0.7727	0.0398	19.3367
$x11 \leftarrow Y3$	0.8715	0.8718	0.0323	27.0122
$x15 \leftarrow Y4$	0.7839	0.7822	0.0378	20.7417
$x16 \leftarrow Y4$	0.6379	0.6409	0.0458	13.9145
$x2 \leftarrow X1$	0.7035	0.688	0.1203	5.8492
$x3 \leftarrow X1$	0.5467	0.5428	0.1659	3.296
$x4 \leftarrow Y1$	0.6812	0.681	0.0545	12.4952
$x4 \leftarrow Y4$	0.8651	0.8624	0.0248	34.8832
$x5 \leftarrow Y1$	0.7869	0.7831	0.0398	19.7913
$x5 \leftarrow Y4$	0.8583	0.8568	0.0226	37.914
$x6 \leftarrow Y1$	0.7298	0.7248	0.0445	16.3929
$x6 \leftarrow Y3$	0.6409	0.6349	0.0781	8.2026
$x7 \leftarrow Y1$	0.7658	0.7679	0.0302	25.366
$x8 \leftarrow Y2$	0.5807	0.565	0.1058	5.4908
$x9 \leftarrow Y2$	0.6121	0.5978	0.0976	6.2706

表 8.32　M_{11} 的路径系数 Bootstrapping 检验结果

路径	检验值			
	原始样本	样本均值	标准偏差	T 统计值
$X1 \rightarrow Y1$	0.3518	0.3616	0.0683	5.1543
$X1 \rightarrow Y2$	0.0618	0.0635	0.0268	2.3051
$Y1 \rightarrow Y2$	0.2775	0.2731	0.064	4.3354
$Y1 \rightarrow Y3$	0.7616	0.7663	0.0224	33.9658
$Y2 \rightarrow Y4$	0.8902	0.9254	0.137	6.4967
$Y3 \rightarrow Y2$	0.6762	0.6832	0.0695	9.7345
$Y3 \rightarrow Y4$	0.2971	0.3297	0.1097	2.7083

从表 8.31 和表 8.32 可以看出，模型 M_{11} 的负载系数及路径系数的 Bootstrapping 检验结果中 T 统计值均大于 1.973，说明模型的测量模型中的这些负载系数都显著不为 0，均具有统计学意义。

5）M_{11} 的结构模型评价指标

从表 8.33 中可以看出 M_{11} 中潜变量“认真性”的 R^2 值为 0.1938 达到了 0.19，内部解释能力达到中等水平，而潜变量“解决问题能力”“归纳总结能力”“学习能力”均达到较理想水平，因此，M_{11} 的内部解释能力是达到标准的。

表 8.33　M_{11} 的结构模型评价指标

指标	参数	
	R^2	冗余度
X1	0	0
Y1	0.1938	0.0777
Y2	0.8404	0.0088
Y3	0.58	0.3291
Y4	0.4071	0.1923

6）第一单元学习效果评估模型

综上所述，M_{11} 模型已达到理想的水平，因此我们可以将该模型作为第一单元的学习效果评估模型，其模型最终拟合结果如图 8.24 所示。

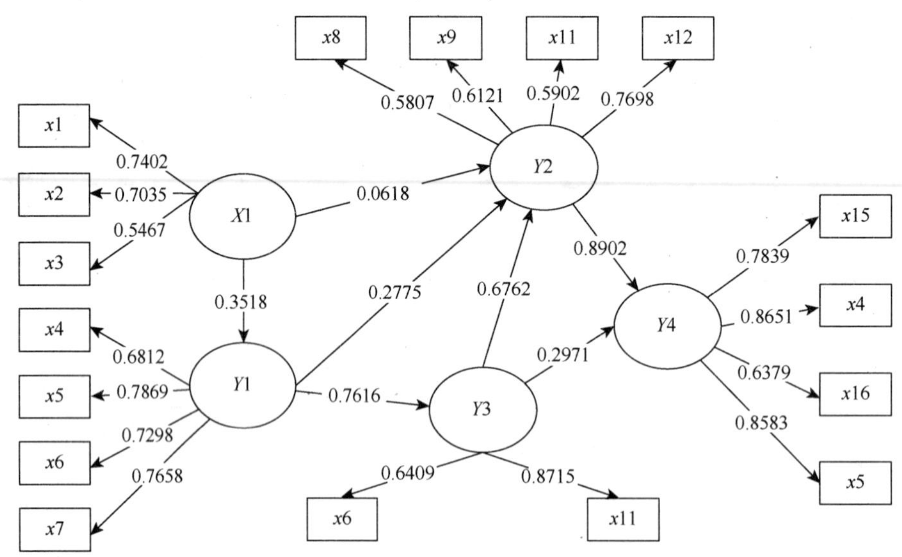

图 8.24　第一单元学习效果评估模型拟合结果

7. 计算机导论课程第 6 周学习效果评估模型

如前文所述，根据实验方案设计及 8.3 节中提出的 PLS-SEM 学习效果评估模型的建模方法，本节在完整的最初理论模型 M_0 基础上构建周学习效果评估模型。本课程的教学从第 5 教学周开始，由于第 5 周学生处于对计算机科学导论教学的适应调整期，因此本书选择计算机导论第 6 周的学习过程为例，对一周学习效果评估模型进行验证。在第 6 周的学习过程中仅包含课前预习、课后练习及每周总结与自评，因此其学习效果评估模型指标体系稍作修改。结合其指标体系我们能够构建第 6 周的学习效果评估理论模型 M_{20}。模型的各个拟合指标及检验结果如下。

1）模型的负载系数（如表 8.34 所示）

表 8.34　模型的负载系数

观测变量	潜变量				
	*X*1	*Y*1	*Y*2	*Y*3	*Y*4
*x*1	0.5762	0	0	0	0
*x*2	0.5470	0	0	0	0
*x*3	0.7245	0	0	0	0
*x*4	0	0.6883	0	0	0
*x*5	0	0.6990	0	0	0
*x*6	0	0.8518	0	0	0
*x*7	0	0.7369	0	0	0
*x*8	0	0	0.8208	0	0
*x*9	0	0	0.8905	0	0
*x*6	0	0	0	1	0
*x*15	0	0	0	0	0.7041
*x*4	0	0	0	0	0.7978
*x*16	0	0	0	0	0.7787
*x*5	0	0	0	0	0.8051

2）模型拟合指标（如表 8.35 所示）

表 8.35　模型拟合指标

潜变量	评估指标				
	平均方差提取率	组合信度	共同因子	R^2	冗余度
*X*1	0.5354	0.7493	0.5479	0	0
*Y*1	0.5578	0.8335	0.5563	0.3353	0.146
*Y*2	0.7333	0.8459	0.7333	0.3953	0.0684
*Y*3	1	1	1	0.7256	0.7256
*Y*4	0.5967	0.8551	0.5967	0.6624	0.1592

3）模型的负载系数 Bootstrapping 检验结果（如表 8.36 所示）和路径系数的 Bootstrapping 检验结果（如表 8.37 所示）

表 8.36　负载系数 Bootstrapping 检验结果

负载	检验值			
	原始样本	样本均值	标准偏差	*T* 统计值
*x*1←*X*1	0.5762	0.5526	0.1634	3.5274
*x*15←*Y*4	0.7041	0.6957	0.0672	10.4757
*x*16←*Y*4	0.7787	0.7854	0.0218	35.6689

续表

负载	检验值			
	原始样本	样本均值	标准偏差	*T* 统计值
*x*2←*X*1	0.547	0.5241	0.1291	4.2385
*x*3←*X*1	0.7245	0.7219	0.1076	6.7348
*x*4←*Y*1	0.6883	0.673	0.0904	7.6162
*x*4←*Y*4	0.7978	0.7856	0.062	12.8735
*x*5←*Y*1	0.699	0.6854	0.0774	9.0285
*x*5←*Y*4	0.8051	0.7947	0.0498	16.1736
*x*6←*Y*1	0.8518	0.8567	0.0169	50.3118
*x*7←*Y*1	0.7369	0.7369	0.0443	16.6351
*x*8←*Y*2	0.8208	0.8099	0.06	13.6887
*x*9←*Y*2	0.8905	0.894	0.0188	47.2882

表 8.37　路径系数 Bootstrapping 检验结果

路径	检验值			
	原始样本	样本均值	标准偏差	*T* 统计值
*X*1→*Y*1	0.5790	0.5840	0.0606	9.5589
*X*1→*Y*2	0.1217	0.1277	0.0490	2.4820
*Y*1→*Y*2	0.4928	0.4881	0.1139	4.3275
*Y*1→*Y*3	0.8518	0.8567	0.0169	50.3118
*Y*2→*Y*4	0.2868	0.2849	0.0605	4.7378
*Y*3→*Y*2	0.0639	0.0618	0.0321	1.9937
*Y*3→*Y*4	0.6164	0.6256	0.0610	10.1105

从学习效果评估模型 M_{20} 的 *AVE*、测量模型的负载系数、路径系数的 Bootstrapping 检验结果和模型的 R^2 值各项指标来看，模型与数据的拟合效果是比较理想的。

4）模型最终拟合结果

综上可知，M_{20} 模型可以作为第 6 周学习效果评估模型的最终模型。最终模型拟合结果如图 8.25 所示。

8.4.3　RefinedM-LP 应用总结

RefinedM-LP 应用于“计算机科学导论”教学的过程中，使教学过程更加规范化、标准化，同时通过对学习过程的量化及“计算机科学导论”学习系统的使用，使教学过程更加数据化、信息化，教师及学生对教学过程中都能有很好地把握。根据实际教学情况，对 RefinedM-LP 的应用总结如下。

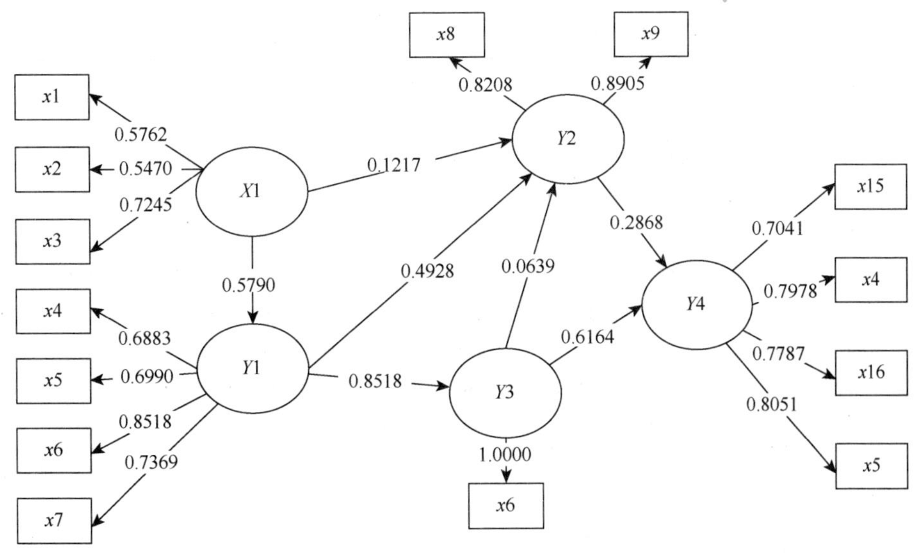

图 8.25　第 6 周学习效果评估模型拟合结果

（1）在精细化学习过程中，不同的学习过程均有明确的任务提醒，且对任务设置开始时间与截止时间，增强了学生的时间观念，帮助学生养成了良好的学习习惯。

（2）以计算机科学导论学习系统为平台，课前预习及课后测试题为四选一的选择题形式呈现，使学生能灵活运用碎片时间完成学习任务。

（3）在不同的学习阶段，学生均能通过向计算机科学导论学习系统提交心得或总结的形式及时反馈其在学习过程中的难点，在师生间形成良好的沟通桥梁。

（4）当学习阶段不同时，可按照实际教学对学习过程元素进行增加或删减，教学过程灵活且可控。

8.4.4　PLS-SEM 学习效果评估模型应用总结

根据 8.4.2 中得到的学习效果评估模型，输入学生学习过程数据，分别能够得到学生在第一阶段学习过程和第二阶段学习过程中的学习效果评估情况。由于模型输出仅为各潜变量得分，单纯的得分并不能说明问题，因此，需要对整体数据按照公式（8-39）进行归一化后，再按照 8.3 中提出的学习效果评估体系对学生进行评估。

$$x^* = \frac{x - \min}{\max - \min} \tag{8.39}$$

表 8.38 为随机抽取的 8 位同学在第一阶段学习过程及第二阶段学习过程中“主动性”“认真性”“解决问题能力”“归纳总结能力”及“学习能力”得分，表 8.39 为归一化后的得分。图 8.26～图 8.36 为学生学习效果图，其中横坐标为学生序号，纵坐标为评估后的学习效果分值。其中后缀 1 表示第一阶段学习过程的学习效果，后缀 2 表示第二阶段的学习效果。图 8.26 可以看出，8 位同学在第二阶段的学习效果分值几乎均高于第一阶段的学习效果分值。

表 8.38　学习效果评估模型输出分数

学生序号	第一阶段学习过程					第二阶段学习过程				
	X1	Y1	Y2	Y3	Y4	X1	Y1	Y2	Y3	Y4
1	1.0221	6.4223	9.8935	90.5019	6.3190	1.2935	6.0680	10.1855	89.7927	4.9811
2	1.4451	6.1755	8.2042	78.4213	5.5508	0.6218	6.3694	10.4517	82.5384	4.6049
3	1.8050	6.8689	9.5811	93.8920	6.5546	0.1162	7.7940	10.8624	94.8263	5.9255
4	2.2171	5.9251	9.0948	83.9232	4.9849	2.1050	4.6468	9.0376	73.9391	3.3402
5	1.2834	5.4012	8.4802	80.1645	3.5300	1.1366	4.2699	8.2359	84.2871	3.3639
6	0.8017	4.9876	8.4121	75.1367	4.0104	0.2324	5.5710	8.4332	83.9887	4.3571
7	1.0442	6.6224	9.5142	89.5074	5.6647	1.0112	6.2065	9.5528	83.5619	4.2309
8	1.6067	6.3077	9.2212	87.1986	5.9678	1.9888	7.0211	10.0097	86.2308	4.7614

表 8.39　归一化后学习效果分数

学生序号	第一阶段学习过程					第二阶段学习过程				
	X1	Y1	Y2	Y3	Y4	X1	Y1	Y2	Y3	Y4
1	0.3262	0.7964	0.8796	0.8579	0.8135	0.5186	0.7183	0.9098	0.8849	0.8232
2	0.4727	0.7658	0.6636	0.5560	0.7146	0.2493	0.7545	0.9449	0.7190	0.7605
3	0.5975	0.8517	0.8397	0.9425	0.8438	0.0466	0.9254	0.9990	1.0000	0.9807
4	0.7403	0.7347	0.7775	0.6935	0.6417	0.8439	0.5477	0.7586	0.5223	0.5496
5	0.4167	0.6698	0.6989	0.5996	0.4544	0.4557	0.5025	0.6529	0.7590	0.5535
6	0.2498	0.6185	0.6902	0.4740	0.5163	0.0932	0.6586	0.6921	0.7522	0.7192
7	0.3338	0.8212	0.8311	0.8330	0.7292	0.4054	0.7349	0.8265	0.7424	0.6981
8	0.5287	0.7822	0.7936	0.7753	0.7683	0.7973	0.8327	0.8867	0.8034	0.7866

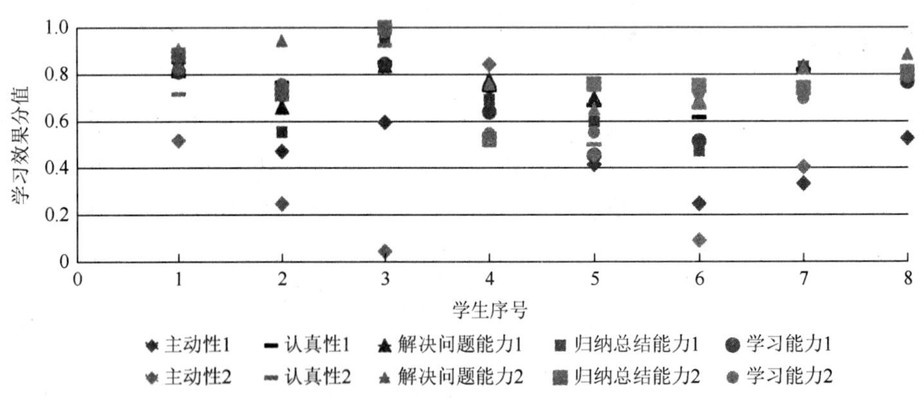

图 8.26　八位同学第一、第二阶段学习效果图

由图 8.27 及图 8.28 可知，在第一阶段中学生的主动性效果较分散且较多学生的主动性效果在 0～0.2，而在第二阶段的学习过程中，只有较少的学生主动性在 0～0.2 的，而在 0.4～0.8 的密度更大，说明在第二阶段学习过程中学生的主动性有了明显的提高。

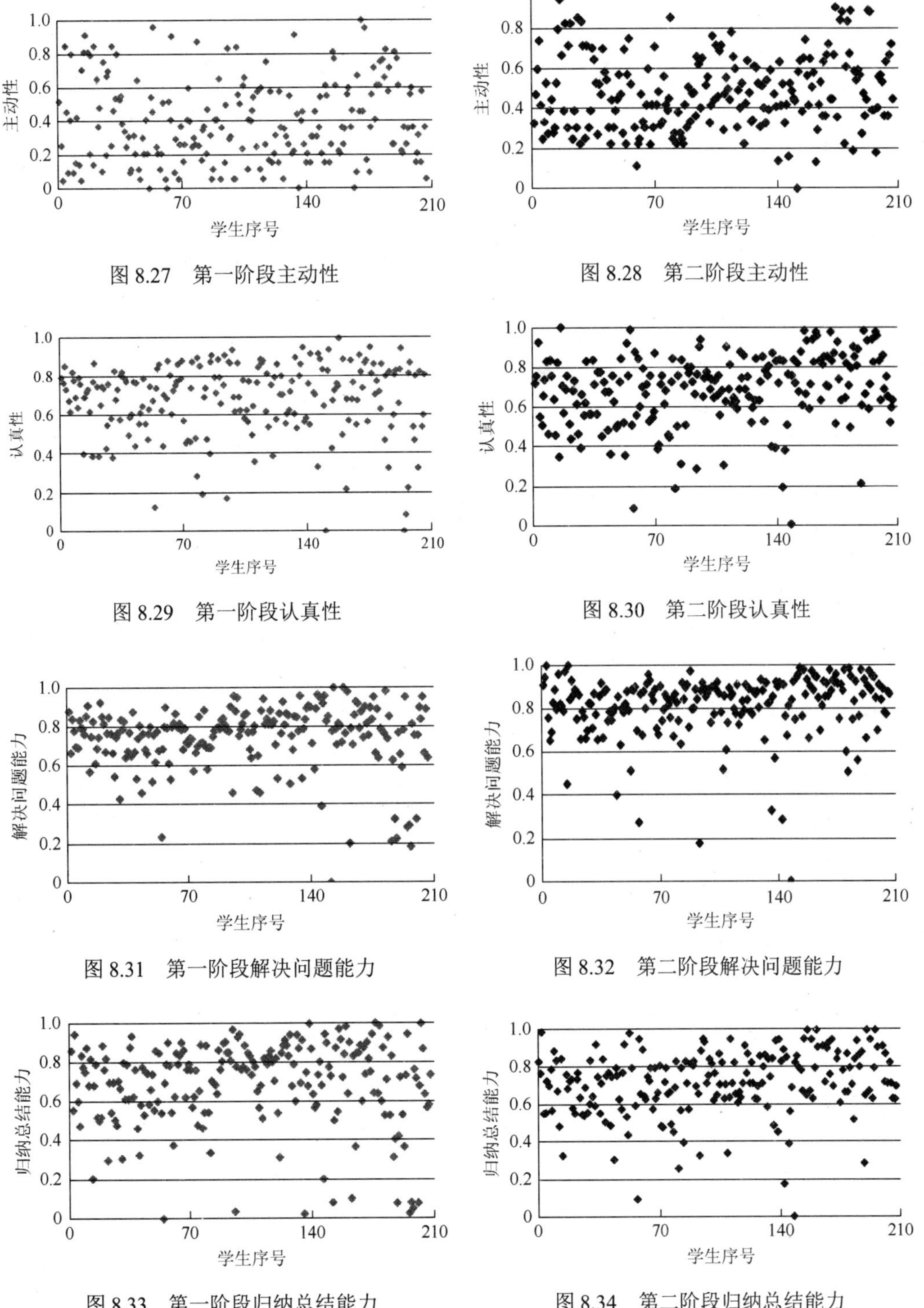

图 8.27　第一阶段主动性

图 8.28　第二阶段主动性

图 8.29　第一阶段认真性

图 8.30　第二阶段认真性

图 8.31　第一阶段解决问题能力

图 8.32　第二阶段解决问题能力

图 8.33　第一阶段归纳总结能力

图 8.34　第二阶段归纳总结能力

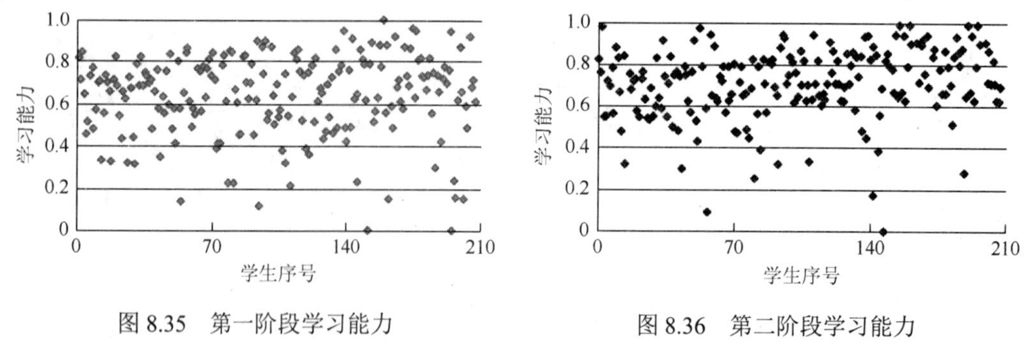

图 8.35　第一阶段学习能力　　　图 8.36　第二阶段学习能力

由图 8.29 及图 8.30 可以看出，相比于第一阶段学生的认真性，第二阶段学生的认真性的分布在 0～0.4 的密度没有太大变化，而在 0.8～1.0 的密度略有增大。可见，第一阶段及第二阶段学生的认真性整体没有太大变化。

由图 8.31 及图 8.32 可知，与第一阶段学生的解决问题能力相比，在第二阶段学生的解决问题能力得分在 0.8～1.0 最为密集，且在 0～0.6 的人数有了明显减少，可见，在第二阶段学生的解决问题能力也有了很大的提高。

由图 8.33 及图 8.34 可知，与第一阶段学生的归纳总结能力相比，在第二阶段学生的归纳总结能力得分在 0～0.4 人数有减少，在 0.6～1.0 的密度更大，可见，在第二阶段学生的归纳总结能力较第一阶段有了明显的提高。

由图 8.35 及图 8.36 可以看出，在第一阶段学生的学习能力分布较分散且 0.4～0.8 的密度较大，而在第二阶段学生的学习能力则多分布在 0.6～1.0。由此可见，在第二阶段学习过程中学生的整体学习能力有了很大的提高。

综上所述，我们可以发现，经过“计算机科学导论”课程中第一阶段及第二阶段的精细化学习过程数据对学习效果评估模型的拟合及我们对单元学习效果评估理想模型、每周学习效果评估理想模型的构建，证明了我们提出的精细化学习过程模型对难以直接衡量的学习效果的量化方法评估的有效性与正确性，也证明了我们所提出的基于 PLS-SEM 的学习效果评估模型的可用性、正确性与有效性。

第 9 章 计算机导论课程知识图谱的创建

知识图谱（knowledge graph）从提出到现在发展迅速，许多知识图谱的应用产品投入到各个领域，给人们带来了极大的便利。课程知识图谱其实可以算作领域知识图谱，本章针对“计算机科学导论”这门课程对课程知识图谱进行研究，虽然范围比较小，但是仍然可以从中吸取经验，获取知识。

本章首先介绍知识图谱的背景以及国内外在知识图谱方面的进展。接着介绍在正式开始项目前对关键问题的思考以及知识图谱构建的原则和思路。然后介绍整个课程知识图谱的构建过程，包括实体的定义及抽取、关系的定义及抽取和数据的存储[178]。

9.1 国内外研究现状

知识图谱是表示知识的结构关系的图形，可以用特殊的表示方式来描述知识及它们之间的相互联系。知识图谱以大型关联数据库等知识库作为支撑，对数据资源进行语义标注，进行关联，借助强大的语义处理能力和开放互联能力建立关系网络，通过深入的语义分析和挖掘，以及可视化界面为用户提供方便智能的浏览检索等服务[179]。知识图谱概念的层次关系有一定的重要性，不过知识图谱看重的是实体和实体的属性，以及实体之间的关系。这些层次关系的数量相比实体之间的关系的数量要少很多，主要是通过各种百科数据获取知识点，然后将其作为种子知识，并通过知识挖掘技术快速而准确地构建高质量和大规模知识图谱。

20 世纪中叶，普赖斯等人提出使用引文网络来研究当代科学发展脉络的方法，首次提出了知识图谱的概念。这里的知识图谱是指从计量学兴起的新主题“mapping knowledge domains”[180-181]。到 20 世纪 90 年代，机构知识库的概念被提出，自此关于知识表示、知识组织的研究工作开始深入开展起来[182]。再之后，许多著名的领域有了开放式信息提取系统[182]，这种提取的知识构建成了知识图谱。

信息技术的发展不断推动着互联网技术的变革，Web 互联网作为互联网时代的标志性技术，正处在这场变革的核心[183]。互联网从最开始的网页链接发展到数据连接，再发展到了语义网。随着关联数据的出现，有人建议将语义网中不同数据连接起来。这个集合可以被理解为一个巨大的、全球化的知识图谱[184]。

知识图谱构建了一个与用户搜索相关联的一系列完整的知识体系，用户在搜索的时候可能会了解到一个新的事物及其联系，从而展开新的查询。知识图谱的概念由谷歌（Google）于 2012 年正式提出，旨在实现更智能的搜索引擎[185]。Google 在提出知识图谱之后，将其应用在了自己的 Google 搜索引擎中。有了知识图谱作为支撑，Google 搜索在三个方面提升了搜索的效果。①找到用户最想要的信息。知识图谱可以将用户输入的一个搜索词汇或语句的请求所可能代表的多个不同含义都呈现出来，并且 Google 可以将搜索结果缩小到用户可能最需要的结果上，提升用户的使用效果。②提供最全面、最详细的摘要。Google 对用户的搜索词进行理解，然后通过知识图谱进行总结，之后会将推理判断可能和用户搜索相关的内容呈现出来推送给用户。③让搜索更加的有深度，有广度。

从提出知识图谱到现在，具有代表性的大规模通用知识图谱有 YAGO、DBpedia 等，它们具有规模大、领域宽、包含大量常识等特点[186]。中文知识图谱有 Zhishi.me 和 SSCO。CN-DBpedia 是复旦大学 GDM 实验室通过整合维基百科、百度百科等多个百科数据源，从海量文本语料中进行文本挖掘构建的中文领域知识图谱[187]。在知识图谱的构建方面，已经有相对成熟的技术和知识图谱产品，例如 Google 知识图谱、中国的百度“知心”、搜狗“知立方”等商用知识图谱[188]。

9.2　课程知识图谱构建思路和原则

要构建课程知识图谱，需要解决几个关键的问题。

第一，课程知识图谱数据，即从网站上获得的实体及实体间关系的问题。这些实体该如何表示，具有哪些属性才可以完整地描述这个实体，实体之间的关系如何表示，具体有哪些才可以完整地描述实体间的关系，这些问题在具体开始前都要认真的思考和探究。

第二，知识图谱构建过程中实体及实体间的关系该使用什么数据库存储，又该如何存储才会方便后续的使用。

第三，前端和后台如何设计，该使用什么 Web 框架才更适合；前端页面如何和后台联动，后台如何处理数据。

综上所述，确定构建课程知识图谱构建的原则如下：

①实体的属性要能够完整地表示这个实体，实体间的关系要可以很好地表示两个实体间的联系，关系要覆盖全部的实体。

②实例要覆盖课程中的全部数据，比如这次毕业设计数据实例要覆盖网站上的章节内容。

③实体及实体间关系的定义并非一成不变，在抽取的过程中可以根据实际进行修改以便更好地完整描述实体及实体间关系。

④实体及实体间关系的存储要方便后续使用，即方便相关的查询检索。

根据以上原则，我们列出了课程知识图谱构建思路：

①对实体进行定义，特别是实体的属性，可以先暂抽取几个实例来对比实体的定义，看是否满足以上知识图谱构建的原则。对关系进行定义，也可以先抽取几个实例看已定义的关系是否能够描述。

②根据定义抽取相关的实体，抽取相应的关系，可以将其暂时放入 Excel 表中。可对关系进行特殊的约定，比如互逆性的关系，在自己抽取的时候可以减少工作量。

③编写脚本将抽取的实体及实体间关系存储到合适的数据库中。

④编写相关方法提取数据库中数据，编写查询方法，设计前端页面以及后台处理数据方法。

9.3　构建课程知识图谱

知识图谱可以定义为相关事实的集合[189]，图谱的节点是在推荐场景中扮演角色不同的实体，图的边缘是实体间的各种关系[190]。实体及其关系的抽取是知识图谱构建中至关重要的一环，在大型知识图谱的构建中，一般都是获取网络中的结构化、半结构化以及非结构化的数据，然后抽取其中的实体及实体间的关系，其中还会用到许多高新的技术如机器学习，深度学习等等。理论上，可以试图定义这样的一系列关系，之后再去抽取他们的实例[191]。

9.3.1　定义实体

定义的课程实体分为：章级实体，主要定义每一章（一级标题）；节级实体，主要定义每一节（二级标题）；小节级实体，主要定义每一小节（三级标题）；分节级实体，主要定义每一分节（四级标题）。除此之外还有叶子级实体和子叶子级实体，主要定义的是各种知识点。

每一种实体都定义有属性，这些属性可以用来描述这个实体，也可以从中表示和其他实体间的关系。不同级别的实体有类似的属性，下面在表示的时候不再赘述，用“可参考上级实体此属性”来代替，具体可参照其他实体类似属性。

章级实体（模块）属性如表 9.1 所示。

表 9.1　章级实体属性

属性名	属性含义	属性类型	属性内容表示
ID	标识	string	用来标识实体
name	名称	string	用来标识或简介实体
pro_module	前序模块	string	表示该实体之前的实体，值为一个模块的 ID 或空值
fol_module	后续模块	string	表示该实体之前的实体，值为一个模块的 ID 或空值
rel_module	相关模块	string	表示和该实体有关的实体，值为一个或多个模块的 ID 或空值
imp_clue	重点知识线索	string	表示该模块下级内容中的重点内容，值为一个或多个知识线索的 ID 或空值
dif_clue	难点知识线索	string	表示该模块下级内容中的难点内容，值为一个或多个知识线索的 ID 或空值
opt_clue	选读知识线索	string	表示该模块下级内容中的选读内容，值为一个或多个知识线索的 ID 或空值

节级实体（知识线索）属性如表 9.2 所示。

表 9.2　节级实体属性

属性名	属性含义	属性类型	属性内容表示
ID	标识	string	可参照上级实体此属性
name	名称	string	可参照上级实体此属性
sub_module	隶属模块	string	表示该实体所属的上级实体，值为一个模块的 ID
spe_sign	特殊标识	string	表示该实体是章首语、章末总结还是普通单元，值域为“章首语”“普通单元”“章末总结”
pro_clue	前序线索	string	可参照上级实体此属性
fol_clue	后续线索	string	可参照上级实体此属性
rel_clue	相关线索	string	可参照上级实体此属性
has_unit	是否有下级单元	bool	表示该实体是否有下一级的实体（直观表示为是否有三级标题），值为 0 或 1，当值为 0 时下面三个属性必为空值
imp_unit	重要单元	string	可参照上级实体此属性
dif_unit	难点单元	string	可参照上级实体此属性
opt_unit	选读单元	string	可参照上级实体此属性

小节级实体（知识单元）属性如表 9.3 所示。

表 9.3　小节级实体属性

属性名	属性含义	属性类型	属性内容表示
ID	标识	string	可参照上级实体此属性
name	名称	string	可参照上级实体此属性
sub_clue	隶属线索	string	可参照上级实体此属性
pro_unit	前序单元	string	可参照上级实体此属性
fol_unit	后续单元	string	可参照上级实体此属性
rel_unit	相关单元	string	可参照上级实体此属性
has_part	是否有下级分节	bool	可参照上级实体此属性
imp_part	重要分节	string	可参照上级实体此属性
dif_part	难点分节	string	可参照上级实体此属性
opt_part	选读分节	string	可参照上级实体此属性

分节级实体（知识分节）属性如表 9.4 所示。

表 9.4　分节级实体属性

属性名	属性含义	属性类型	属性内容表示
ID	标识	string	可参照上级实体此属性
name	名称	string	可参照上级实体此属性
sub_unit	隶属单元	string	可参照上级实体此属性
pro_part	前序分节	string	可参照上级实体此属性
fol_part	后续分节	string	可参照上级实体此属性
rel_part	相关分节	string	可参照上级实体此属性

叶子级实体（知识点）属性如表 9.5 所示。

表 9.5　叶子级实体属性

属性名	属性含义	属性类型	属性内容表示
ID	标识	string	用于标识该实体
name	名称	string	用于简单表示该实体
type	类型	string	用于标识该实体内容的类型，值域为“paragraph/段落”“image/图片”“formula/公式”“form/表格”“video/视频”“segment/代码段”
content	内容	string	表示该实体的具体内容，值为段落文字或者是起标识作用的字符串
description_to	描述于	string	表示该实体的内容所附属的实体，值域为模块 ID、知识线索 ID、知识单元 ID 或知识分节 ID
imp_concept	重要概念	string	表示该实体内容中重要的语句或概念，值为段落文字
spoint	子叶子	string	表示该实体的下级子叶子实体；值域为子知识点 ID 或空值

子叶子级实体（子知识点）属性如表 9.6 所示。

表 9.6　子叶子级实体属性

属性名	属性含义	属性类型	属性内容表示
ID	标识	string	可参照上级实体此属性
name	名称	string	可参照上级实体此属性
type	类型	string	可参照上级实体此属性
content	内容	string	可参照上级实体此属性
ppoint	父叶子	string	表示该实体的上级父叶子实体，值为知识点 ID

在这里将所有的实体分作为两类：一类是知识模块、知识线索、知识单元、知识分节，这类实体一般描述的是章节目录标题，在下面的内容中称为章节目录实体；另一类是知识点和子知识点，这类实体一般描述的是实际的内容，在下面的内容中称为章节内容实体。

9.3.2　抽取实体

根据上面定义的实体及实体的属性来从网站中提取实体。模块、知识线索、知识单元、知识分节的实体容易抽取，这些实体的表现形式均为每一章节的各级标题，起分类引导作用，这些实体之间的属性一般是表示描述性的属性以及和其他实体关系性的属性。抽取的实体先放入 Excel 中，如图 9.1～图 9.4 所示。

而知识点与子知识点表现形式为网站上每一章节具体的内容，包含段落、图片、公式、表格、代码段等形式，这些实体的属性与上述的不同，会包含具体的内容以及和这些内容有关的属性，如图 9.5 和图 9.6 所示。

ID	name	pre_module	fol_module	rel_module	imp_clue	dif_clue	opt_clue
chapter1	信息处理	None	chapter2	None	section11	section14	None
chapter2	走进硬件及其体系架构	chapter1	chapter3	None	section22	section21	section25
chapter3	走进软件	chapter2	chapter4	None	section31	section35	None
chapter4	程序设计语言与用户界面	chapter3	chapter5	chapter6	section44	section44	section45
chapter5	数据结构与算法	chapter4	chapter6	chapter5	section52	section52	None
chapter6	计算机应用	chapter5	chapter7	None	section61	section62	None
chapter7	主要应用的发展方向	chapter6	None	None	None	None	None

图 9.1　实体模块

ID	name	sub_clue	pro_unit	fol_unit	rel_unit	has_part	imp_part	dif_part	opt_part
unit111	信息定义	section11	None	unit112	unit112, ur	0	None	None	None
unit112	信息种类	section11	unit111	unit113	unit111, ur	0	None	None	None
unit113	信息度量	section11	unit112	None	unit111, ur	0	None	None	None
unit121	位模式的信息表示	section12	None	unit122	None	1	part1211, r	None	None
unit122	计算机信息处理过程	section12	unit121	None	None	0	None	None	None
unit131	从方程看代数	section13	None	unit132	None	0	None	None	None
unit132	从随机生成迷宫地图看几何	section13	unit131	unit133	None	0	None	None	None
unit133	从测谎看逻辑	section13	unit132	None	None	0	None	None	None
unit151	计算机学科的基本思路	section15	None	unit152	unit152	0	None	None	None
unit152	计算机科学的含义与基本问题	section15	unit151	None	unit151	0	None	None	None
unit211	物联网	section21	None	unit212		1			part2112, part2113
unit212	云计算	section21	unit211	None		1			part2122, part2123

图 9.2　实体线索部分示例

ID	name	sub_module	spe sign	pro_clue	fol_clue	rel_clue	has_unit	imp_unit	dif_unit	opt_unit
foreword1	第一章章首语	chapter1	章首语	None	section11	None	0	None	None	None
section11	信息	chapter1	普通单元	foreword1	section12	section12, :	1	unit113	unit113	None
section12	信息处理过程	chapter1	普通单元	section11	section13	section11, :	1	unit121	None	None
section13	信息处理与数学	chapter1	普通单元	section12	section14	section11, :	1	None	None	None
section14	图灵机	chapter1	普通单元	section13	section15	None	0	None	None	None
section15	计算机科学定义	chapter1	普通单元	section14	summary1	None	1	unit151, un:	None	None
summary1	第一章章末总结	chapter1	章末总结	section15	None	None	0	None	None	None
foreword2	第二章章首语	chapter2	章首语	None	section21	None	0	None	None	None
section21	物联网与云计算	chapter2	普通单元	foreword2	section22		1			None
section22	计算机网络	chapter2	普通单元	section21	section23		1			None
section23	移动终端	chapter2	普通单元	section22	section24		0	None	None	None
section24	个人计算机	chapter2	普通单元	section23	section25		1			None
section25	计算机体系结构	chapter2	普通单元	section24	summary2		1			All
summary2	第二章章末总结	chapter2	章末总结	section25	None		0	None	None	None
foreword3	第三章章首语	chapter3	章首语	None	section31		0	None	None	None
section31	软件定义	chapter3	普通单元	foreword3	section32		0	None	None	None

图 9.3　实体单元部分示例

ID	name	sub_unit	pro_part	fol_part
part1211	文本的表示	unit121	None	part1212
part1212	数值的表示	unit121	part1211	part1213
part1213	音频的表示	unit121	part1212	part1214
part1214	图像的表示	unit121	part1213	part1215
part1215	视频的表示	unit121	part1214	None
part2111	物联网概念	unit211	None	part2112
part2112	物联网硬件平台组成	unit211	part2111	part2113
part2113	物联网的关键技术	unit211	part2112	None
part2121	云计算概述	unit212	None	part2122
part2122	云计算体系架构	unit212	part2121	part2123
part2123	云计算的关键技术	unit212	part2122	None

图 9.4　实体分节部分示例

ID	name	type	description_to	content	imp_concept	spoint
image101	图1.1 图书馆里的	image	chapter1	/images/image101	None	None
point11101	维纳的信息定义	paragraph	unit111	维纳的信息定义1948年，	信息是信息，不是物质，t	None
point11102	信息是差异类的定	paragraph	unit111	信息是差异类的定义1975	信息的本性在于事物本身	None
point11103	钟义信的信息定义	paragraph	unit111	钟义信的信息定义北京邮	信息是被反映的物质属性	None
point11104	香农的信息定义	paragraph	unit111	香农的信息定义假定事物	None	None
point11105	属加种差定义	paragraph	unit111	属种加差定义亦称“真实	被定义概念（种概念）=	None
image102	图1.2　中国大陆	image	unit111	/images/image102	None	None
point11106	总的来说，一切客	paragraph	unit111	总的来说，一切客观存在	一切客观存在都有信息。	None
point11201	以产生信息的物体	paragraph	unit112	以产生信息的物体的性质	None	None
point11202	按照人类活动领域	paragraph	unit112	按照人类活动领域，信息	None	None
point11203	以信息所依附的载	paragraph	unit112	以信息所依附的载体为依	None	None
point11204	按照携带新的的信	paragraph	unit112	按照携带信息的信号性质	None	None
point11205	以信息作用为依据	paragraph	unit112	以信息作用为依据，信息	None	None
point11206	图1.3显示了多种	paragraph	unit112	图1.3显示了多种类型的	None	None

图 9.5　实体知识点部分示例

ID	name	type	content	ppoint
formula101	离散随机变量模型一	formula	/formluas/formula101	point11304
formula102	离散随机变量模型二	formula	/formluar/formula102	point11304
spoint113041	符号ai的自信息量定义	paragraph	符号ai的自信息量定义为	point11304
formula11	ai自信息量定义为	formula	/formluar/formular11	point11304
spoint122041	信息的接收	paragraph	(1) 信息的接收包括信息的	point12204
spoint122042	信息的存储	paragraph	(2) 信息的存储就是把计算	point12204
spoint122043	信息的转化	paragraph	(3) 信息转化就是把信息根	point12204
spoint122044	信息的传输	paragraph	(4) 信息的传输通过计算机	point12204
spoint122045	信息的发布	paragraph	(5) 信息的发布就是把信息	point12204

图 9.6　实体子知识点部分示例

9.3.3　建立关系

1. 定义关系

定义完实体，可以根据计算机科学导论网站内容之间的显性或隐性的联系来定义实体之间的关系类型，这些关系并不是在最开始就确定好的，为了表示清楚各个实体之间的联系，在实际抽取中会有所增删或修改。在这以主要定义两大类的关系：一种是同级别实体之间的关系，以顺序型的关系为主；一种是不同级实体之间的关系，以包含型的关系为主。

实体间的关系命名有一定的主观性，是为了尽可能地描述这种关系，因此如果找寻到更好的命名是可以考虑替换的。

同级关系一般包含前程、后继、弱序、关联、强关联、组联等。

前提（promise）：表示前一个实体作为后一个实体的前提，在对后一个实体进行学习时会推荐先了解前一个实体。

后继（follow）：表示前一个实体作为后一个实体的后继，与前提关系互逆。

弱序（weak_sequence）：表示前一个实体在顺序上在后一个实体之前，这个关系只是为了完善一些实体之间的空关系，也为了在显示应用上方便，实际上可以看作这两个实体并无关系。

关联（connect）：表示两个实体之间有所关联，在显示应用时可据此进行一些操作。

强关联（strong_connect）：表示在显示应用的时候，前一个实体必然会引出后一个实体内容，据此可以完善显示应用时的一些逻辑关系。

组联（group_connect）：表示在显示应用的时候两个实体以前一个实体、后一个实体的顺序同时出现，此种关系一般出现在两个或多个实体的有顺序的关系之中，在显示应用的时候合为一块处理。不同级关系一般包含划分、章首语、总结、选读、隶属、详细、描述于、子知识、父知识等。

划分（divide）：一个普通的分级关系，标识为上下级之间的隶属关系，这种关系通常由上级实体（模块、知识线索、知识单元）指向对应的下级实体（知识线索、知识单元、知识分节）。

章首语（foreword）：一个特殊的分级关系，这种关系只存在于模块指向知识线索，并且该知识线索为该模块的章首语，此时两个实体不再标注存在划分关系。

总结（summary）：一个特殊的分级关系，这种关系只存在于模块指向知识线索，并且该知识线索为该模块的章末总结，此时两个实体不再标注存在划分关系。

选读（optional）：一个特殊的分级关系，这种关系常由上级实体（模块、知识线索、知识单元）指向为对应的下级实体（知识线索、知识单元、知识分节），并且下级实体作为选读内容存在于上级实体中，此时两个实体不再标注存在划分关系。

隶属（subordinate）：一个普通的分级关系，这种关系通常由下级实体（知识线索、知识单元、知识分节）指向对应的上级实体（模块、知识线索、知识单元），与划分、章首语、总结、选读关系均互逆。

详细（description）：一个普通的分级关系，通常由模块、知识线索、知识单元或知识分节指向知识点。

描述于（detailed）：一个普通的分级关系，与详细关系互逆。

子知识（sonpoint）：一个特殊的分级关系，这种关系通常由知识点指向子知识点。

父知识（parentpoint）：一个特殊的分级关系，与子知识关系互逆。

2. 抽取关系

根据上面定义的关系对上一部分抽取的实体来抽取相应的关系，抽取的关系仍然先放入 Excel 表中，如图 9.7 和图 9.8 所示。抽取的关系共三列，用主语，谓语，宾语这样的三元组来表示，其中主语和宾语是用实体的 ID 来代替的，表示方便也不易出错，谓语就是两个实体之间的关系，而这些关系都是已经定义好的。

subject	predicate	object
chapter1	weak_sequence	chapter2
chapter2	weak_sequence	chapter3
chapter3	weak_sequence	chapter4
chapter4	weak_sequence	chapter5
chapter5	weak_sequence	chapter6
chapter6	promise	chapter7
section11	promise	section12
section11	promise	section13
section12	weak_sequence	section13
section12	connect	section13
section13	weak_sequence	section14
section14	weak_sequence	section15
section21	weak_sequence	section22

图 9.7　同级关系部分示例

subject	predicate	object
chapter1	foreword	foreword1
chapter1	divide	section11
chapter1	divide	section12
chapter1	divide	section13
chapter1	divide	section14
chapter1	divide	section15
chapter1	summary	summary1
chapter1	description	image101
summary1	description	point16000
chapter2	foreword	foreword2
chapter2	divide	section21
chapter2	divide	section22

图 9.8　不同级关系部分示例

9.3.4 构建课程知识图谱

抽取实体及其关系后，就需要构建课程知识图谱，重要的步骤就是将实体及实体间关系存储到数据库中。

1. 实体的存储

将实体存储到 MySQL 中，在此选择 Django 框架，这个框架中可以定义 MySQL 数据库中的表结构，然后根据该框架的命令构建相应的表，这就免去了在 MySQL 中使用语句建表的过程。

构建表之后，需要向数据库中存储数据。这个时候最好的方法是写一个 python 脚本来读取数据，然后存储到数据库中。向数据库中存入数据之后，可以查看其中的数据，比较简单的就是直接在 MySQL 中使用 SQL 语句查询，数据示例如图 9.9 所示。

mysql> select * from login_module;

id	MID	M_name	pre_module	fol_module	rel_module	imp_clue	dif_clue	opt_clue
19	chapter1	信息处理	None	chapter2	None	section11, section15	section14	None
20	chapter2	走进硬件及其体系架构	chapter1	chapter3	None	section22	section21	section25
21	chapter3	走进软件	chapter2	chapter4	None	section31, section35	section35	None
22	chapter4	程序设计语言与用户界面	chapter3	chapter5	chapter6	section44	section44	section45
23	chapter5	数据结构与算法	chapter4	chapter6	chapter5	section52, section53, section54	section52, section53	None
24	chapter6	计算机应用	chapter5	chapter7	None	section61	section62	None
25	chapter7	主要应用的发展方向	chapter6	None	None	None	None	None

7 rows in set (0.00 sec)

图 9.9　数据示例

图 9.9 中第一列的 id，是为 Django 创建数据表而自动添加的主键。由于最开始定义表数据的时候未定义主键，Django 创建了一个，而这并没有修改表的结构。这个 id 主键自动设定的是从一开始递增的，在实验期间导入结果失败的时候，部分成功的数据行会占用这个主键，所以等到最终数据成功导入的时候 id 不是从 1 开始的。

2. 实体间关系的存储

由于 Django 框架不支持与 neo4j 的连接，在这里 neo4j 数据库存储的关系作为辅助使用，后续应用中需要的实体信息要从 MySQL 中查询获取。

存储数据的时候也会写一个脚本，该脚本和 MySQL 存储有一定共通性。

neo4j 中的节点只存储了作为标识的实体的 id，关系为各个实体间的关系。与 MySQL 不同的是，在开启 neo4j 数据库后，需要到 http://localhost:7474 去操作该数据库中的数据，neo4j 提供了一个声明式的、易读的图查询语言 Cypher，可直接使用 Cypher 检索[192]。在这里通过输入 neo4j 的命令语句获取想要的结果。结果集默认以图的的形式出现，通过这个图可以看到节点以及节点之间的关系，通过点击节点和关系还可以查看详细的属性。不过当数据比较多的时候，图中显示的节点也没有一定的规律，所以会显得杂乱无章，当然也可以在语句中加入合法的过滤语句，获取更精确的内容。

9.4 课程知识图谱实例

9.4.1 顶层知识图谱示例

顶层知识图谱中的元素就是 7 个章节的每一章，展示出来如图 9.10 所示。

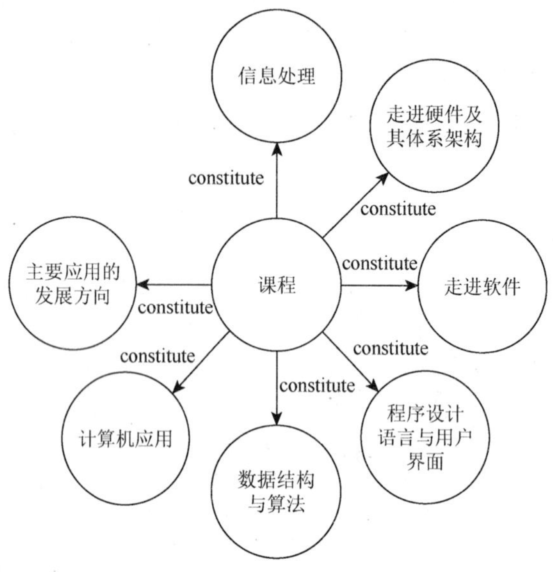

图 9.10　顶层图谱示例

展示的图谱为了更容易阅读，显示的是每一章实体实例中的“name”属性，而不是“ID”属性，否则显示几个字母加数字的字符串，很难明白它代表着什么含义。

9.4.2　章节知识图谱示例

以第一章、第三节、第三小节为例，图 9.11 展示了章节知识图谱，其中的圆形代表的是标题目录型实体，而矩形内是一组知识内容型实体。这里只是做出简单的展示却并没有显示出其中的全部内容，可以直接通过数据库查看具体实体实例的内容。

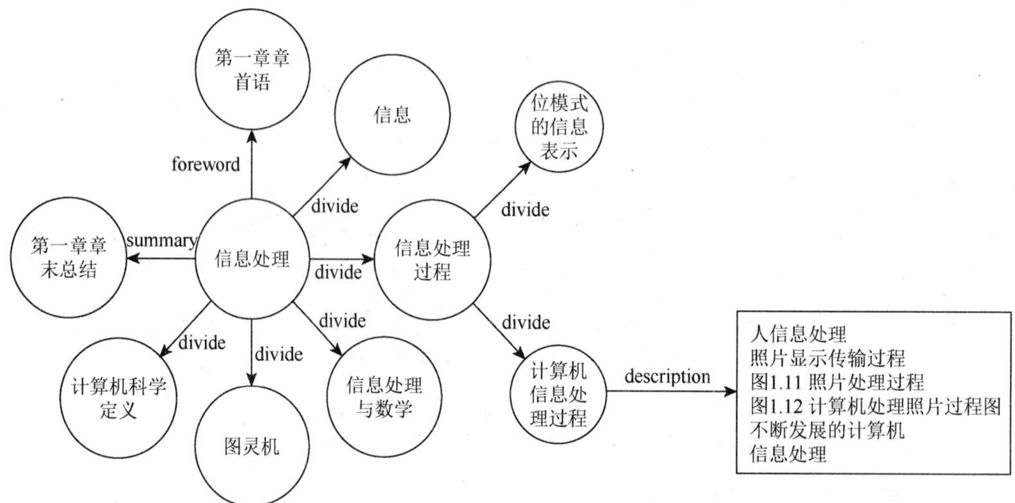

图 9.11　章节知识图谱示例

由于一些实体实例中属性的长度比较大，直接使用 CMD 进入数据库命令查询会出现排版不下的情况从而影响效果，因此可以使用 Navicat 这个可视化工具来查询。

下面分别展示查询到的数据：图 9.12 是知识线索实例部分示例；图 9.13 是知识单元实例部分示例。

UID	U_name	sub_clue	pro_unit	fol_unit	rel_unit	has_part	imp_part	dif_part	opt_part
unit111	信息定义	section11	None	unit112	unit112,unit113	0	None	None	None
unit112	信息种类	section11	unit111	unit113	unit111,unit113	0	None	None	None
unit113	信息度量	section11	unit112	None	unit111,unit112	0	None	None	None
unit121	位模式的信息表示	section12	None	unit122	None	1	part1211,part1212	None	None
unit122	计算机信息处理过程	section12	unit121	None	None	0	None	None	None
unit131	从方程看代数	section13	None	unit132	None	0	None	None	None
unit132	从随机生成迷宫地图看几何	section13	unit131	unit133	None	0	None	None	None
unit133	从测谎看逻辑	section13	unit132	None	None	0	None	None	None
unit151	计算机学科的基本思路	section15	None	unit152	unit152	0	None	None	None
unit152	计算机科学的含义与基本问	section15	unit151	None	unit151	0	None	None	None
unit211	物联网	section21	None	unit212	None	1	None	None	part2112,par
unit212	云计算	section21	unit211	None	None	1	None	None	part2122,par

图 9.12　知识线索实例部分示例

CID	C_name	sub_module	spe_sign	pro_clue	fol_clue	rel_clue	has_unit	imp_unit	dif_unit	opt_unit
foreword1	第一章章首语	chapter1	章首语	None	section11	None	0	None	None	None
section11	信息	chapter1	普通单元	foreword1	section12	section12,section13	1	unit113	unit113	None
section12	信息处理过程	chapter1	普通单元	section11	section13	section11,section13	1	unit121	None	None
section13	信息处理与数学	chapter1	普通单元	section12	section14	section11,section12	1	None	None	None
section14	图灵机	chapter1	普通单元	section13	section15	None	0	None	None	None
section15	计算机科学定义	chapter1	普通单元	section14	summary1	None	1	unit151,unit152	None	None
summary1	第一章章末总结	chapter1	章末总结	section15	None	None	0	None	None	None
foreword2	第二章章首语	chapter2	章首语	None	section21	None	0	None	None	None
section21	物联网与云计算	chapter2	普通单元	foreword2	section22	section22	1	None	None	None
section22	计算机网络	chapter2	普通单元	section21	section23	section21	1	unit221,unit224	None	None
section23	移动终端	chapter2	普通单元	section22	section24	None	0	None	None	None
section24	个人计算机	chapter2	普通单元	section23	section25	None	1	unit241	unit241	None
section25	计算机体系结构	chapter2	普通单元	section24	summary2	None	1	unit253	None	All

图 9.13　知识单元实例部分示例

9.4.3　知识图谱查询示例

如果没有寻找到包含关键词的目录，则会寻找包含关键词的具体的内容。例如查询“香农”时，查询的结果如图 9.14 所示。

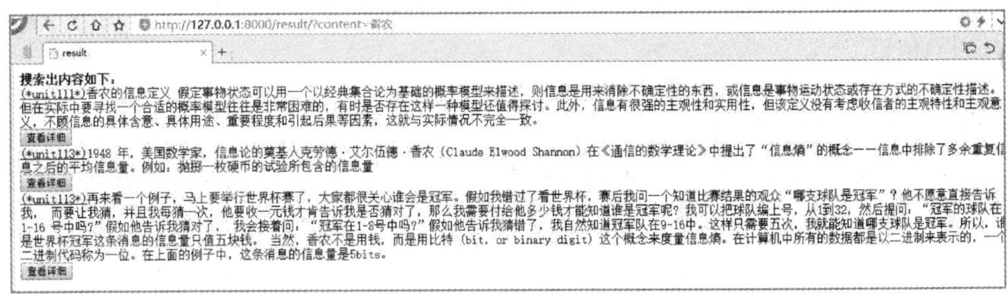

图 9.14　“香农”结果

第 10 章　基于微服务的计算机导论课程的 E-Learning 云平台

随着移动互联网、校园网的普及与迅速发展，如何实现教育资源的共享，为学生提供良好的、低消费但高质量的学习、交流平台是当前亟须解决的一个问题。学生通过访问校园网，可以节省流量，充分共享网络上的各种资源，主动参与教学过程中的预习、作业、每章总结、实验、交流等各个环节，从而提高教与学的质量，提高学习效率。同时，一个好的平台还可以为学生提供学习、实验的环境，为学生提供强大的计算资源、存储资源等，使学生可以借助平台做大数据量的计算，求解大规模的问题，进行实验以帮助学生更好地理解所学内容、提高解决问题的能力。虽然，一些大规模的 E-Learning 网格等环境有很多成果，但却很少是真正用于学校的实践成果。

本章给出一种新的 E-Learning 云平台。在该平台中，把教学环节中的学生课前预习、课后作业、实验报告、每章总结、学生成绩、学习资源共享、学习资源管理、师生交流等一系列的应用以微服务架构组织起来。整个平台充分利用校园网环境，将这些服务部署在以开源软件桉树（Eucalyptus）实现的私有云上，并通过虚拟私有网络实现校园网与私有云的连接，为不同用户提供不同的资源共享与交流，使教师和学生只需一个可以连接到校园网的终端，便可以使用平台上提供的对应角色的所有功能。而且，该平台具有良好的弹性和扩展性，方便更新和升级。

10.1　微服务的引入

微服务是近年来被提出、具有一定争议的新名词，现在还没有权威的定义。一般认为，微服务是将一个应用分解成多个独立的小服务，它具有如下几个特征：

①每个微服务只完成一个小服务；

②每个微服务都是很小的应用，小到每个微服务只关注一个小的、独立的业务；

③松耦合；

④微服务间的部署和运行处于相互独立的状态；

⑤运行在独立的进程中；

⑥每个微服务都运行在一个独立的操作系统进程中，而且可以独立部署到不同的主机上；

⑦轻量级的通信机制。

微服务间的通信通过 XML 或 JSON 表示，并通过 Restful 等轻量级方法实现。

在我们的 E-Learning 会平台上，学生或教师可以通过手机、平板、计算机等设备随时随地使用预习、作业、每章总结、实验、交流等功能，这些功能都很简单、规模不大、每个功能很独立，并且具有松耦合的特点。

10.2　E-Learning 云平台的微服务架构设计

10.2.1　微服务架构设计

该平台的微服务架构[193-194]如图 10.1 所示。从上到下依次为平台服务层、服务调用层、微服务层和资源层。

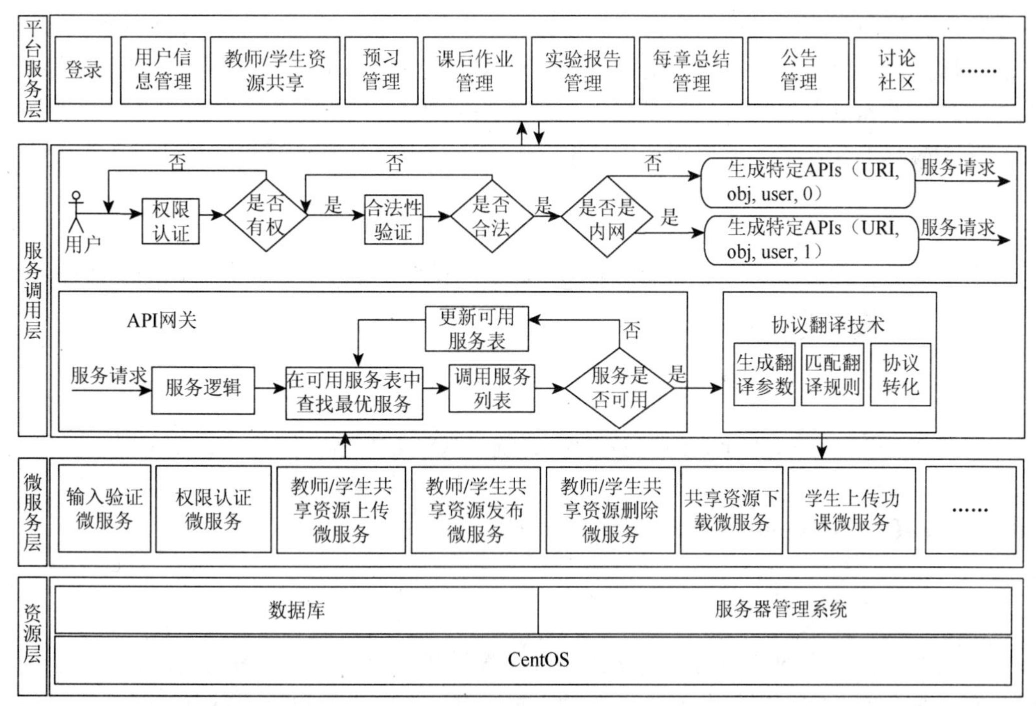

图 10.1　微服务架构图

1. 平台服务层

本层是 E-Learning 云平台各种功能的入口。主要分为登录、用户信息管理、教师/学生资源共享、预习管理、课后作业管理、实验报告管理、每章总结管理、公告管理、讨论社区等，这些功能还可以进一步扩充。

2. 服务调用层

本层主要有三部分组成，分别是生成特定的 APIs、API 网关[195]控制和协议翻译技术。

在生成特定的 APIs 的过程中，为了安全起见，要对用户进行权限认证和请求的合法性验证。只有具备一定的权限并且是合法的请求，才能生成特定的 APIs，然后将请求发送给 API 网关，否则返回无权限操作或不合法请求的信息给用户。所以，规定该 APIs 的格式为（URI，obj，user，mark），其中的 URI 表示所请求功能的 URI 路径；obj 表示请求的服务对象；user 表示发出请求的用户；mark 标示该请求来自内网还是外网，分别用 1 和 0 表示。

API 网关包括两个功能：服务逻辑和查找最优服务。服务逻辑的功能是在接收到用户发送过来的特定 API 请求后，分析该请求涉及的微服务，为下一步查找最优微服务做准备。查找最优微服务的功能是选择最优服务器上的服务表，如果该表指向的微服务可用，则执行下一步，否则就更新服务表，同时查找次优服务器上的服务表，以此类推，直到查到可用微服务或返回无可用微服务为止。

协议翻译技术包括生成翻译参数、匹配翻译规则和协议转化三部分。其中生成翻译参数是从服务表中查到的对应微服务定位参数和一些用户参数等；匹配翻译规则和协议转化是通过微服务定位参数，将用户请求附带的协议转化为接入某微服务所需要满足的协议，例如用户通过 http 发送请求，但是接入该微服务需要 TCP/IP 协议，则协议翻译器就会将 http 转化成 TCP/IP，然后调用指定的微服务。

3. 微服务层

该层是供外部调用的一系列的微服务的集合。不同微服务允许使用不同的编程语言和数据库，允许独立开发和部署。

4. 资源层

为结合云平台，采用 CentOS 服务器操作系统，MySQL 数据库和 Tomcat 服务器管理系统。

10.2.2　E-Learning 平台与私有云的集成

1. 搭建基于桉树的私有云

我们选择并使用加利福尼亚大学计算机科学系开发的开源项目桉树来搭建私有云。桉树私有云平台安装在虚拟机和操作系统的上层，用于直接分配和管理所有的硬件资源，并且调用 Puppet 架构来完成私有云上所有应用的自动化部署。桉树私有云的组成如图 10.2 所示。

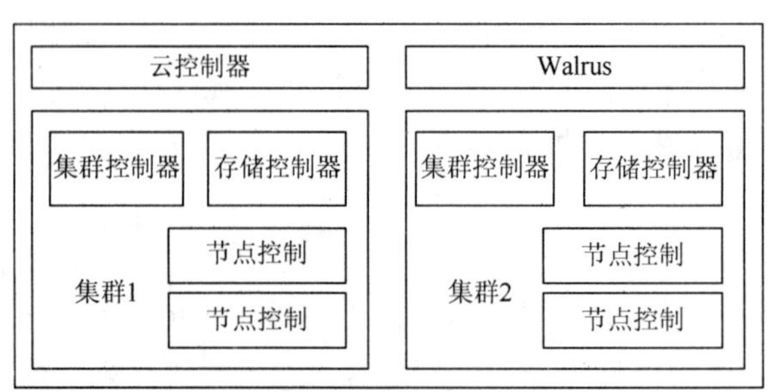

图 10.2　桉树私有云组成

桉树私有云主要包括 5 大核心组件：

①云控制器。云控制器是用户和管理员进入 E-Learning 云平台的入口，同时用于控制管理所有的节点控制器。

②集群控制器。用于管理整个虚拟机实例网络，维护有关运行在系统内的节点控制器的全部信息，开启虚拟机实例的请求，路由到具有可用资源的节点控制器节点上。

③存储控制器。实现 Amazon 的 S3 接口，它与 Walrus 联合工作，用于存储和访问用户数据及虚拟机映像等。

④Walrus。提供和 S3 一致的接口，管理对桉树私有云的存储服务的访问。

⑤节点控制器。控制当前机器节点上的虚拟机实例。节点自身通过虚拟化管理软件与在线或离线虚拟机进行交互。一台单个虚拟机在一个节点机器上是作为一个独立的实例存在的。多个节点控制器组成了特定的云。

2. E-Learning 平台与私有云集成

E-Learning 与私有云的集成如图 10.3 所示。E-Learning 平台使用私有云模式，因为这种方式能够更好地结合当今的 E-Learning 平台，并且这种模式可以很方便地扩展到混合云和公有云平台。使用私有云可以分配不同的相关用户来运行虚拟化的基础设施、环境和服务，同时可用于管理虚拟基础设施的自动化，协调和整合网络、存储、虚拟化、用户的监控以及管理现有的解决方案。通过平台，学生和教师可以很容易地获得教学资源、服务等。平台的架构很灵活，能够充分应对校园网系统的变化，即它可以在没有任何服务停机的情况下将虚拟机移动到另一个物理节点上。该方案能解决当前服务器管理的很多问题，同时提高操作系统和应用程序的性能。

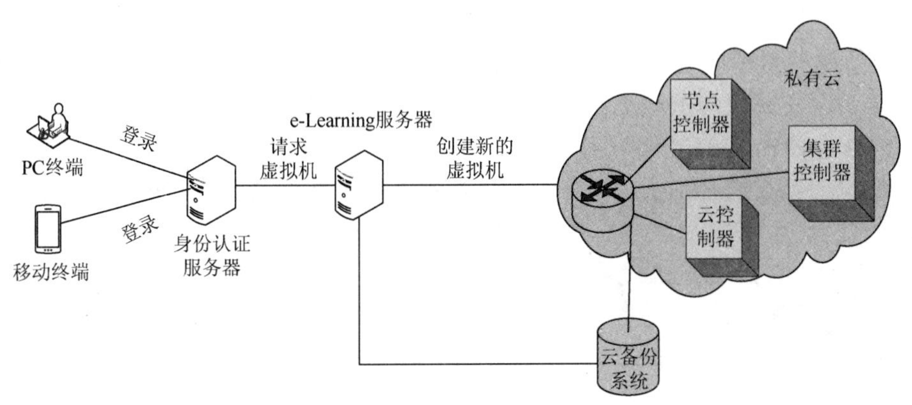

图 10.3　E-Learning 与私有云的集成

10.2.3　通过 VPN 实现校园网与私有云互联

使用虚拟专用网络（virtual private network，VPN）连接校园网与私有云，是因为它是模块化的并且可升级的，这样不增加额外的基础设施就可以提供大量的容量和应用，而且 VPN

使用高级加密和身份识别协议保护数据，可以阻止窃贼和非法操作者接触数据，管理其他的安全设置、网络管理变化。通过 VPN 实现校园网与私有云互联的拓扑图如图 10.4 所示。

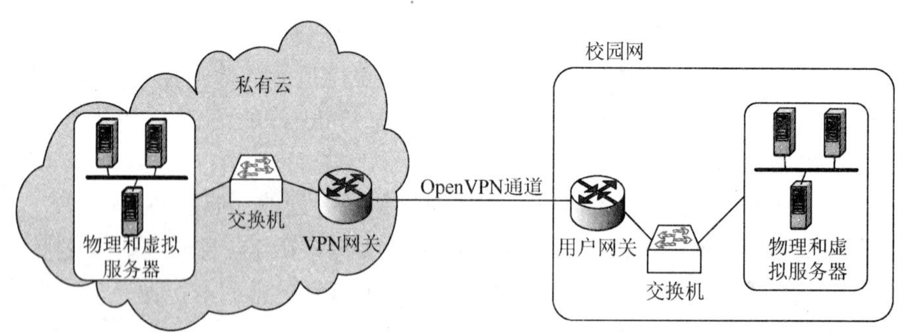

图 10.4　通过 VPN 实现校园网与私有云互联

我们将私有云与校园网放在不同的网络域，校园网与私有云中的所有数据通过用户网关和 VPN 网关进行传输。我们提出一种简单的设置，允许本地网络与托管于桉树的私人 VPN 之间进行通信，中间的通道技术使用的是 OpenVPN。实现该配置需要一个桉树网络服务账户，局域网和一个连接上能够运行 CentOS 的 Linux 服务器。通道使用点对点隧道协议（point to point turneing protocal，PPTP），不需要其他任何额外的软件。虽然 PPTP 是比较老的技术，但是它的速度很快，容易设置，而且至今都还在使用。

虚拟私有云实例的访问不是从 Internet，除非将灵活的、富有弹性的 IP 同这些实例相关联，如果不想将这些实例公开，可以考虑设立 OpenVPN 访问服务器，创建一个安全的 VPN 通道来访问 EC2 实例。在 Eucalyptus 私有云中安装 OpenVPN 的步骤如下。

①启动桉树机器映像（Eucalyptus machine image，EMI）。EMI 是一个包含虚拟磁盘映像、内核映像和 RAM 磁盘映像，以及包含有关图像元数据的 XML 文件的组合。将 EMI 存储在 WS3 上并用作创建实例的模板。实例是从 EMI 部署的一个虚拟机，同时也是一个运行的 EMI 副本。为处理学生实践的大数据的分析，我们开发了 Hadoop 映像。

②启动 OpenVPN 访问服务器实例。

③运行初始配置工具。

④建立网络和 VPN 设置。

10.3　E-Learning 云平台示例

桉树私有云的软硬件环境及平台配置如表 10.1 所示。考虑到运行在硬件上的不同组件承受负载的不同，我们将服务器分成前端控制器和节点控制器两部分。此外，节点控制器要启用 VT 扩展。

表 10.1　桉树私有云的软硬件环境

版本		Eucalyptus 2.0.3		
管理程序		Xen 虚拟机监视器		
拓扑结构		一个前端（云控制器、walrus、集群控制器、存储控制器），两个节点		
		前端	节点 1	节点 2
操作系统		64 位的 CentOS 6.5	64 位的 CentOS 6.5	64 位 CentOS 6.5
硬件	处理器	Intel E5-4620	Intel E5-4620	Intel E5-4620
	内存	1G	512M	512M
网络		Eth0：192.168.101.201	Eth0：192.168.101.201	Eth0：192.168.101.201
主机名		前端	节点 1	节点 2

根据我们的研究，实现了全英文的“数据结构”课程在线学习系统。图 10.5 和图 10.6 分别展示了教师或学生共享学习资源的全英文功能界面和对某共享资源进行讨论、下载和删除的功能界面。

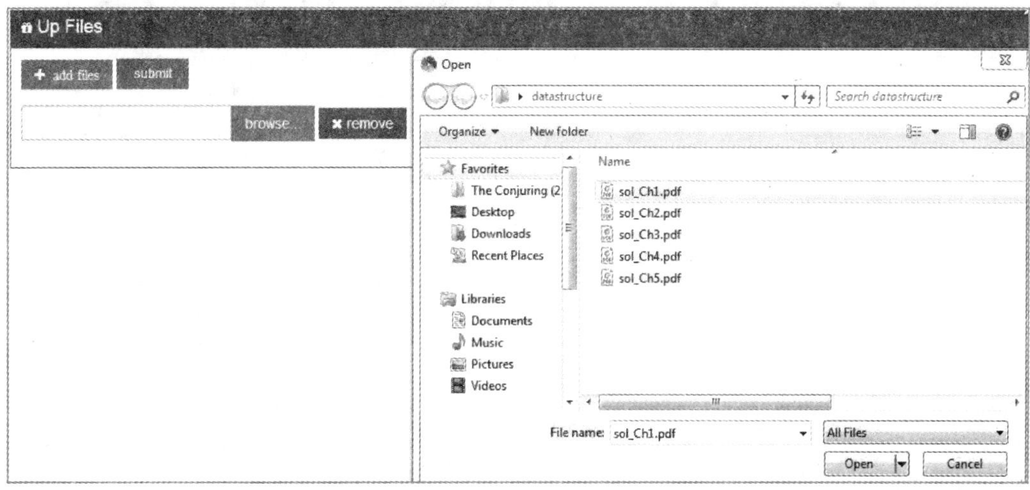

图 10.5　学习资源共享全英文功能界面（“数据结构”）

Handouts

NO	Name	UpTime	Communication	Downloads	Operation	
1	Arrays in C.pdf	2015-04-19	2	6	download	delete
2	C - Memory Management.pdf	2015-04-19	4	6	download	delete
3	dataStru_1_all_1.pdf	2015-04-19	5	7	download	delete
4	dataStru_2_21_22.pdf	2015-04-19	4	8	download	delete
5	dataStru_2_23_24.pdf	2015-04-19	6	7	download	delete

图 10.6　对某学习资源讨论、下载和删除全英文界面（“数据结构”）

此外，我们还实现了“计算机科学导论”在线学习系统。图 10.7 和图 10.8 分别展示了教师或学生共享学习资源的功能界面和对某共享资源进行讨论、下载和删除功能界面。

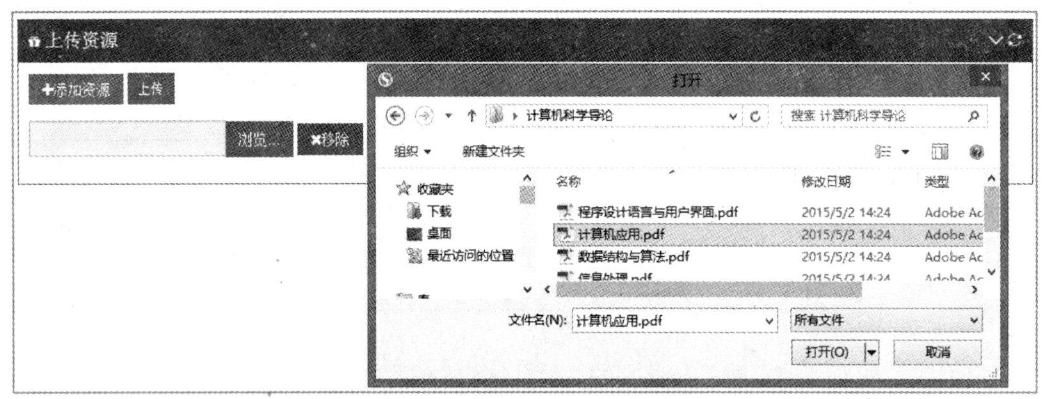

图 10.7　学习资源共享功能界面（“计算机科学导论”）

讲义与任务：

编号	名称	上传时间	讨论	下载次数	操作	
1	信息处理.pdf	2015-04-20	10	12	下载	删除
2	走进硬件及其体系架构.pdf	2015-04-20	6	16	下载	删除
3	走进软件.pdf	2015-04-23	13	12	下载	删除
4	程序设计语言与用户界面.doc	2015-04-23	4	15	下载	删除
5	数据结构与算法.doc	2015-04-23	7	5	下载	删除

图 10.8　对某学习资源讨论、下载和删除功能界面（“计算机科学导论”）

第 11 章　基于 LSTM 模型的课前预习的情感分析

近年来，随着互联网越来越普及化，越来越多的高校开设了网上课程，学生除了每天的课堂学习，还可以在学习网站上进行更加全面的课程在线学习，并记录下每次课程的学习心得体会。这些心得体会可以反映学生对课程学习的态度，以及课程学习的感悟。

本章将以课前预习的心得数据为研究对象，基于 LSTM 模型，利用深度学习的方法对学生心得进行情感分析。首先对心得进行分词和过滤停用词处理；其次利用 Word2Vec 训练词向量；然后通过标注好的心得数据进行模型训练；最后用训练好的模型，基于二分类、三分类和五分类，在测试集上进行情感分析[196]。我们给出学生心得情感分析的实现实例，实现对学生心得进行情感倾向分析的功能，同时表明深度学习对于情感信息的强大解析能力。

11.1　国内外研究现状

学习心得是指学习中的体验和领悟到的东西，亦可以称作心得体会。学习心得对当代的学生群体起着至关重要的作用。学生通过记录每天的学习心得，不仅可以巩固所学到的知识，还能够从中感悟出一些新的学习方法以及表达对所学课程的态度。与此同时，学生记录的学习心得同样能够帮助老师和学校进一步了解学生的学习情绪以及在学习过程中的情感变化，从而进一步提高和改进教学质量。可以说，学习心得扮演了举足轻重的角色。

随着互联网的快速发展，越来越多的学校开设网上课堂，很多学生都能够有一个专属的学习心得发表平台，将每天的心得记录于此。但由于学生数量庞大，虽然学习心得可以很方便地记录在每个学生的账号中，这却给教师评阅带来了很大的麻烦，单凭教师人工评阅来分析学生的情感倾向，显然是一件费时费力的事情。

在这种大环境下，情感分析技术应运而生。情感分析技术是一种与时俱进的计算机语言分析技术，是自然语言处理的范围，可用于文本分类、自动摘要、深度学习等领域，极大方便了人们对于情感的研究。情感分析的主要功能是通过机器来分析评论者所表现出来的情感倾向，以情感取值来表现。这些年来国内外专家学者开始对情感倾向性分析产生了浓厚的兴趣，无论是基于双向情感分析的音乐推荐系统研究[197]，还是通过网格聚类算法建立分类模型[198]，都表明情感分析越来越受大家的重视。

目前的情感倾向性分析研究绝大部分集中在商品、电影、书籍等评论上，对学生学习心得的情感倾向性研究很少。主要是因为相较于简短的评论，学生发表的学习心得篇幅普遍较长，难以反映出学生情感的倾向性。

目前，文本情感分析是自然语言处理领域的一个研究热点，国内外的情感研究已经获得了很多成果。

Sokołowska 等提出了情绪分析是电力市场竞争优势的来源[199]。Santos 等提出了一种专门用于短文本情感分析的深度卷积神经网络[200]，此方法在二元正/负分类中实现了单语句情感预测，准确率为 85.7%，细粒度分类的准确率为 48.3%。对于 STS 语料库，此方法实现了 86.4%的情感预测准确度。Poria 等融合音频、视觉和文本线索进行多模态内容的情感分析[201]，YouTube 数据集的初步比较实验表明，所提出的多模式系统的准确率接近 80%，超过其他先进的系统 20%。

周锦峰等提出了一种基于全卷积-多池化单元的卷积神经网络模型，实现情感多分类标注[202]。吴斌等提出了一个基于短文本特征扩展的迁移学习模型研究唐诗宋词情感分析[203]。范珈瑜围绕游客的反馈，分析古镇旅游项目存在的问题及游客的态度[204]。魏志远等引入模糊数学中的“直觉模糊集”，提出了一种基于直觉模糊集的情感分析研究方法[205]。

11.2　数据与研究方法

11.2.1　情感分析数据

本章使用学生每周发表的心得数据来进行此次情感分析的研究，数据主要分为三部分，分别为学生姓名（或学号）、心得发表的周数以及总结具体内容。这些方面都将作为本次学生情感分析的参数。图 11.1 是每周学习心得原始数据。

学号	第几周	总结
121710880432	13	这学期导论课已经上完了，我们从一个比较大的框架学习了有关于计算机的各方面，涉及的范围很广，内容很多，也从比较大的角度里了解了计算机。计算机需要我们从多个方位去学习，了解各方的咨询，关注当下的趋势与潮流。
121710880427	13	期末考试将近，本学期计算机导论的学习已经结束，然而我却不幸的发现自己对计算机导论的掌握还非常薄弱。计算机导论学习的主要是一些计算机组成方面的基本知识，是 计算机入门必学的课程，可以让计算机类学生了解四年知识的整体框架，并且以后的课程都或多或少涉及计算机导论里面的知识，建立在这门课程的基础上学习。这门课学不下去的话，之后的课程可能都会有难度。希望自己可以自己扎实一点，学好计算机导论的课程。
121710880428	13	本周上完课之后，一学期的计算机导论的课程就结束了，在这一学期的导论学习中自己也学到了一些知识，从之前的只听过代名词到现在也有了一定的了解，越学导论觉得知识越高级，虽然还是有些不懂，但在以后的生活学习中也会逐渐了解的
121710880408	13	结课了，以后也要继续努力

图 11.1　每周学生心得原始数据

11.2.2　情感取值

为了更准确地描述学生的课前预习的情感，我们用了情感的二分类、三分类及五分类方法，对情感数据标注通过主观判定，难免会有一些误差，但还是力求贴近学习者的情感，尽量减小误差。

1. 情感分析的二分类

本次二分类情感分析中把所有心得数据人工标注为 0、1 两个标识，0 代表正向的心得，1 代表负向的心得。正向的心得大致包含学生对于知识点的总结，以及学生学习此课程后产生的积极的态度和体会；负向的心得则包含学生对于知识点的不理解和未掌握，以及与正向心得相对应的消极的学习态度。如果心得里面是学生对当天知识的总结，比如“数据结构包括数据的逻辑结构、物理结构和对数据的操作”；或者有明显体现情感的词语，比如“这道题特别简单”“我感觉我掌握得很好”；或者出现转折词，转向好的方面，例如“今天的内容虽然有点难，但是我觉得我很有兴趣学习，充满了学习动力”；看到诸如此类的心得可以将其标为正向心得。如果心得中有明显消极词语，比如“我感觉今天的内容太难了，完全没理解”“对课程学习毫无希望，无法集中注意力”等时，可以标注为负向心得。

2. 情感分析的三分类

有别于二分类，在进行三分类实验的时候将心得数据标为 0、1、2 三个部分，分别代表负向、中立和正向情感。

如果是含有明显积极情感词语的心得，比如“今天的课程特别简单，我收获很大”，可将其标为 2；如果是单纯的对知识点的总结，例如“今天的课堂内容是数据结构，数据结构是……”，可将其标为 1；如果是含有明显消极情感词语的心得，比如“今天感觉糟糕透了，很多知识都没懂”，可将其标为 0。

3. 情感分析的五分类

要进行五分类的情感分析，就要对心得数据进行更细致的人工标注，可以将所有心得数据标为 0、1、2、3、4，分别代表特别消极、有些消极、一般情感、有些积极、特别积极。因为通过主观判断进行五分类的标注误差比较大，所以可以选择参考学生每个人的心得自评分数来进行心得数据的标注。

11.2.3　研究方法

Wang 等使用区域 CNN-LSTM 模型进行三维情感分析，得到了良好的效果[206]。这里，我们采用长短记忆神经网络（long short term memorg，LSTM）的模型，基于深度学习的方法来进行学生情感分析。

LSTM 是一种特殊的循环神经网络。我们思考问题的时候，通常会根据阅读过的内容对后面的内容进行进一步的理解，而不是把之前看过的内容全部丢掉从头进行思考，所以，我们对内容的理解是始终贯穿的。循环神经网络就是这样的存在，它们是具有循环的网络，允许信息持续存在，但是一般的循环神经网络无法解决长依赖问题（the long-term dependency problem)，在训练循环神经网络的过程中，信息在循环中一次又一次的传递会导致神经网络模型的权重发生很大的变化。这是因为每次更新中的误差梯度都会积累起来，导致一个不稳定的网络。LSTM 作为特殊的卷积神经网络，完美解决了这个问题，它使用门机制来控制记忆过程，从而也被很多人用来进行文本分类和情感分析的研究。

LSTM 解决了长依赖问题。首先是 LSTM 神经网络的结构图，如图 11.2 所示。

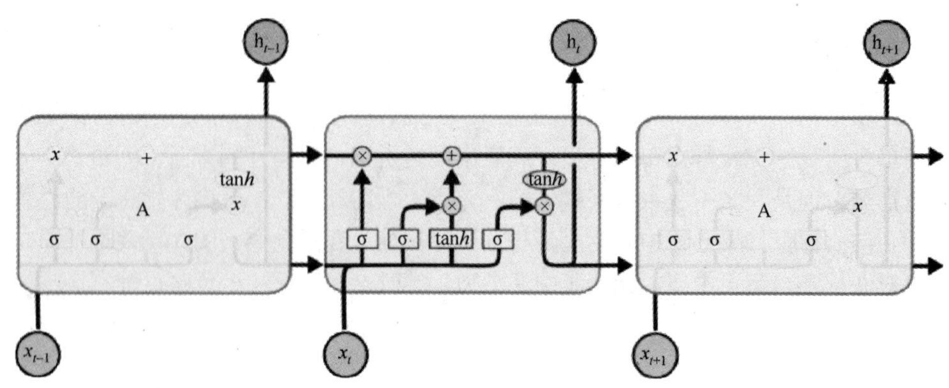

图 11.2　LSTM 神经网络结构图

贯穿网络始终的核心是单元格（cell state），起到传送带的作用，LSTM 使用门（gate）来对 cell state 中的信息进行添加和删减。一个 gate 的大致结构为，黑色部分为 sigmoid 函数控制的层（layer），以 0 到 1 的概率允许信息的通过。

1. 忘记门

基于上一步的输出 h_{t-1} 和当前的输入 x_t 操作，决定上一步的信息有多少应该被保留并送入当前步骤的 cell 中，如图 11.3 所示。例如，对于“他今天有事，所以我……”，当处理到“我”的时候选择性地忘记前面的‘他’，或者说减小这个词对后面词的作用。

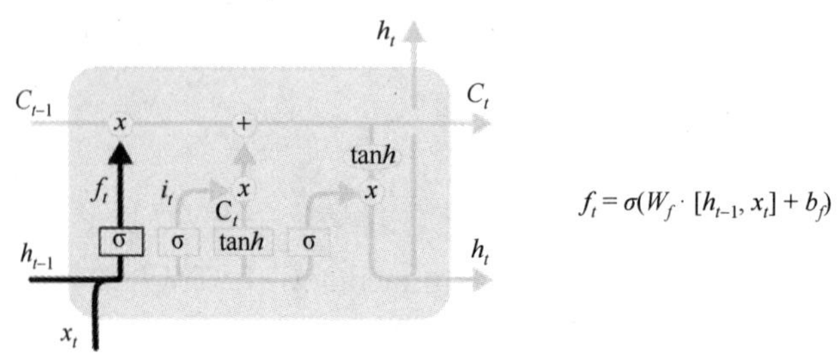

图 11.3　忘记门

2. 输入门

有两步操作，sigmoid 函数生成一个向量，tan$h$ 生成一个向量，在下一步中做组合，如图 11.4 所示。我们希望增加新的主语的类别到细胞状态中，来替代旧的需要忘记的主语。根据上面的例子，当处理到“我”这个词的时候，就会把主语“我”更新到细胞中去。

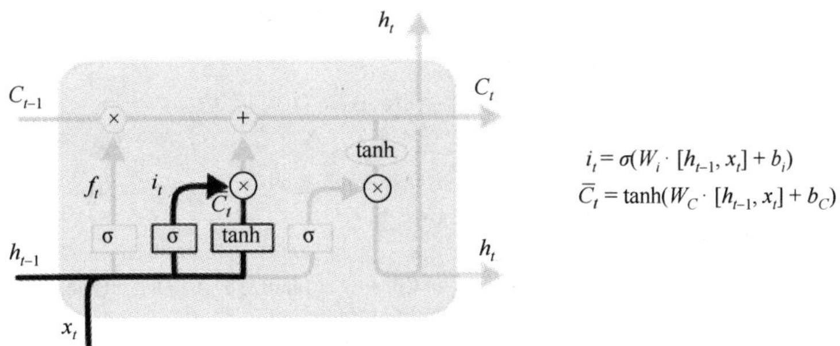

图 11.4　输入门

3. 输出门

这个门将旧状态 C_{t-1} 最终更新到新的当前输出状态 C_t 中，用到的变量也是前面的门计算出来的数值，如图 11.5 所示。

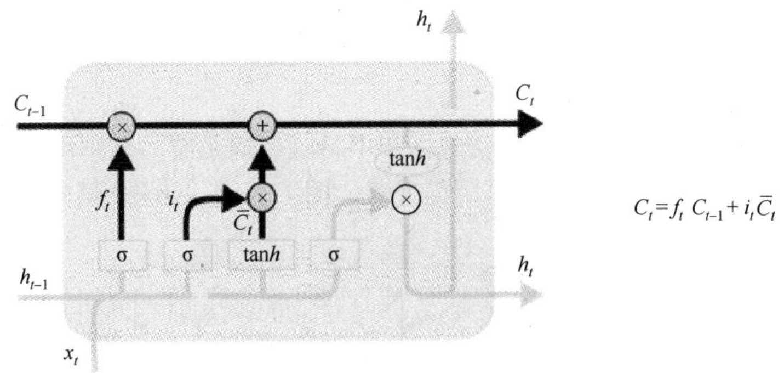

图 11.5　输出门

状态通过这三个门计算就能得出，但实际的输出 h_t 还需一步，如图 11.6 所示。

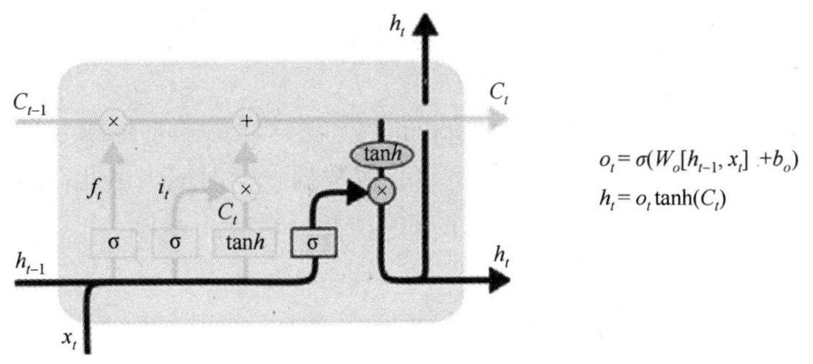

图 11.6　h_t 的计算

如果要得到最终的输出，一般来说还需要添加一个全连接层。下面是一个简单的伪代码示例：

```
import numpy as np

#当前所积累的hidden_state，若是最初的vecter，则hidden_state全为0
hidden_state=np.zeros((n_samples,dim_input))

#print(input.shape):    (time_steps, n_samples, dim_input)
outputs =np.zeros((time_steps,n_samples,dim_output))

for i range(time_steps):
    #输出当前时刻的output，同时更新当前已累积的hidden_state
    outputs[i],hidden_state = RNN.predict(inputs[i],hidden_state)
#print(outputs.shape):  (time_steps, n_samples, dim_output)
```

关于 LSTM 的参数个数：上一次的状态 h_{t-1} 是通过 cancat 和下一次的输入 $x(t)$结合起来的，比如 x 是 28 位的向量，h_{t-1} 是 128 位的，那么加起来就是 156 位的向量。一个 LSTM 网络的参数个数计算：假设 num_units 是 128，输入是 28 位的，那么四个参数一共有(128 + 28)×(128×4)个，也就是 156×512 个。

11.3　数据预处理

11.3.1　分词

本章使用的分词工具是 jieba 中文分词和中科院分词系统。分别用两种分词工具对学生心得数据进行分词处理以及过滤停用词处理。图 11.7 是 jieba 分词的流程图：

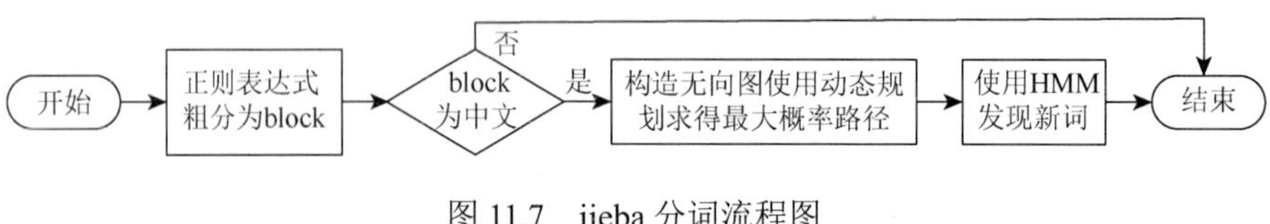

图 11.7　jieba 分词流程图

使用 jieba 分词模式为全模式，可以将句子快速分词。在 jieba 分词中使用了 List.append()方法，在列表末尾添加新的对象，目的是将分词列表中不存在于停用词表中的对象添加到一个新的 leftwords 列表中，然后进行此过程的循环，从而将分词列表中的这些对象返回到 leftwords 中。

相似地，中科院分词也用到了 List.append()方法，然后人工生成一份语料类别文本，用 1 表示正面心得，用 0 表示负面心得，与心得数据一一对应。由此，通过分词，使电脑可以自动识别每句话的含义，从而为接下来的情感分析打下基础。

11.3.2　Word2vec 训练词向量

进行完数据分词处理以后，利用 Word2vec 训练词向量也是很重要的一个环节，即利用之前分好词的文本生成词语的索引字典和词向量字典。

首先，创建词语字典，并返回 Word2vec 模型中词语的索引和词向量，要注意词语的索引从 1 开始编号。接下来就是主程序，下面先解释几个参数：size 是指词向量维度，默认为 100，大的 size 需要更多的训练数据，但是效果会更好，推荐值为几十到几百；min_count 为词频阀值，可以对字典做截断，默认值为 5；window 为窗口大小，也就是表示当前词与预测词在一个句子中的最大距离是多少。这里我们将词向量维度设为 100，词频阀值设为 5，窗口大小设为 5。当 Word2vec 词频阀值设置为 5 时，词频小于 5 的词语将不会生成索引，也不会生成词向量数据。

然后，将生成的词语的索引字典、词向量保存到模型中，并保存为 pkl 文件。

另外，编写一个名为 TextSta 的类，用于读取语料文本后，sentences = T.sen()将文本里的每一行生成一个列表，每个列表又是词汇的列表。

至此，完成了训练词向量数据。

11.4　情感分析的实现

下面基于 LSTM，利用 Keras 搭建一个情感分类深度学习模型。开发环境为 Spyder 3，编程语言为 Python 3.6。

11.4.1　建立情感分类模型

首先，导入 pickle 模块。pickle 提供了一个简单的持久化功能，可以将对象以文件的形式存放在磁盘上。pickle 模块只能在 python 中使用，python 中几乎所有的数据类型（列表，字典，集合，类等）都可以用 pickle 来序列化，下文利用 pickle 模块将索引词典和词向量读取出来。

然后，导入一个名为 GetLineList 的自定义模块，用于获取文本的类别（存为列表），同样用到了 List.append()方法。

此外，要进行一些参数的设置。将向量维度设置成 100；文本保留的最大长度设置为 140；batch_size 为每批数据量的大小，如果 batch_size 太小，则会导致训练速度过慢，如果太大则会导致欠拟合的问题，所以要选择一个最合适的值，这里将其设置为 32；n_epoch 是指训练迭代次数，1 个 n_epoch 等于使用所有样本训练一次，这里把 n_epoch 设为 6；输入序列的长度设置成 140。

接下来，就要进行上文提到的步骤，读取索引词典和词向量了。索引词典和词向量在训练词向量的过程中被保存在 pkl 文件里面，现在通过 pickle 将它们读取。获取词向量之后，要创建一个 n_symbols×100 的 0 矩阵，然后从索引为 1 的词语开始，用词向量填充矩阵，得到一个词向量矩阵，第一行是 0 向量（没有索引为 0 的词语，未被填充）。

读取了语料文本后，继续读取分词文本，以及语料的类别文本。需要注意的是，读取分词文本后，转为句子列表，每个句子列表也是词汇的列表，也就是 9.3.3.2 最后提到的 TextSta 类。

接下来要划分训练集和测试集的范围，这个时候都是 list 列表，将测试集的范围设定为训练集的五分之一。

之后要将训练集和测试集转为数字索引形式，将每个句子截取相同的最大长度，也就是上文提到的最大长度 140，从而得到训练集和测试集的 shape。

一切前期工作都准备就绪了，接下来就要开始创建模型了。一开始，先定义网络的结构：

p_n_symbols, p_embedding_weights, p_X_train, p_y_train, p_X_test, p_y_test

其中 sequential，sequential 是序贯模型，为最简单的线性、从头到尾的结构顺序，不分叉。sequential 的基本组件包括：model.add，添加层；model.compile，模型训练的 BP 模式设置；model.fit，模型训练参数设置 + 训练；模型的评估；模型的预测。可以说，Sequential 是整个情感模型的基础，是实现全连接网络的最好方式。

在添加层，首先加入了嵌入层（embedding），embedding 有一些参数：input_dim 是大于等于 0 的整数，字典长度，即输入数据最大下标 + 1；output_dim 是大于 0 的整数，代表全连接嵌入的维度；mask_zero 是布尔值，确定是否将输入中的‘0’看作是应该被忽略的‘填充’（padding）值，该参数在使用递归层处理变长输入时有用，若设置为 True，模型中后续的层必须都支持 masking，否则会抛出异常；weights 是用于初始化权值的 numpy arrays 组成的 list，这个 list 至少有 1 个元素，shape 为（input_dim，output_dim）；input_length 是输入序列的长度，当输入序列的长度固定时，该值为其长度。对于 LSTM 变长的文本使用 embedding 将其变成指定长度的向量。

其次加入了单层 LSTM 模型，将输出的向量维度设为 50，输入的向量维度是 vocab_dim，激活函数为 sigmiod，内部元件的激活函数为 hard_sigmoid。sigmoid 的优点在于输出范围有限，数据在传递的过程中不容易发散，其输出为(0, 1)，所以可以用作输出层，输出表示概率。

为了防止模型训练过程中过拟合，将 Dropout 设置为 0.5；此外继续添加 dence 层和 activation 层，这里就不赘述了。

接下来就要进入编译模型阶段，首先要提到的是目标函数 loss，也称为损失函数，是编译模型必不可少的两个参数之一，此函数对每个数据点应该只返回一个标量值。使用的目标函数是 binary_crossentropy，也称为对数损失，该函数主要用来做极大似然估计，这样做会方便计算。损失函数一般是每条数据的损失之和，恰好取了对数，就可以把每个损失相加起来。其次就是优化器 optimizer，是编译模型必不可少的另外一个参数，选择使用的优化器是 Adam，Adam 的优点主要在于经过偏置校正后，每一次迭代学习率都有个确定范围，使得参数比较平稳。最后是性能评估 metrices，性能评估模块提供一系列用于模型性能评估的函数，它与目标函数类似，只是性能的评估结果不会用于训练，将 metrices 设置为 accuracy，可提高评估预测值的正确率。

完成了模型的编译之后，就要进行模型训练了。在 model.fit 下首先进行参数设置，包括训练集的结构参数、每批数据量的大小、训练迭代次数，还有评估数据的结构，然后进行整个训练的过程。

模型训练结束以后，进入评估阶段。我们定义了两个值，分别为 score 和 acc，score 是指测试集上的损失率，acc 是指测试集上的正确率。评估结束后我们就可以直观地看到两者的数据，数据会存入我们创建的一个 H5 文件中，以便接下来完成预测文本。

最后一个环节，就是模型的预测了。在这里编写一个 predict 函数，通过调取训练后保存在 H5 文件里面的训练数据，预测新的心得数据的情感值并输出。这样就达到了情感分析的最终目的。

至此，情感分类模型就建立完成了。

11.4.2　二分类的情感分析

1. 一个学生在不同阶段的情感分析

前文已经提到了心得数据有三个重要参数，分别是学生姓名（或学号）、心得发表的周数以及总结具体内容。所以，要实现某一个学生在不同学习周的情感分析，就要通过学号来筛选心得数据。比如筛选某一同学的所有心得数据，如图 11.8 所示。

学号	第几周	总结
121710880211	13	本周内容涉及了计算机中的数据，包括其定义，和信息的区别，还有编码方式，数据的各种结构，算法，数据库及其管理系统，新代和传统数据中心等等，还涉及到了多媒体技术和ai及知识的概念等，内容繁多，较难掌握，需要课后复习记忆。
121710880211	12	本次主讲了数据，涉及音频编码，图像编码等，还讲了数据结构，包括其定义和逻辑结构，物理结构。并举出了常见的数据结构。最后还触及了算法，讲到了其多种特性。内容较繁多，需要课后复习加强记忆，才能熟练掌握其内容。
121710880211	10	本周预习，学了程序设计语言 ，包括其定义及各种内容，涉及知识点多且，复杂有专业性，理解起来难度 较大，需要老师进行讲解，来深入学习，且需要在课后多次复读学习，熟悉且熟练操作，才能掌握它的的内容，达成学习目的。
121710880211	9	本次主要学了软件这一大块，包含各种分类，软件构架的定义和分层，操作系统的定义以及各种操作系统，详细讲了包括DOS,Windows,UNIX,Linux,Mac OS操作系统的简介和好处。还涉及到了手机的操作系统的简介。内容丰富，需要多加记忆。
121710880211	8	本次主要学习了云计算，包含其特点，服务模式，部署模式，体系构架，关键技术。还有物联网的概念，硬件平台组成，关键技术。还有软件的定义和分类，按不同角度分等等。涉及大量知识点，需要多加记忆，才能熟练掌握。

图 11.8　某一同学的所有心得数据

我们可以直观地看到这名同学在不同学习周发表的所有心得。接下来，将所有心得数据存入我们创建的预测语料文件中，如图 11.9 所示。

每一行对应一条心得，不能自动换行，还要注意，下面不要留有多余的空行，否则系统会额外分析这些空行，造成结果出现偏差。

将这些预测文本用 jieba 进行分词处理，分词结果如图 11.10 所示。

接下来，在训练好的模型上进行情感分析。程序会首先输出测试集上的准确率，然后便会输出这位同学的情感值，如图 11.11 所示。可以看到，这位同学在学习这门课的时候，基本都是以积极的态度来学习的，第三周则相对来说比较消极，总体来说这位同学的学习状态还不错。

corpus_test - 记事本

文件(F)　编辑(E)　格式(O)　查看(V)　帮助(H)

本周内容涉及了计算机中的数据，包括其定义，和信息的区别，还有编码方式，数据的各种
本次主讲了数据，涉及音频编码，图像编码等，还讲了数据结构，包括其定义和逻辑结构，
本周预习，学了程序设计语言 ，包括其定义及各种内容，涉及知识点多且，复杂有专业性，
本次主要学了软件这一大块，包含各种分类，软件构架的定义和分层，操作系统的定义以及
本次主要学习了云计算，包含其特点，服务模式，部署模式，体系构架，关键技术。还有物
本次主要讲了，计算机网络，包括其定义和分类，，硬件的构成和各种功能。还有网络拓扑
本次主要讲了冯•诺依曼体系结构，组成包括输入输出设备，存储器，控制器和运算器，以
本次主要讲了冯•诺依曼体系结构，组成包括输入输出设备，存储器，控制器和运算器，以
□本周学习了信息的相关知识，包括信息熵，电脑的表示方法等等，实验方面内容较多，有
这周主要进行了实验课的练习，基本掌握了对键盘的理解以及键位安排，但测试过程中仍存
本周学了什么是信息，对于不同时期不同的人有不同的定义，还有信息不同划分有不同种类
这一周了解了工程教育认证标准，计算机界的领先人物，公司以及学校，还有大数据的4v等

图 11.9　将所有心得数据存入预测语料文件中

本周 内容 涉及 计算机 中 数据 包括 定义 信息 区别 编码方式 数据 结构 算法 数据库 管理系
本次 主讲 数据 涉及 音频 编码 图像编码 讲 数据结构 包括 定义 逻辑 结构 物理 结构 举出 常
本周 预习 学了 程序设计 语言 包括 定义 内容 涉及 知识点 多且 复杂 专业性 理解 难度 较
本次 主要 学了 软件 一大块 包含 分类 软件 构架 定义 分层 操作系统 定义 操作系统 详细 讲
本次 主要 学习 云 计算 包含 特点 服务 模式 部署 模式 体系 构架 关键技术 物 联网 概念 硬件
本次 主要 讲 计算机网络 包括 定义 分类 硬件 构成 功能 网络拓扑 结构 多种 结构 网络体系结
本次 主要 讲 冯 • 诺依曼 体系结构 组成 包括 输入输出 设备 存储器 控制器 运算器 讲 分别 内
本次 主要 讲 冯 • 诺依曼 体系结构 组成 包括 输入输出 设备 存储器 控制器 运算器 讲 分别 内
□ 本周 学习 信息 相关 知识 包括 信息熵 电脑 表示 方法 实验 方面 内容 键盘 盲打 dos 命令
周 主要 进行 实验课 练习 掌握 键盘 理解 键位 安排 测试 过程 中 存在 熟练 问题 特别 符号
本周 学了 信息 时期 人 定义 信息 划分 种类 信息 信息熵 度量 信息量 容易 知晓 掌握
一周 了解 工程 教育 认证 标准 计算机 界 领先 人物 公司 学校 数据 4v 书 拿到 晚 预习 上课

图 11.10　一个学生的所有情感分词结果

己经打开文本：corpus-test.txt
句子总数：12
[[1]
 [1]
 [0]
 [1]
 [1]
 [1]
 [1]
 [1]
 [1]
 [1]
 [1]
 [1]]

图 11.11　一个学生的情感值

2. 不同学生在相同阶段的情感分析

和某位同学的情感分析相仿，首先要进行心得数据的筛选，比如筛选第 1 周的心得数据，如图 11.12 所示。

然后将第 1 周的心得数据进行分词处理，分词结果及心得情感值分别如图 11.13 和图 11.14 所示。

然后在训练的模型上进行情感分析，输出第 1 周心得数据的情感值。图 11.14 是一部分截图，程序一共输出 156 个情感值，据统计一共有 7 个 0，也就是说，在第 1 周有大约 7 名同学对课程学习产生了消极的态度，绝大部分同学都是积极的情感，无论是知识点总结还是学习体会。

学号	第几周	总结
121710880311	1	本周学了下计算机方面的相关知识，感觉有些收 获，但是有的方面只是浅尝辄止，并没有深入的 研究。感觉这周的课程我是跟的上，学校安排的 很基础，不会有太大问题，希望下周收获更大。我觉得我们应该更加努力学习，因为计算机的难度大，更需要我们每个人的努力，和配合才能学的更好，掌握更多知识。学习计算机我觉得我们，不仅需要逻辑思维头脑，还需要更多的' 知识面，和学科的综合。
121710880417	1	本周上了SC第一节课，算是粗略了解了计算机科学的一些知识，感受了计算机科学的趣味。相信以后我能学好计算机科学，全面了解计算机知识。
121710880419	1	这周的计算机导论学习当中，我体会到了计算机科学这门学科的魅力所在，并且打破了我原本认为计算机科学就是编程这个片面的观点。要学好这门学科，需要做的事有很多，既要精通理论知识，又要善于解决实际中遇到的复杂问题。总之，通过这周的学习，引起了我对这门科目前所未有的重视和学好它的激情，这对我来说有着十分重大的意义
121710880330	1	这一周是上课的第一周，所有的十五对我来说都还挺陌生的，甚至由于对这些东西很模糊，会觉得学的没啥意思，或者有些惧怕，觉得学着很困难，但是后来接触到了手机上的编译器，最开始确实遇到了困难，觉得克服不了，后来在学长的帮助下找到问题所在，解决了，之后就输了很多程序，在程序运行成功的几秒钟，有说不尽的喜悦感，我现在到觉得这些东西都挺有意思的，尽管不简单，但我会努力的，加油吧

图 11.12　不同学生在第 1 周的心得数据

corpus_test.txt - 记事本

文件(F)　编辑(E)　格式(O)　查看(V)　帮助(H)

```
 本周 学 下 计算机 方面 相关 知识 感觉 收   获 方面 浅尝辄止 深入   研究 感觉
本周 SC 第一节 课 算是 粗略 了解 计算机科学 一些 知识 感受 计算机科学 趣味
这周 计算机 导论 学习 体会 计算机科学 这门 学科 魅力 所在 打破 原本 认为
一周 上课 第一周 所有 十五 来说 挺 陌生 东西 模糊 觉得 学 啥意思 惧怕 觉得
上课 第一周 计算机 导论 充满 好奇 充满 茫然 明白 这门 课 作用 目的 即便如此
第一次 接触 计算机科学 了解 甚 少 本周 学习 比较 少 主要 讲 CS 了解 四大 专业
本周 学习 计算机专业 导论 这门 课程 一个 初步 认识 课程 包含 许多 实用 概念
第一次 真正 计算机 计算机科学 理论 学习 感到 深奥 难解 真正 沉下 心后 发现
一周 课上 感受 计算机 导论 这门 课 有着 很大 框架 里面 知识 能够 这门 课 老师
本周 计算机 导论 刚刚 开课 自我感觉 计算机 了解 不够 透彻 掌握 一些 浅显 东西
一周 学习 接触 学科 计算机 导论 计算机 学科 丰富 认识 之后 学习 目标 树立
计算机 一门 综合 学科 需要 很多很多 知识 数学 更是 必不可少 学习 计算机 更要
了解 计算机 面貌 宋 老师 引领 下 知道 计算机领域 一些 基本概念 计算机 多面体
懂得 一些 基础知识 初步 了解 计算机 导论 这门 学科 刚刚 接触 课程 还应 努力学
课程 内容 学习 满意 课程内容 了解 书本 了解 书中 内容 记忆 很差 导致 做题 时
感受 计算机 学科 复杂 了解 计算机 知识 不足 坚定 学好 这门 学科 信念 希望 阅读
本周 计算机 导论 课程 老师 具体 介绍 课程 一些 知识点 计算机科学 一定 了解
这周 学习 了解 计算机 知道 简单 一面 深层 东西 挖掘 发现 感到 计算机 了解 不够
本周 课程 主要 学了 一些 常识 一些 基础性 内容 主要 理解 计算机 在生活中 重要
计算机 发明 人类 社会 文明 发展 不可 忽视 举足轻重 作用 计算机 出现 使 人类
```

图 11.13　不同学生的相同内容的情感分词结果

3. 所有同学的情感分析

情感分类模型训练的文本就是所有同学的心得数据，一共有 2050 条，通过程序输出的测试集上的准确率，就可以得出所有同学的感情倾向。原理就在于通过人工标注所有心得数据，已经得出了积极情感和消极情感的比例，情感模型通过训练其中五分之四的数据，构成了一个情感网络，程序通过分析测试集上的准确率，就可以直观地看到这个模型进行情感分析的准确度，从而得出所有学生心得情感值的正负比例。所有同学的情感分析的准确度如图 11.15 所示。

```
句子总数：156
[[1]
 [1]
 [1]
 [1]
 [1]
 [1]
 [1]
 [1]
 [1]
 [1]
 [1]
 [1]
 [1]
 [1]
 [0]
 [1]
 [1]
 [1]
 [1]
 [1]
 [1]]
```

图 11.14　计算的情感值

```
训练...
Train on 1640 samples, validate on 410 samples
Epoch 1/6
1640/1640 [==============================] - 28s 17ms/step - loss: 0.4789 - acc: 0.8177
- val_loss: 0.4642 - val_acc: 0.8195
Epoch 2/6
1640/1640 [==============================] - 24s 15ms/step - loss: 0.4353 - acc: 0.8433
- val_loss: 0.4505 - val_acc: 0.8195
Epoch 3/6
1640/1640 [==============================] - 24s 15ms/step - loss: 0.4031 - acc: 0.8427
- val_loss: 0.4240 - val_acc: 0.8195
Epoch 4/6
1640/1640 [==============================] - 25s 15ms/step - loss: 0.3531 - acc: 0.8457
- val_loss: 0.3867 - val_acc: 0.8195
Epoch 5/6
1640/1640 [==============================] - 24s 15ms/step - loss: 0.2837 - acc: 0.8659
- val_loss: 0.3652 - val_acc: 0.8293
Epoch 6/6
1640/1640 [==============================] - 24s 15ms/step - loss: 0.2167 - acc: 0.9037
- val_loss: 0.3608 - val_acc: 0.8488
评估...
410/410 [==============================] - 1s 3ms/step
Test score: 0.3608489020568569
Test accuracy: 0.8487804883863868
```

图 11.15　所有同学的情感分析的准确度

可以直观地看到，在测试集上的准确率可以达到约 85%，这是一个还不错的结果。其中人工标注的心得数据一共有 333 条负向心得，1717 条正向心得。通过最终的准确率来看，可以得出，如果用程序进行情感分析，大约有 1460 条心得是积极的心得，占所有心得的 71%左右，说明大部分的同学都是以积极的态度来学习这门课的，可能有 29%左右的课程内容难以理解，或者同学掌握得并不是很好。

4. 三分类的情感分析

上文所研究的情感分析都是基于二分类的，也就是正向和负向，现在介绍三分类的情感分析实验，情感取值为 0、1、2。

要进行三分类的情感分析，一定不能忘了修改一些参数：loss 函数要改为 categorical_crossentropy，需要注意的是，用此函数的时候需要导入 to_categorical，并定义 num_classes = 3，也就是三分类；LSTM 层的激活函数改为 tan *h*；输出层的激活函数改为 softmax；Dence 层的输出维度改为 3。

然后分析测试集上的准确率，结果如图 11.16 所示。

```
Epoch 5/10
1640/1640 [==============================] - 24s 15ms/step - loss: 0.7674 - acc: 0.7890
- val_loss: 0.8201 - val_acc: 0.7171
Epoch 6/10
1640/1640 [==============================] - 24s 15ms/step - loss: 0.7376 - acc: 0.8287
- val_loss: 0.8030 - val_acc: 0.7415
Epoch 7/10
1640/1640 [==============================] - 24s 15ms/step - loss: 0.7106 - acc: 0.8537
- val_loss: 0.8444 - val_acc: 0.6902
Epoch 8/10
1640/1640 [==============================] - 24s 15ms/step - loss: 0.6788 - acc: 0.8835
- val_loss: 0.7933 - val_acc: 0.7537
Epoch 9/10
1640/1640 [==============================] - 25s 15ms/step - loss: 0.6562 - acc: 0.9055
- val_loss: 0.7936 - val_acc: 0.7537
Epoch 10/10
1640/1640 [==============================] - 24s 15ms/step - loss: 0.6517 - acc: 0.9067
- val_loss: 0.7748 - val_acc: 0.7780
评估...
410/410 [==============================] - 1s 3ms/step
Test score: 0.7748081300316787
Test accuracy: 0.7780487816508224
```

图 11.16　三分类情感分析的准确率

可以看到测试集上的准确率已经达到 78%左右，这是一个相当可观的准确率了，看来参数的设置对于 Keras 来说非常重要。接下来看一看第 1 周所有同学的情感倾向，结果如图 11.17 所示。

```
已经打开文本： corpus_test.txt
句子总数： 156
[0 2 2 2 2 2 2 2 2 2 2 2 2 2 2 2 2 2 2 2 2 2 2 2 2 2 2 2 1 1 2 2 2 0 2 2 2 2 2
 2 2 2 2 0 2 2 2 1 1 2 1 2 2 2 0 2 2 2 2 2 2 0 2 2 2 2 2 2 1 2 1 2 2 2 2 2
 0 2 2 2 2 2 2 2 2 2 2 2 2 2 2 2 2 2 2 2 0 0 0 1 2 2 2 2 2 1 2 2 0 2 2 2 2 2 2 2
 2 2 2 2 2 2 0 1 1 2 0 2 1 2 2 2 2 2 2 2 2 2 2 2 2 2 0 2 2 2 2 2 2 2 0 2 2 2 1
 2 2 2 1 2 1 1 1]
```

图 11.17　基于三分类第 1 周所有同学的情感倾向

我们可以直观地看到大部分同学都呈现出很积极的情感，一部分同学单纯进行了知识点的总结，少数同学则体现出消极的情感。虽然有一些误差，但是整体上来说情感模型对于学生情感三分类的判断还是很准确的。

5. 五分类的情感分析

首先进行人工标注，我们将所有心得标注为 0、1、2、3、4，并生成新的 label2.txt 文件。

然后，为了与二分类三分类数据区别开来，另外创建了一个语料文件 corpus2，把心得数据放进去，进行分词处理，得到 corpus2.txt，然后进行词向量训练并创建新的 vec2.model 和 vec2_pkl.pkl 文件，将新生成的词语的索引字典、词向量保存到里面。

接下来继续修改 Keras 参数，将 Dence 层输出维度改为 5，num_classes 改为 5，LSTM 层的激活函数改为 relu。

测试集上的准确率如图 11.18 所示。

```
Epoch 8/10
1543/1543 [==============================] - 23s 15ms/step - loss: 1.4543 - acc: 0.4407
- val_loss: 1.4442 - val_acc: 0.4585
Epoch 9/10
1543/1543 [==============================] - 23s 15ms/step - loss: 1.4469 - acc: 0.4563
- val_loss: 1.4358 - val_acc: 0.4663
Epoch 10/10
1543/1543 [==============================] - 23s 15ms/step - loss: 1.4568 - acc: 0.4381
- val_loss: 1.4381 - val_acc: 0.4637
评估...
386/386 [==============================] - 1s 4ms/step
Test score: 1.4381256282638393
Test accuracy: 0.4637305699481865
```

图 11.18　五分类情感分析的准确率

可以看到有 46%左右的准确率，看起来着实不低了，但是模型在进行心得情感预测的时候可以直观地看到模型对于五分类的判断确实不太准。基于五分类第 1 周所有同学的情感倾向如图 11.19 所示。

```
已经打开文本： corpus_test.txt
句子总数： 156
[4 3 4 3 4 4 4 4 4 4 3 4 4 3 3 4 4 4 4 4 4 4 4 3 4 3 3 3 4 4 4 4 4 3 3 3 4
 3 4 4 4 4 4 4 3 4 4 3 4 4 4 4 4 4 3 4 4 4 4 4 4 3 3 4 4 4 4 4 4 3 4 4 3 4
 4 4 4 4 4 3 4 4 3 3 4 3 4 4 4 4 4 4 3 4 4 4 3 4 4 3 3 4 4 3 4 4 3 4 4 4 4
 4 4 4 4 4 4 3 3 4 4 3 3 3 3 3 4 4 4 4 4 4 4 3 4 4 4 4 4 4 4 4 4 3 3 4 4 3
 4 3 4 4 4 4 4 4]
```

图 11.19　基于五分类第 1 周所有同学的情感倾向

我们可以看到，得到的结果除了 3 就是 4，说明模型对于五分类的积极类情感更加敏锐，而对于一般和消极情感的心得就不那么敏锐了，本来应该是 0、1、2 情感值的心得也被判断成了 3 和 4。所以，对于五分类的方法，还可以继续优化以得到更好的分析结果。

参 考 文 献

[1] DENNING P J，et al. Computing as a discipline[J]. Computer，1989，22（2）：63-70.

[2] ACM，IEEE Computer Society. Computer Science Curricula 2013：Curriculum guidelines for undergraduate degree programs in computer science（CS2013）[EB/OL]. [2013-12-20]. https://www.acm.org/binaries/content/assets/education/cs2013_web_final.pdf. 2008-12-13.

[3] Joint Task Group on Computer Engineering Curricula，Association for Computing Machinery（ACM），IEEE Computer Society. Computer engineering curriculum 2016 [EB/OL]. [2015-10-25]. https://www.computer.org/cms/Computer.org/professional-education/curricula/ComputerEngineeringCurricula2016.pdf. 2018-12-14.

[4] Curriculum and accreditation committee[EB/OL]. https://www.computer.org/web/peb/curricula. 2018-12-14.

[5] CLEAR A，PARRISH A，ZHANG M，et al. CC2020：A vision on computing curricula[C]，Proceedings of the 2017 ACM SIGCSE Technical Symposium on Computer Science Education. ACM，2017：647-648.

[6] 刘基伟. 基于认知模型的计算机科学导论课程内容研究[D]. 武汉：武汉理工大学，2010.

[7] ANDERSON J R，MATESSA M，LEBIERE C. ACT-R：A theory of higher level cognition and its relation to visual attention[J]. Human-Computer Interaction，1997，12（4）：439-462.

[8] NEWELL A. Unified theories of cognition[M]. Boston：Harvard University Press，1994.

[9] LAIRD J E，NEWELL A，ROSENBLOOM P S. Soar：An architecture for general intelligence[J]. Artificial Intelligence，1987，33（1）：1-64.

[10] WAND Y X. Novel approaches in cognitive informatics and natural intelligence[M]. Hershey：IGI Global，2008.

[11] WILSON B，COLE P. A review of cognitive teaching models[J]. Educational Technology Research and Development，1991，39（4）：47-64.

[12] WAND Y X. Towards the synergy of cognitive informatics，neural informatics，brain informatics，and cognitive computing[J]. International Journal of Cognitive Informatics and Natural Intelligence（IJCINI），2011，5（1）：75-93.

[13] WAND Y X，WANG Y. Cognitive informatics models of the brain[J]. IEEE Transactions on Systems，Man，and Cybernetics，Part C（Applications and Reviews），2006，36（2）：203-207.

[14] WAND Y X. On cognitive informatics[J]. Brain and Mind，2003，4（2）：151-167.

[15] 苗夺谦，王国胤，刘清等. 粒计算：过去、现在与展望[M]. 北京：科学出版社，2007.

[16] 陈万里. 基于商空间理论和粗糙集理论的粒计算模型研究[D]. 合肥：安徽大学，2005.

[17] 郑征. 相容粒度空间模型及其应用研究[D]. 北京：中国科学院研究生院，2006.

[18] ZADEH L A. Towards a theory of fuzzy information granulation an ditscentrality in human reason in gand fuzzy logic[J]，Fuzzy Sets and Systems，1997，90（2）：1112-1127.

[19] Joint Task Group on Computer Engineering Curricula，Association for Computing Machinery（ACM），IEEE Computer Society. Computer engineering curricula 2016[EB/OL]，https://www.computer.org/cms/Computer.org/professional-education/curricula/ComputerEngineeringCurricula2016.pdf. 2016-10-25.

[20] 宋华珠，钟珞. 计算机科学导论课程教材试用版，2012.

[21] 宋华珠，钟珞. 计算机导论[M]. 北京：高等教育出版社，2013.

[22] 宋华珠，刘翔，钟珞，等. 基于计算机学科的认知模型研究及应用[C]. 高校计算机课程教学系列报

告会论文集（2015），北京：高等教育出版社.

[23] 曹国庆. 计算机科学导论课程开放学习网站的开发[D]. 武汉：武汉理工大学，2018.

[24] SCHWARTZ D L，BRANSFORD J D，SEARS D. Efficiency and innovation in transfer[J]. Transfer of learning from a modern multidisciplinary perspective，2005：1-51.

[25] 吕芳. 学习型社会视角下麻省理工学院“开放课件计划”研究[J]. 扬州大学学报（高教研究版），2018，22（1）：43-48.

[26] 黄安心. 适应开放学习需要的网络课程设计、开发与运营模式探讨[J]. 广州广播电视大学学报，2013，（05）：7-15.

[27] 史蒂芬 • 道恩斯，肖俊洪. 开放学习、开放网络[J]，中国远程教育，2017（10）：36-46.

[28] 杜小勇，李曼，王珊. 本体学习研究综述[J]. 软件学报，2006，17（9），1837-1847.

[29] WordNet Search-3.1[EB/OL]. http://wordnetweb.princeton.edu/perl/webwn. 2017-6-24.

[30] 刘光蓉，杜小勇，王琰，等. E-Learning 系统中课程知识本体的构建与实现[J]，情报学报，2009，4：499-508.

[31] 赵嫦花. 基于本体的学科知识库构建探究[D]，重庆：西南大学，2008

[32] 肖聪. 基于 REST 的本体可视化应用系统架构研究[D]. 武汉：武汉理工大学，2014.

[33] 董慧，王超. 本体应用可视化研究[J]. 情报理论与实践，2009，32（12）：116-120.

[34] 王晓盈，王晓璇，刘鹏. 中文本体构建及可视化研究[J]. 计算机技术与发展，2010，20（02）：121-124.

[35] 张继东. 语义环境下的数字档案馆知识可视化模型研究[J]. 图书情报工作，2011，55（2）：143-148.

[36] ZHUHADAR L，NASRAOUI O，WYATT R. Visual ontology-based information retrieval system[C]. Proceedings of the 13th International Conference on Information Visualisation，2009：419-426.

[37] 李宏伟，蔡畅，李勤超. 基于 jena 和地理本体的空间查询与推理研究[J]. 测绘工程，2009，18（5）：5-9.

[38] 向阳，王敏，马强. 基于 Jena 的本体构建方法研究[J]. 计算机工程，2010，33（14）：59-61.

[39] 朱丽，杨青. 基于 Jena 的本体解析与查询应用研究[J]. 计算机科学与应用，2012，（2）：209-213.

[40] 舒江波. 本体库的构建方法及应用研究[D]. 武汉：华中师范大学，2008.

[41] 朱姬凤，马宗民，吕艳辉. OWL 本体到关系数据库模式的映射[J]. 计算机科学，2008，35（08）：165-170.

[42] 李勇，李跃龙. 基于关系数据库存储 OWL 本体的方法研究[J]. 计算机工程与科学，2008，30（7）：105-107.

[43] 廖述梅. 基于本体的语义标注原型评述[J]. 计算机工程与科学. 2006，28（9）：123-128.

[44] REEVE L，HYOIL H. Survey of semantic annotation platforms[C]. Proceedings of the 2005 ACM Symposium on Applied Computing，Santa Fe，New Mexico，USA，March 13-17，2005：1634-1638.

[45] Web services activity[EB/OL]. [2002-01]. http://www.w3.org/2002/ws/. 2017-10-13.

[46] Web 服务. Wikimedia Foundation[EB/OL]. [2019-1-23]. http://zh.wikipedia.org/zh/Web 服务. 2017-10-16.

[47] 刘彬，张仁津. 电子商务中 Web 服务社区的动态信任启动模型[J]. 计算机工程，2012，38（10）：269-272.

[48] 余朋飞，等. 基于语义面向服务架构的信息集成系统体系结构研究[J]. 计算机集成制造系统，2009，15（05）：959-967.

[49] ZHAO Y X. Combining RDF and OWL with SOAP for semantic web services[C]. Proceedings of Third Nordic Conference or Web Service（NCWS'2004），Växsjö，Sweden，Nov 22-23. 2004：31-45.

[50] Roy Fielding. Architectural styles and the design of network-based software architectures[D]. California：University of California，2000.

[51] 杨波. 基于 REST 架构风格的 Web 服务的研究和设计[D]. 镇江：江苏大学，2010.

[52] Web application description language[EB/OL]. [2009-08]. http://www.w3.org/Submission/wadl/. 2016-11-14.

[53] MALESHKOVA M，GRIDINOC L，PEDRINACI C，etc. Supporting the semi-automatic acquisition of semantic restful service descriptions[C/OL]. Proceedings of 6th European Semantic Web Conference 2009（ESWC 2009），Heraklion，Greece，30 May-3 Jun 2010. http://oro.open.ac.uk/24908/1/mmaSWEETv1.pdf. 2017-4-25.

[54] MALESHKOVA M，PEDRINACI C，DOMINGUE J. Semantically annotating restful services with sweet[C]. The 8th International Semantic Web Conference（ISWC 2009），2009：25-29.

[55] DOAN A，DOMINGOS P，HALEVY A Y. Learning to match the schemas of data sources[J]. A Multistrategy Approach Machine Learning，2003，50（3）：279-301.

[56] FERREIRA FILHO O F，FERREIRA M A G V. Semantic web services：A restful approach[C]. Proceedings of IADIS International Conference WWW/INTERNET，2009：169-180.

[57] 张亮. 基于 Ajax_REST 架构 Web 服务的研究与应用[D]. 大庆：东北石油大学，2011.

[58] 基于 REST 的 Web 服务：基础[EB/OL]. http://www.ibm.com/developerworks/cn/webservices/ws-restful/. 2008-12-22.

[59] jopen. restlet 简介[EB/OL]. http://www.open-open.com/lib/view/open1385173398229.html. 2013-11.

[60] 张铃丽，朱永杰. Ajax 技术研究及其 Web 应用[J]. 赤峰学院学报，2010，26（11）：20-22.

[61] 钟晖云. 分布式环境下统一身份认证及访问控制策略的研究[D]. 广州：广东工业大学，2007.

[62] 胡鹤，刘大有，王生生. Web 本体语言的分析与比较[J]. 计算机工程，2005，31（4）：4-5.

[63] 谭月辉，等. Jena 推理机制及应用研究[J]. 河北省科学院学报，2009，26（4）：14-17.

[64] HONDJACK D，PIERRA G，BELLATRECHE L. OntoDB：An ontology-based database for data intensive applications[J]. DASFAA. 2007：497-508.

[65] 冉婕，杨雪松. 基于关系数据库存储 OWL 本体研究及应用[J]. 现代计算机. 2010（5）：123-125.

[66] 王岁花，张晓丹，王越. OWL 本体关系数据库构建方法[J]. 计算机工程与科学，2011，33（12）：143-147.

[67] 郑垒，曹宝香. 基于 SDO 的异构数据集成研究与应用[J]. 计算机技术与发展，2009，19（11）：163-166.

[68] ALOWISHEQ A，MILLARD D E，TIROPANIS T. EXPRESS：expressing restful semantic services using domain ontologies[C]. Proceedings of 8th International Semantic Web Conference，2009，5823：941-948.

[69] LEVENSHTEIN V. Binary codes capable of correcting deletions，insertions and reversals[J]. Soviet Physics Doklady，1966，10（8）：707-710.

[70] 夏红科，郑雪峰，胡祥. 多策略概念相似度计算方法 LMSW[J]. 计算机工程与应用，2010，46（20）：33-39.

[71] HU Y，LI W J，LIU S. Study of concept similarity algorithm between steel ontologies[C]. The third World Congress on Software，2012：19-22.

[72] 姚振军，黄德根，纪翔宇. 正则表达式在汉英对照中国文化术语抽取中应用[J]. 大连理工大学学报，2010，50（2）：291-295.

[73] 高耸. 基于知识点-学习产出的题库系统的设计与实现[D]，武汉：武汉理工大学，2017.

[74] 刘海萍. 浅谈信息技术课堂教学的导入方法[J]. 读与写（教育教学刊），2009（03）：165.

[75] WENDY K. The comfort zone stops here：OBE，the NQF and higher education[J]. Scrutiny2，2014，4（1）：3-15.

[76] 孙超. 对美国大学生学习产出研究的反思[J]. 高教发展与评估，2009，（06）：81-84 + 112.

[77] 姜智. 知识点关系、知识点结构图与知识点网络的应用研究[J]. 鞍山师范学院学报，2005（05）：99-101.

[78] 顾佩华，胡文龙，林鹏，等. 基于“学习产出”（OBE）的工程教育模式：汕头大学的实践与探索[J]. 高等工程教育研究，2014（01）：27-37.

[79] GILMORE W J. Beginning PHP and MySQL 5：From Novice to Professional 2nd Edition [M]. Berkeley：Apress，2010.

[80] 李斌. 网络技术练习题库及考试系统的设计与实现[D]. 大连：大连理工大学，2015.

[81] 唐万福. 中小学名校题库系统的设计与实现[D]. 长春：吉林大学，2016.

[82] 杨永，梁金钤. 基于 B/S 模式的通用试题库系统的设计与实现[J]. 计算机工程与科学，2009（04）：143-145 + 148.

[83] 张永祥. 基于 BP 神经网络的学习过程建模方法研究[D]. 武汉：武汉理工大学，2016.

[84] 吴青，罗儒国. 基于网络学习行为的学习风格挖掘[J]. 现代远距离教育，2014（1）：54-62.

[85] MIRONOVA O，et al. Computer science e-courses for students with different learning styles[C]. Computer Science and Information Systems（FedCSIS），2013 Federated Conference on. 2013：735-738.

[86] NOVEMBER A，MULL B. Flipped Learning：A response to five common criticisms[EB/OL]. http://www.Eschoolnews.com/2012/03/26/flipped-learning-a-response-to-five-common-criticisms/. 2012-03-27.

[87] XU X S，CHEN H M. Recasting college english course into a SPOC under knowles' andragogy theory-a pilot study in Wenzhou university[EB/OL]. http://www.ijern.com/journal/June-2014/04.pdf. 2014-09-10.

[88] TALBERT R. Inverting the linear algebra classroom[J]. Primus Problems Resources & Issues in Mathematics Undergraduate Studies，2014，24（5）：361-374.

[89] 刘健智，王丹. 国内外关于翻转课堂的研究与实践评述[J]. 当代教育理论与实践，2014，6（2）：68-71.

[90] HSIEH S W，JANG Y R，HWANG G J，et al.，Effects of teaching and learning styles on students' reflection levels for ubiquitous learning[J]. Computers & Education，2011，57（1）：1194-1201.

[91] 岳明. 信息化环境下基于成人学习者学习风格的教学设计研究[D]. 北京：北京理工大学，2015.

[92] 赵宏，陈丽，赵玉婷. 基于学习风格的个性化学习策略指导系统设计[J]. 中国电化教育，2015（5）：67-72.

[93] WANG J，MENDORI T. A study of the reliability and validity of felder-soloman index of learning Styles in mandarin version[C]. Proceedings of 4th International Congress on Advanced Applied Informatics（IIAI-AAI）. IEEE Computer Society，2015：370-373.

[94] GEORGE D. Kuh. Providing evidence of student learning：A Transparency Framework national institute for learning outcomes assessment[EB/OL]. http://www.learningoutcomesassessment.org/TransparencyFrameworkIntro.htm. 2011-12-19.

[95] GODA K，HIROKAWA S，MINE T. Correlation of grade prediction performance and validity of self-evaluation comments[C]. Proceedings of the 14th annual ACM SIGITE conference on Information technology education. ACM，2013：35-42.

[96] SOROUR S E，MINE T，GODA K，et al. Predicting students' grades based on free style comments data by artificial neural network[C]. Proceedings of IEEE Frontiers in Education Conference（FIE），2014 IEEE，2014：1-9.

[97] 邱文教. 基于人工神经网络的学习成绩预测[J]. 计算机与信息技术，2010（4）：18-25.

[98] HUITING H，PRASAD P W C，ALSADOON A，et al. Influences of learning styles on learner satisfaction in E-learning environment[C]. Proceedings of 2015 International Conference and Workshop on Computing and Communication（IEMCON）. IEEE，2015：1-5.

[99] 何丹凤. 学生预习研究[D]. 上海：华东师范大学，2014.

[100] 李玉洁，陈倩华. 游戏化学习课后作业管理平台设计[J]. 软件导刊，2014（7）：61-63.

[101] 谢宇立. 在数学教学中培养学生的归纳总结能力[J]. 学园：学者的精神家园，2013（28）：121-122.

[102] FASIHUDDIN H，SKINNER G，ATHAUDA R. Towards an adaptive model to personalise open learning

environments using learning styles[C]. Proceedings of Information，Communication Technology and System（ICTS），2014 International Conference on. IEEE，2014：879-887.

[103] ANITHA D，DEISY C，LAKSHMI S B，et al. Proposing a classification methodology to reduce learning style combinations for better teaching and learning[C]. Proceedings of Technology for Education（T4E），2014 IEEE Sixth International Conference on. IEEE，2014：208-211.

[104] CURRY L. An organization of learning styles theory and constructs[J]. Cognitive Style，1983：1-28.

[105] KOLB A，KOLB D A. Kolb's Learning Styles Encyclopedia of the Sciences of Learning[M]. Berlin：Springer，2012：99-108（10）：102-108.

[106] HEIN T L，BUDNY D D. Teaching to students' learning styles：approaches that work[C]. Proceedings of FIE'99 Frontiers in Education. 29th Annual Frontiers in Education Conference. Designing the Future of Science and Engineering Education. IEEE，1999，2：12C1/7-12C114.

[107] MOHAMED H，AHMAD N B H，SHAMSUDDIN S M H. Bijective soft set classification of student's learning styles[C]. Software Engineering Conference（MySEC），2014 8th Malaysian. IEEE，2014：289-294.

[108] 杨娟，黄智兴，刘洪涛. Smap：可自适应 Felder-Silverman 学习风格模型的动态学习路径推荐工具[J]. 中国远程教育，2013（5）：77-86.

[109] ALSHAMMARI M，ANANE R，HENDLEY R J. Students' satisfaction in learning style-based adaptation[C]. Advanced Learning Technologies（ICALT），2015 IEEE 15th International Conference on，Hualien，2015，55-57.

[110] HUANG E Y，LIN S W，HUANG T K. What type of learning style leads to online participation in the mixed-mode e-learning environment? A study of software usage instruction [J]. Computers & Education，2012，58（1）：338-349.

[111] FELDER R M，SILVERMAN L K. Learning and teaching styles in engineering[J]. Journal of Engineering Education，1988，78（7）：674-681.

[112] ROBERT H. NielsenKolmogorov's mapping neural network existence theorem[J]. Proceedings of the IEEE First International Conference on Neural Networks，Piscataway，NJ，1987（3）：11-13.

[113] JIN-YUE L，BAO-LING Z. Application of BP neural network based on GA in function fitting[C]. Proceedings of 2nd International Conference on Computer Science and Network Technology（ICCSNT 2012），Changchun，Jilin，2012，875-878.

[114] ZHAO C，SHI D，GAO Y. Antenna recognition based on bp neural network[C]. Proceedings of 6th Asia-Pacific Conference on Environmental Electromagnetics（CEEM 2012），2012：355-359.

[115] JING S，ZHONG Z. A study on prediction of vehicle critical follow distance based on driver's Behavior by using bp neural network[C]. Proceedings of Fifth International Conference on Measuring Technology and Mechatronics Automation. IEEE Computer Society，2013：114-118.

[116] NA G，ZHI-HONG Q. Modified particle swarm optimization based algorithm for BP neural network for measuring aircraft remaining fuel volume[C]. Proceedings of the 31st Chinese Control Conference. IEEE，2012：3398-3401.

[117] 温文. 基于改进 BP 神经网络的产品质量合格率预测研究[D]. 广州：华南理工大学，2014.

[118] WANG J，MENDORI T. A study of the reliability and validity of Felder-Soloman index of learning styles in mandarin version[C]. Proceedings of 2015 IIAI 4th International Congress on Advanced Applied Informatics（IIAI-AAI）. IEEE Computer Society，2015：370-373.

[119] ZHANG C T，ZHAO A X. Using adaptive ant colony algorithm optimized BP neural network to identify the DGA fault[C]. Proceedings of 2013 IEEE International Conference of IEEE Region 10（TENCON 2013）. IEEE，2013：1-4.

[120] JIANG X F. The research on sales forecasting based on rapid BP neural network[C]. Proceedings of International Conference on Computer Science and Information Processing（CSIP 2012），2012：1239-1241.

[121] CAO Y，TIAN L，ZHAO H. The application of BP neural net real-time data forecasting model used in home environment[C]. Proceedings of 2015 IEEE International Conference on Cyber Technology in Automation，Control，and Intelligent Systems（CYBER 2015），Shenyang，2015，1486-1490.

[122] LIAN T，et al. Modified BP neural network model is used for oddeven discrimination of integer number[C]. Proceedings of 2013 International Conference on Optoelectronics and Microelectronics（ICOM 2013），IEEE，2013：2675-2678.

[123] CUI Q，et al. The application of improved BP neural network for power load forecasting in the island microgrid system[C]. Proceedings of 2011 International Conference on Electrical and Control Engineering（ICECE 2011），IEEE，2011：6138-6141.

[124] YAN S，LANG M. Optimization for railway freight transport network based on BP Neural Network[C]. Proceedings of 2013 International Conference on Mechatronic Sciences，Electric Engineering and Computer（MEC 2013）. 2013：404-410.

[125] 段文军. 基于 SEM 的知识点考核策略研究[D]. 武汉：武汉理工大学，2016.

[126] 蒋雯音，杨芬红. 基于分类同步优化函数法的自动组卷策略[J]. 计算机应用与软件，2012，29（5）：234-237.

[127] YANG M，et al. An intelligent test paper generating algorithm based on maximum coverage of knowledge points[C]. Proceedings of 2nd International Conference on Computer Science and Electronics Engineering（ICCSEE 2013），Atlantis Press，2013：1511-1514.

[128] KUI ZHANG，LINGCHEN ZHU. Application of improved genetic algorithm in automatic test paper generation [J]. IEEE Chinese Automation Congress（CAS），2015，11（3）：495-499.

[129] MA F，et al. Intelligent test paper generation system based on slicing processing[J]. IEEE Intelligent Control and Automation（WCICA），2012，14（9）：506-511.

[130] LI YAN，LI SHUHONG，LI XIURONG. Test paper generating method based on genetic algorithm[J]. AASRI Procedia，2012，1：549-553.

[131] 张琨，杨会菊，宋继红等. 基于遗传算法的自动组卷系统的设计与实现[J]. 计算机工程与科学，2012，05：178-183.

[132] AUSTING R H. The GRE advanced test in computer science[J]. Computer，1977，10（12）：129-133.

[133] CHEN Y B，JIE D. Design on algorithm of automatic test papers generation for examination system of electric energy measurement[C]. Proceedings of 2012 International Conference on Computer Science and Service System. IEEE，2012：1397-1400.

[134] LI J M，LI J，ZHANG J P，et al. Research on intelligent test paper generation based on multi-variable asymptotic optimization[C]. Proceedings of 2010 2nd International Conference on E-business and Information System Security. IEEE，2010：1-5.

[135] XIE Y H，WEI M W，XUE W. Research of the intelligence test paper generation based on improved adaptive coarse-grained parallel genetic algorithm[C]. Proceedings of 2011 International Conference on E-Business and E-Government（ICEE 2011）. IEEE，2011：1-4.

[136] PENG Y K，QIU W R. Intelligent test paper generation research based on the interval-valued fuzzy theory[C]. Proceedings of 2011 International Conference on System science，Engineering design and Manufacturing informatization. IEEE，2011，1：271-274.

[137] SONG Y，YANG G X. Item bank system and the test paper generation algorithm[C]. Proceedings of 2012 7th International Conference on Computer Science & Education（ICCSE 2012）. IEEE，2012：491-495.

[138] 鲁萍，何宏璧，王玉英. 智能组卷中分级带权重知识点选取策略[J]. 计算机应用与软件，2014，31（3）：67-69.

[139] 鲁萍，王玉英. 多约束分级寻优结合预测计算的智能组卷策略[J]. 计算机应用，2013，33（2）：342-345.

[140] 王雍钧，黄毓瑜. 基于知识点题型分布和分值的智能组卷算法研究[J]. 计算机应用与软件，2004，21（8）：111-113.

[141] 陈国彬，张广泉. 基于改进遗传算法的快速自动组卷算法研究[J]. 计算机应用研究，2015，32（10）：2996-2998.

[142] JÖRESKOG K G. The lisrel approach to causal model-building in the social sciences[J]. Systems under Indirect Observation，1982，Part I：81-100.

[143] JARVIS C B，MACKENZIE S B，PODSAKOFF P M. A critical review of construct indicators and measurement model misspecification in marketing and consumer research[J]. Journal of Consumer Research，2010，30（30）：199-218.

[144] KLINE R B. Principles and practice of structural equation modeling [M]. New York：Guilford Press，2005.

[145] BAGOZZI R P，YI Y. Specification，evaluation，and interpretation of structural equation models[J]，Journal of the Academy of Marketing Science，2012，40（1）：8-34.

[146] EMMANN C H，ARENS L，THEUVSREN L. Individual acceptance of the biogas innovation：a structual equation model [J]. Energy Policy，2013，62：372-378.

[147] ALENA F，KATHRIN J，BENJAMIN N，et al. Teachers' and students' perceptions of self-regulated learning and math competence：differentiation and agreement [J]. Learning and Individual Differences，2013，27：26-34.

[148] RINDEMANNA H，NEUBAUERB A C. Processing Speed，Intelligence，creativity，and school performance：testing of causal hypotheses using structural equation models[J]. Intelligence，2004，32（6）：573-589.

[149] MARIO M C，FRANCISCO G，TOMAS I，et al. Leadership and employee' perceived safety behaviours in a nuclear power plant：a structural equation model [J]. Safety Science，2011，49（8-9）：1118-1129.

[150] JÖRESKOG K G，SÖRBOM D. Recent developments in structural equation modeling[J]. Journal of marketing research，1982，19（4）：404-416.

[151] WOLD H. Soft modeling：The basic design and some extensions [J]. Systems under Indirect Observations，1982，Part Ⅱ：1-54.

[152] LOHMÖLLER J B. Latent variable path modeling with partial least squares [J]. Physica-Verlag HD，1989，34（1）：110-111.

[153] ASTRACHAN C B，PATEL V K，WANZENRIED G. A comparative study of CB-SEM and PLS-SEM for theory development in family firm research[J]. Journal of Family Business Strategy，2014，5（1）：116-128.

[154] 童乔凌，刘天桢，童恒庆. 结构方程模型的约束最小二乘解与确定性算法[J]. 数值计算与计算机应用，2009，03：170-180.

[155] 段冰. 基于结构方程的顾客满意度测评模型[J]. 统计与决策，2013，12：48-50.

[156] HAIR J F，SARSTEDT M，PIEPER T M，et al. The use of partial least squares structural equation modeling in strategic management research：a review of past practices and recommendations for future applications[J]. Long Range Planning，2012，45（5-6）：320-340.

[157] HAIR J F，SARSTEDT M，RINGLE C M，et al. An assessment of the use of partial least squares structural equation modeling in marketing research[J]. Journal of the academy of marketing science，2012，40（3）：414-433.

[158] RINGLE C M，SARSTEDT M，STRAUB D. A critical look at the use of PLS-SEM in MIS quarterly[J]. MIS Q，2012，36（1），3-20.
[159] 邱皓政，林碧芳. 结构方程模型的原理及应用[M]. 北京：中国轻工业出版社，2009.
[160] JÖRESKOG K G. Structural analysis of covariance and correlation Matrices [J]. Psychometrika，1978，43（4）：443-477.
[161] 侯杰泰，温忠麟，成子娟. 结构方程模型及其应用[M]. 北京：教育科学出版社，2004.
[162] 宁禄乔，刘金兰. Stone-Geisser 检验在顾客满意度中的应用[J]. 天津大学学报（社会科学版），2008，10（3）：238-242.
[163] LOWRY P B，GASKIN J. Partial least squares（PLS）structural equation modeling（SEM）for building and testing behavioral causal theory：When to choose it and how to use it[J]. IEEE transactions on professional communication，2014，57（2）：123-146.
[164] 李晓鸿. LISREL 与 PLS 建模方法的分析与比较[J]. 科技管理研究，2012，32（20）：230-233.
[165] 宁禄乔. PLS 算法研究[D]. 天津：天津大学，2006.
[166] BECKER J M，KLEIN K，WETZELS M. Hierarchical latent variable models in PLS-SEM：guidelines for using reflective-formative type models[J]. Long Range Planning，2012，45（5-6）：359-394.
[167] 付叶亮. PCA-Contourlet 特征在图像检索中的应用研究[D]. 苏州：苏州大学，2012.
[168] RIGDON E E. Rethinking partial least squares path modeling：breaking chains and forging ahead[J]. Long Range Planning，2014，47（3）：161-167.
[169] 何涛. 结构方程模型 PLS 算法研究[D]. 天津：天津大学，2006.
[170] 包苏日娜. 基于交互行为的网站用户体验过程研究[D]. 沈阳：东北大学，2012.
[171] 鲁萍，王玉英. 多约束分级寻优结合预测计算的智能组卷策略[J]. 计算机应用，2013，33（2）：342-345.
[172] 黄汝霞. 精细化学习过程建模及 PLS-SEM 学习效果分析[D]，武汉：武汉理工大学，2017.
[173] 陈春磊. 学习设计中学习目标的研究与应用[D]. 长沙：湖南大学，2007.
[174] 张驰宇. 教育信息环境下面向学习过程的发展性评价的研究[J]. 亚太教育，2016，02：221.
[175] 顾小清，刘妍，胡艺龄. 学习分析技术应用：寻求数据支持的学习改进方案[J]. 开放教育研究，2016，22（5）：34-45.
[176] JEROEN VAN MERRIFINBOER，金琦钦. 人如何学习?[J]. 开放教育研究，2016，03：13-23.
[177] 胡桂林. 企业推行精细化管理的思考[C]. 中国质量学术论坛. 2008.
[178] 文华栋. 计算机科学导论课程中文知识图谱的构建与查询[D]. 武汉：武汉理工大学，2018.
[179] 曹倩，赵一鸣. 知识图谱的技术实现流程及相关应用[J]. 情报理论与实践，2015，38（12）：127-132.
[180] 李涛，王次臣，李华康. 知识图谱的发展与构建[J]. 南京理工大学学报（自然科学版），2017，41（1）：22-34.
[181] 杨萌，张云中. 知识地图，科学知识图谱和谷歌知识图谱的分歧和交互[J]. 情报理论与实践，2017，40（5）：122-126.
[182] PUJARA J，MIAO H，GETOOR L，et al. Knowledge graph identification[C]. Proceedings of international semantic web conference. Berlin：Springer，Heidelberg，2013：542-557.
[183] 刘峤，李扬，段宏，等. 知识图谱构建技术综述[J]. 计算机研究与发展，2016，53（3）：582-600.
[184] PAULHEIM H. Knowledge graph refinement：A survey of approaches and evaluation methods[J]. Semantic Web，2017，8（3）：489-508.
[185] 漆桂林，高桓，吴天星. 知识图谱研究进展[J]. 情报工程，2017，3（1）：4-25.
[186] 袁凯琦，邓扬，陈道源. 医学知识图谱构建技术与研究进展[J]. 计算机应用研究，2017，15（8）：4-17.
[187] 王辉，郁波，洪宇，等. 基于知识图谱的 Web 信息抽取系统[J]. 计算机工程，2017，43（6）：118-124.
[188] 阮彤，王梦婕，王昊奋，等. 垂直知识图谱的构建与应用研究[J]. 知识管理论坛，2016，（3）：18-22.

[189] ZAKI N，TENNAKOON C，ASHWAL H A. Knowledge graph construction and search for biological databases[C]. Proceedings of 2017 International Conference on Research and Innovation in Information Systems（ICRIIS 2017）. IEEE，2017：1-6.

[190] LASZLO G G，HANNES W，PETER F. Knowledge graph based recommendation techniques for email remarketing[J]. International Journal of Intelligent Systems，2016，9（3&4）：514-531.

[191] 鄂世嘉，林培裕，向阳. 自动化构建的中文知识图谱系统[J]. 计算机应用，2016，36（4）：992-996.

[192] 李文鹏，等. 面向开源软件项目的软件知识图谱构建方法[J]. 计算机科学与探索，2017，11（6）：851-862.

[193] Kong. Pattern：microservice architecture context [EB/OL]. http://microservices.io/patterns/microservices. html. 2015-5-25.

[194] LEWIS J，FOWLER M. microservices[EB/OL]. http://martinfowler.com/articles/microservices.html. 2014-3-25.

[195] NEWMAN S. Building Microservices [EB/OL]. https://www.safaribooksonline.com/library/view/building-microservices/9781491950340/. 2019-1-16.

[196] 宋至钧. 基于每周心得的学生情感分析[D]. 武汉：武汉理工大学，2018.

[197] 毋亚男，刘德然，许小可. 基于双向情感分析的实时性音乐推荐系统设计[J]. 大连民族大学学报，2017，19（01）：76-79.

[198] 缪裕青，高韩，刘同来，文益民. 基于网格聚类的情感分析研究[J]. 中国科学技术大学学报，2016，46（10）：874-882.

[199] SOKOLOWSKA W，HOSSA T，FABISZ K，et al. Sentiment analysis as a source of gaining competitive advantage on the electricity markets[J]. Journal of Electronic Science and Technology，2015，13（03）：229-236.

[200] SANTOS C N D，GATTIT M. Deep convolutional neural networks for sentiment analysis of short texts[C]，Proceedings of 25th International Conference on Computational Linguistics（COLING 2014），the. Dublin，Ireland，2014，23（29）：69-78.

[201] PORIA S，CAMBRIA E，HOWARD N，et al. Fusing audio，visual and textual clues for sentiment analysis from multimodal content [J]. Neurocomputing，2016，174，50-59.

[202] 周锦峰，叶施仁，王晖. 基于 fcmpCNN 模型的网络文本情感多分类标注[J/OL]. 计算机应用研究，2018（12）：1-2. http://kns.cnki.net/kcms/detail/51.1196.TP.20171212.1832.008.html. 2018-03-02.

[203] 吴斌，吉佳，孟琳，等. 基于迁移学习的唐诗宋词情感分析[J]. 电子学报，2016，44（11）：2780-2787.

[204] 范珈瑜. 基于文本挖掘的游客对古镇旅游态度的分析[J]. 大数据，2017，3（06）：93-101.

[205] 魏志远，岳振军. 基于直觉模糊集的情感分析研究方法[J]. 通信技术，2017，50（12）：2692-2697.

[206] WANG J，YU L C，LAI K R，et al. Dimensional sentiment analysis using a regional CNN-LSTM model[C]. Proceedings of 54th Annual Meeting of the Association for Computational Linguistics（Volume 2：Short Papers）. 2016，2：225-230.